开关电源

芯片级维修实战案例

张　军　编著

U0261536

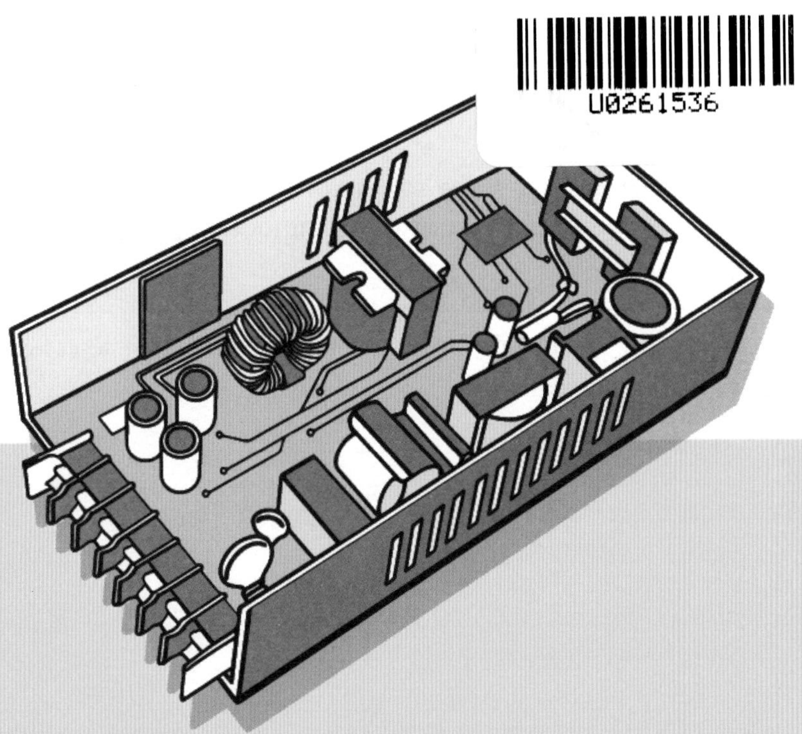

中国铁道出版社有限公司
CHINA RAILWAY PUBLISHING HOUSE CO., LTD.
北　京

图书在版编目（CIP）数据

开关电源芯片级维修实战案例全图解 / 张军编著 .—北京：中国铁道出版社有限公司，2024.7
ISBN 978-7-113-30898-8

Ⅰ.①开…　Ⅱ.①张…　Ⅲ.①开关电源 - 维修 - 案例 - 图解
Ⅳ.① TN86-64

中国国家版本馆 CIP 数据核字（2024）第 014725 号

书　　名：开关电源芯片级维修实战案例全图解
KAIGUAN DIANYUAN XINPIANJI WEIXIU SHIZHAN ANLI QUANTUJIE
作　　者：张　军

责任编辑：荆　波　　**编辑部电话**：（010）51873026　　**电子邮箱**：the-tradeoff@qq.com
封面设计：郭瑾萱
责任校对：安海燕
责任印制：赵星辰

出版发行：中国铁道出版社有限公司（100054，北京市西城区右安门西街 8 号）
印　　刷：河北宝昌佳彩印刷有限公司
版　　次：2024 年 7 月第 1 版　2024 年 7 月第 1 次印刷
开　　本：710 mm×1 000 mm　1/16　**印张**：13.5　**字数**：272 千
书　　号：ISBN 978-7-113-30898-8
定　　价：59.80 元

版权所有　侵权必究

凡购买铁道版图书，如有印制质量问题，请与本社读者服务部联系调换。电话：（010）51873174
打击盗版举报电话：（010）63549461

一、为什么写这本书

无论是家用电器、办公设备，还是复杂的工业控制设备，都需要开关电源为其内部电路提供工作电压。而在这些设备的故障中，开关电源电路故障率是最高的，因此掌握开关电源电路的维修方法和技能显得尤为重要。

那么，怎样才能学会开关电源电路故障的维修方法和技能呢?

首先要掌握开关电源电路的组成结构和工作原理。在搞清楚开关电源电路如何运行后，需要掌握基本的电路板维修技能，如能看懂设备的电路原理图、会判断电路板中电子元器件的好坏（因为故障都是由电子元器件损坏引起的）等。同时还要掌握开关电源电路的基本维修方法、故障测试点等，例如通过测电压法判断是整流电路故障还是输出电路故障；通过测量开关管、整流二极管等关键测试点来找到故障。最后通过实际维修案例积累维修经验，如电气设备中哪些是易坏元器件，易发生什么样故障。这样可以增加维修经验，提高维修效率。

本书强调动手能力和实用技能的培养，手把手地教读者测量关键电路，同时介绍了各个电路中主要电子元器件的检测方法，帮助读者快速掌握开关电源维修检测技术，提升实战维修能力。

二、读者定位

本书较为系统地讲述了开关电源电路的基本原理和维修思路，更融入了大量实践维修案例，旨在帮助电子电工技术人员、工程维修人员和电气维修人员扎实掌握维修思路和技能，增加维修经验。

三、本书特色

1. 图解丰富，一目了然

采用图解的方式，图文并茂，精练文字嵌入实操图片，降低理解难度，帮助读者边看边学，快速成为维修高手。

2. 实战性强，实操丰富

本书不但梳理了开关电源电路故障维修思路，还介绍了易发生故障的元器件及芯片好坏检测技能。另外，书中还结合大量的真实维修实战案例来增加维修经验。

四、整体下载包

为了帮助读者扎实高效地掌握开关电源电路维修技能，笔者结合书中所讲内容，制作了包含22段维修视频和工具使用文档的整体下载包供读者学习之用。

整体下载包下载地址为：

http://www.m.crphdm/2024/0513/14725.shtml。

编　者

2024年4月

目录

第 1 章
开关电源电路的组成结构及工作原理

电源是一切电子设备的能源供给站，任何一部电子设备都离不开电源。电源的好坏直接影响电子设备性能的发挥，而其中开关电源被大部分设备所采用。本章重点讲解开关电源电路的组成结构及工作原理。

1.1 线性电源与开关电源

线性电源和开关电源是比较常见的两种电源，在原理上有很大的不同，也决定了两者应用上的不同。

1.1.1 线性电源

线性电源是先将交流电经过变压器降低电压幅值，再经过整流电路整流后，得到脉冲直流电，后经滤波得到带有微小波纹电压的直流电压。要达到高精度的直流电压，必须经过稳压电路进行稳压，如图1-1所示。

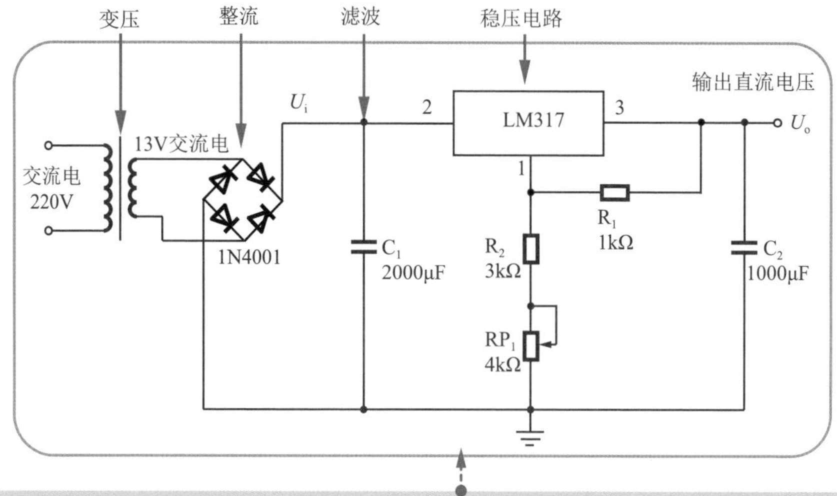

线性电源将输出电压取样后与参考电压送入比较电压放大器，此电压放大器的输出作为电压调整管的输入，用于控制调整管使其结电压随输入的变化而变化，从而调整其输出电压。

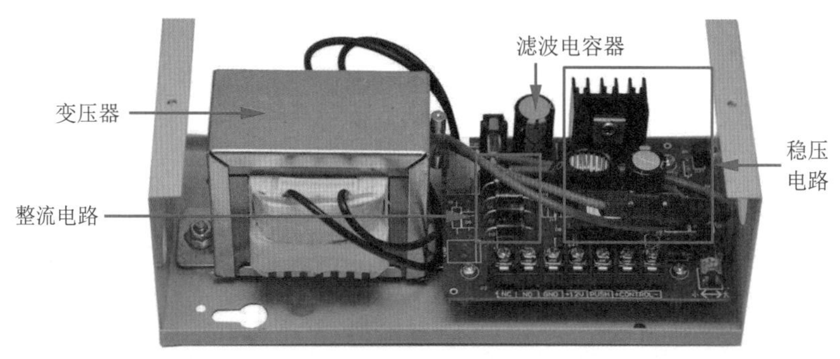

图1-1　线性电源

线性电源的特点为：技术成熟，制作成本较低，可达到很高的稳定度，波纹较小，自身的干扰和噪声均较小。但整体体积较大，效率偏低，且输入电压范围要求高。

1.1.2 开关电源

开关电源是目前的主流供电电源，它是用半导体开关管作为开关，通过控制开关管开通和关断的时间比率，维持稳定输出电压的一种电源。开关电源又分为AC-DC（交流转直流）和DC-DC（直流转直流）开关电源。

AC-DC开关电源工作时，交流电压经整流电路及滤波电路整流滤波后，变成含有一定脉动成分的直流电压，该直流电压进入高频变换器被转换成低压直流电压，最后该直流电压再经过整流滤波电路变为所需的直流电压，如图1-2所示。

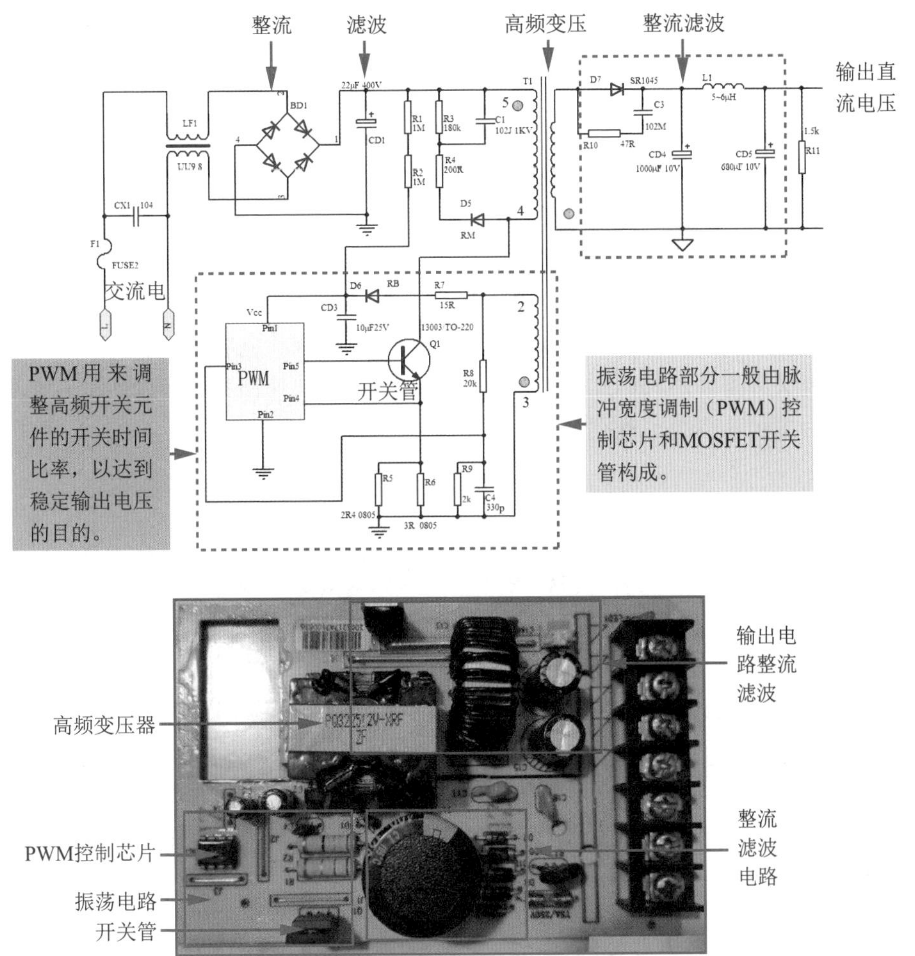

图1-2　开关电源电路

开关电源的优点为：工作在高频状态，整体体积较小，效率较高，结构简单，成本低。但是输出纹波比线性电源要大。

1.2 开关电源电路常见拓扑结构原理

电路拓扑是指电路的连接关系，或组成电路的各个电子元器件之间的连接关系，即电路的组成架构。开关电源电路也有很多拓扑结构，其中最基本的拓扑结构有单端反激式、单端正激式、双端正激式、自激式、推挽式、半桥式、全桥式等。

1.2.1 单端反激式开关电源

单端反激式开关电源是一种成本最低的电源电路，输出功率为20~100W，可以同时输出不同的电压，且有较好的电压调整率。唯一的缺点是输出的纹波电压较大，外特性差，适用于相对固定的负载。

单端是指只有一个脉冲调制信号功率管（开关管），反激是指当开关管截止时，变压器次级输出电压的电路结构。

如图1-3所示，当开关管Q导通时，高频变压器T初级绕组的感应电压为上正下负，整流二极管D处于截止状态，在初级绕组中储存能量；当开关管Q截止时，变压器T初级绕组中储存的能量，通过次级绕组及D整流和电容器C滤波后向负载输出。由于开关频率高达100kHz，使得高频变压器能够快速储存、释放能量，经高频整流滤波后即可获得直流连续输出。

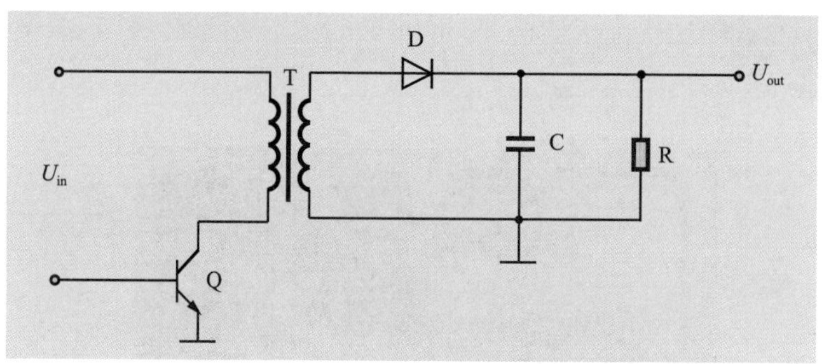

图1-3 单端反激式开关电源电路

1.2.2 单端正激式开关电源

正激是指当开关管导通时，变压器次级输出电压。如图1-4所示，当变压器T初级侧开关管Q导通时，输出端整流二极管D_2也导通，输入电源向负载传送能量，电感器L储存能量；当开关管Q截止时，电感器L通过续流二极管D_3继续向负载释放能量。单端正激电路可输出50~200W的功率，但电路使用的变压器结构复杂，体积也较大，因此这种电路在实际中应用较少。

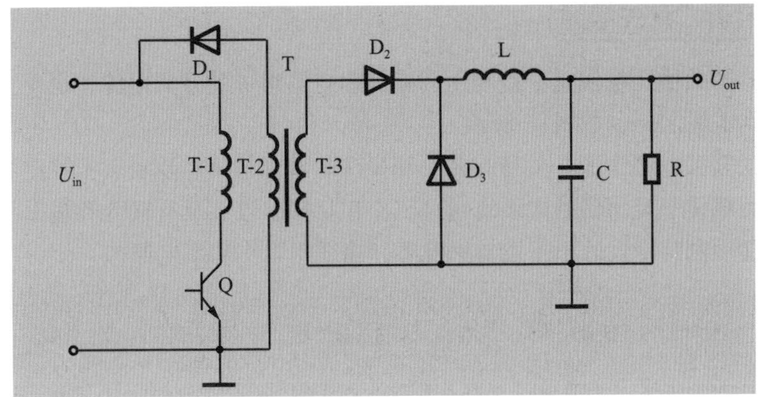

图1-4　单端正激式开关电源电路

1.2.3　双端正激式开关电源

双端正激式开关管电源的特点是两个开关管同时导通和关闭，这种结构的开关电源在大功率开关电源中应用较广泛，如图1-5所示。

（1）双端正激电路中，变压器T起隔离和变压作用，在输出端加一个电感器L（续流电感器），起能量储存及传递作用。输出回路中需要有一个整流二极管D_3和一个续流二极管D_4。

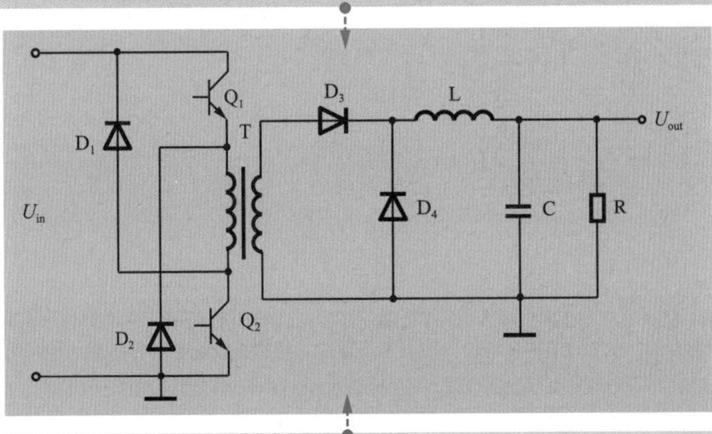

（2）当开关管Q_1和Q_2同时导通时，输入电压U_{in}全部加到变压器T初级线圈，产生的感应电压，使二极管D_1和D_2截止，而次级线圈上感应的电压，使整流二极管D_3导通，并将输入电流的能量传送给电感器L和电容器C及负载R，同时在变压器T中建立起磁化电流。

（3）当开关管Q_1和Q_2截止时，整流二极管D_3截止，电感器L上的电压极性反转并通过续流二极管D_4继续向负载供电。变压器T中的磁化电流则通过初级线圈、二极管D_1和D_2向输入电压U_{in}释放而去磁；这样，在下次两个开关管导通时不会损坏开关管。

图1-5　双端正激式开关电源电路

1.2.4 自激式开关电源

自激式开关稳压电源是一种利用间歇振荡电路组成的开关电源，也是目前广泛使用的基本电源之一，如图1-6所示。

自激式开关电源中的开关管起开关和振荡的双重作用，也省去了控制电路。电路中由于负载位于变压器的次级绕组且工作在反激状态，具有输入和输出相互隔离的优点。这种电路不仅适用于大功率电源，亦适用于小功率电源。

（1）当接入电源，在电阻器R_1给开关管Q提供启动电流，使开关管Q导通，其集电极电流I_c在变压器T的L_1线圈中线性增长，在线圈L_2中感应出使开关管Q基极为正、发射极为负的正反馈电压，开关管Q很快饱和。同时，感应电压给电容器C_1充电，随着电容器C_1充电电压的增高，开关管Q基极电位逐渐变低，致使Q退出饱和区，I_c开始减小，在变压器T的L_2线圈中感应出使开关管Q基极为负、发射极为正的电压，使开关管Q迅速截止，这时二极管D导通，高频变压器T初级绕组中的储能释放给负载。

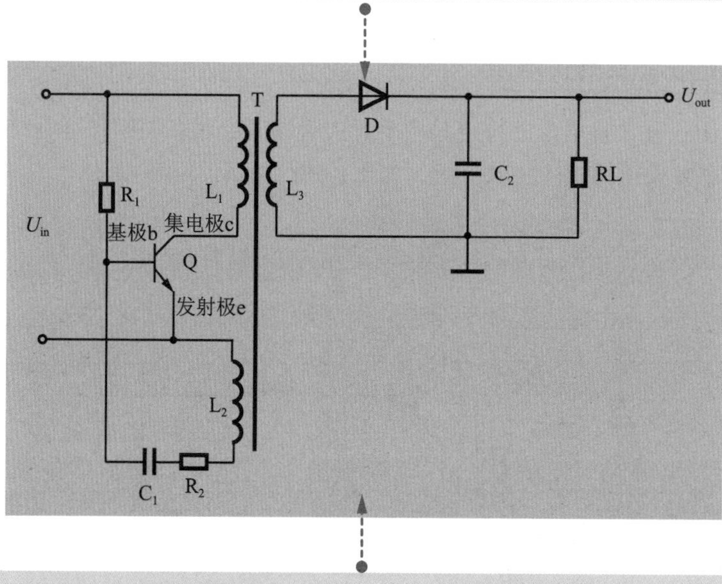

（2）在开关管Q截止时，变压器L_2线圈中没有感应电压，直流供电输入电压又经电阻器R_1给电容器C_1反向充电，逐渐提高开关管Q的基极电位，使其重新导通，再次翻转达到饱和状态，如此循环往复。这里就与单端反激式开关电源相同，由变压器T的次级绕组向负载输出所需的电压。

图1-6 自激式开关电源电路

1.2.5 推挽式开关电源

推挽电路的主要作用是增强驱动能力，为外部设备提供大电流。推挽电路是由两只同极性晶体管连接的输出电路，它采用两个参数相同的晶体管或者场效管，以推挽方式存在于电路中，各负责正负半周的波形放大任务。电路工作时，两只对称的功率开关管每次只有一个导通，这样交替导通，在变压器两端分别形成相位相反的交流电压，改变占空比就可以改变输出电压，如图1-7所示。

(1)当开关管Q_1导通、Q_2截止时,电流从U_{in}正极流过变压器T的初级线圈N_{p1}、开关管Q_1形成回路。此时,在变压器T的次级线圈N_{s2}感应出电流,电流经过二极管D_1、电感器L为电容器C充电,电能储存在电感器L的同时也为外接负载R提供电能。
(2)当开关管Q_1截止、Q_2仍未导通时,两管同时处于关断状态。整流二极管D_1中电流逐渐减小,D_2中电流逐渐增大,直到两管中电流相等(忽略变压器励磁电流),此时电容器C对负载R放电,为其提供电能。

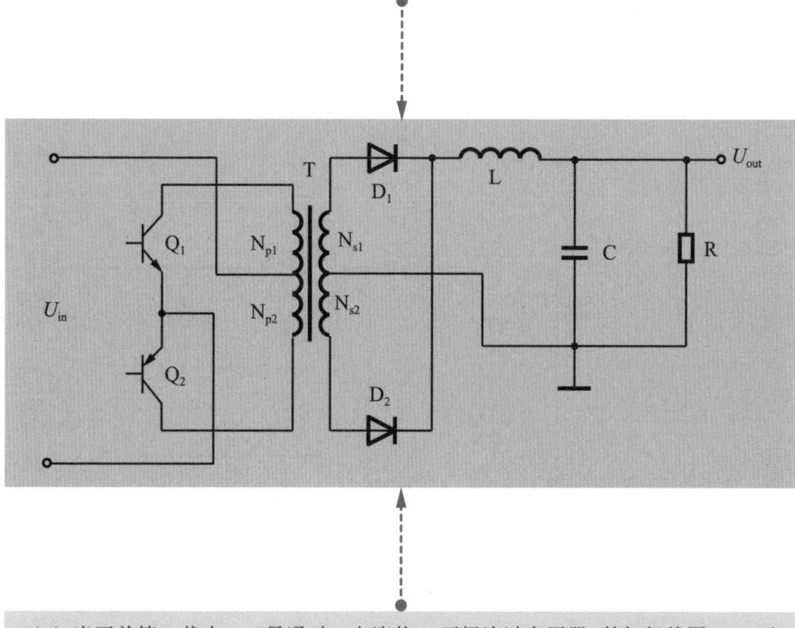

(3)当开关管Q_1截止、Q_2导通时,电流从U_{in}正极流过变压器T的初级线圈N_{p2}、开关管Q_2形成回路。此时,在变压器T的次级线圈N_{s1}感应出电流,电流经过二极管D_2、电感器L为电容器C充电,电能储存在电感器L的同时也为外接负载R提供电能。
(4)当开关管Q_1仍未导通、Q_2截止时,两管同时处于关断状态。整流二极管D_2中电流逐渐减小,D_1中电流逐渐增大,直到两管中电流相等(忽略变压器励磁电流),此时电容器C对负载R放电,为其提供电能。
(5)如果Q_1和Q_2同时导通,就相当于变压器T的一次绕组短路,因此应避免两个开关管同时导通,每个开关管各自的占空比不能超过50%,所以要保留有一定的死区,防止两管同时导通。

图1-7 推挽式开关电源电路

1.2.6 半桥式开关电源

半桥电路由两个功率开关器件组成,它们以图腾柱的形式连接在一起,并进行输出。图1-8所示为半桥式开关电源电路。

（1）电容器C_1、C_2与开关管Q_1、Q_2组成桥，桥的对角线接变压器T的初级绕组N_p，故称半桥电路。如果此时电容器$C_1=C_2$，那么当某一开关管导通时，变压器T初级绕组上的电压只有电源电压的1/2，即$U_{in}/2$。

（2）当开关管Q_1导通时，电容器C_1通过Q_1向变压器T的初级绕组N_p放电，同时电容器C_2通过Q_1、变压器N_p绕组被电源U_{in}充电。此时在变压器T的次级线圈N_{s1}、N_{s2}感应出电流，电流经过二极管D_1、电感器L为电容器C_3充电，电能储存在电感器L的同时也为外接负载R提供电能。

（3）当开关管Q_1截止、Q_2仍未导通时，两管同时处于关断状态。整流二极管D_1中电流逐渐减小，D_2中电流逐渐增大，直到两管中电流相等（忽略变压器励磁电流），此时电容器C_3对负载R放电，为其提供电能。

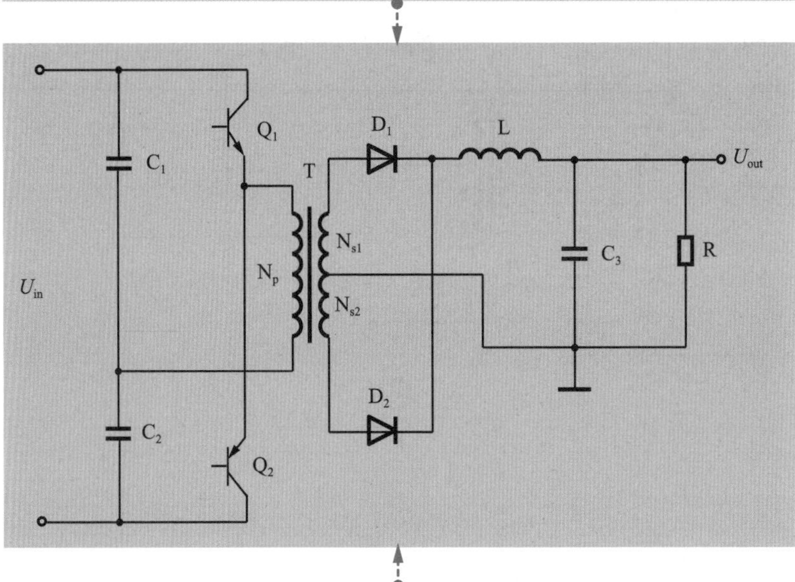

（4）当开关管Q_1截止、Q_2导通时，电容器C_2向变压器T的初级绕组N_p放电，同时电容器C_1通过开关管Q_2、变压器T的初级绕组N_p被充电。此时，在变压器T的次级线圈N_{s1}、N_{s2}感应出电流，电流经过二极管D_2、电感器L为电容器C_3充电，电能储存在电感器L的同时也为外接负载R提供电能。

（5）当开关管Q_1仍未导通、Q_2截止时，两管同时处于关断状态。整流二极管D_2中电流逐渐减小，D_1中电流逐渐增大，直到两管中电流相等，此时电容器C_3对负载R放电，为其提供电能。

图1-8　半桥开关电源电路

1.2.7　全桥式开关电源

全桥式开关电源是一种常见的开关电源拓扑结构，它是由四只三极管或MOS管连接而成的。这四只开关管两个一组同时导通，且两组轮流交错导通，如图1-9所示。

（1）当开关管Q_1和Q_4导通、开关管Q_2和Q_3截止时，输入电压U_{in}经过开关管Q_1、变压器T的初级线圈N_p、开关管Q_4回到电源负极。此时，在变压器T的次级线圈N_{s1}、N_{s2}感应出电流，电流经过二极管D_1、电感器L为电容器C充电，电能储存在电感器L的同时也为负载R提供电能。

（2）当开关管Q_1和Q_4截止、开关管Q_2和Q_3未导通时，四个管同时处于关断状态。整流二极管D_1中电流逐渐减小，D_2中电流逐渐增大，直到两管中电流相等，此时电容器C对负载R放电，为其提供电能。

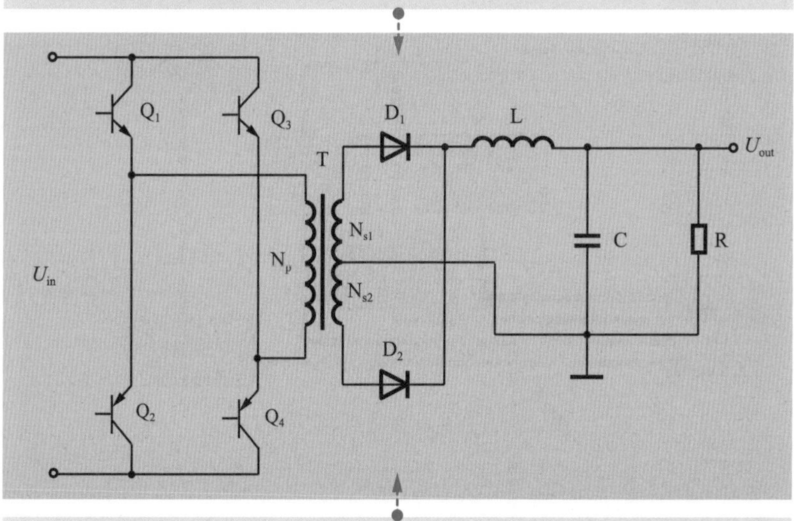

（3）当开关管Q_1和Q_4截止、开关管Q_2和Q_3导通时，输入电压U_{in}经过开关管Q_3、变压器T的初级线圈N_p、开关管Q_2回到电源负极。此时，在变压器T的次级线圈N_{s1}、N_{s2}感应出电流，电流经过二极管D_2、电感器L为电容器C充电，电能储存在电感器L的同时也为负载R提供电能。

（4）当开关管Q_1和Q_4未导通、开关管Q_2和Q_3截止时，四个管同时处于关断状态。整流二极管D_2中电流逐渐减小，D_1中电流逐渐增大，直到两管中电流相等，此时电容器C对负载R放电，为其提供电能。

图1-9　全桥式开关电源电路

1.3　看图识AC-DC开关电源的电路

前面了解了开关电源的拓扑结构，在详细学习开关电源的工作原理之前，我们先来了解AC-DC开关电源的组成结构。

1.3.1　看图说话：开关电源的电路组成

开关电源电路主要由输入电磁干扰滤波器（EMI）电路、桥式整流滤波电路、功率变换电路、PFC电路、PWM控制电路、输出端整流滤波电路、辅助电路等组成。其中辅助电路包括：稳压控制电路、过欠压保护电路、过电流保护电路、输出短路保护电路等。

开关电源电路的组成框图如图1-10所示。

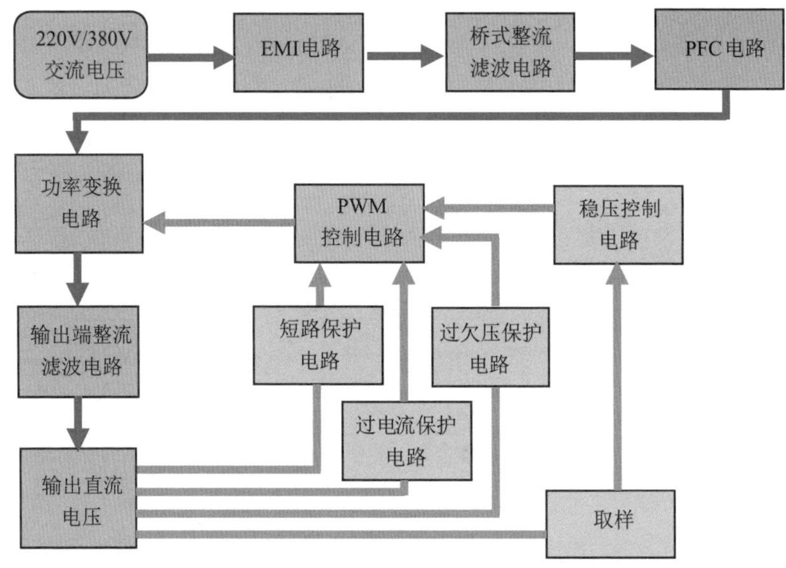

图1-10　开关电源电路的组成框图

1.3.2　看图说话：开关电源内部揭秘

打开一台开关电源（确保电源线没有和市电连接，否则会被电到）或一台电气设备的电路盖板后，读者会看到开关电源部分的电路。这些电路有一个明显的特征，就是电路上有一个硕大的变压器，还有一些体积较大的电容器或散热片，如图1-11所示。

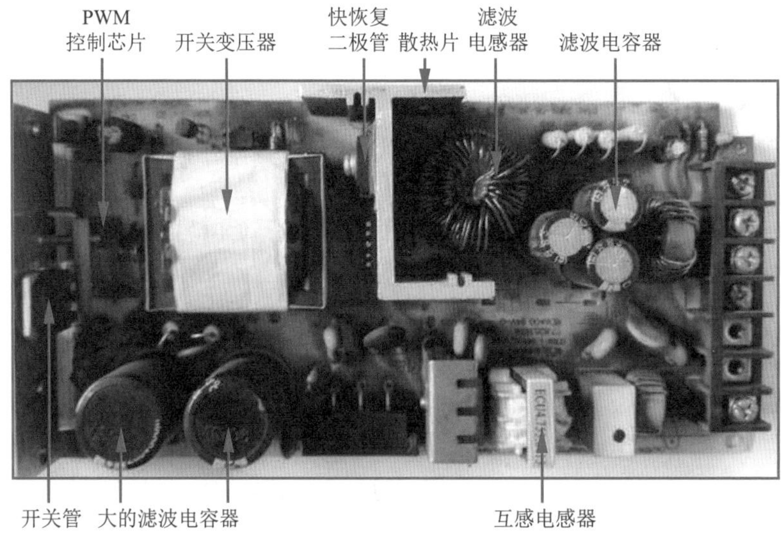

图1-11　开关电源电路

开关电源电路中的基本元器件包括整流二极管（或整流堆）、滤波电容器、开关管、PWM控制芯片、开关变压器、光电耦合器、电感器、电容器等，如图1-12所示。

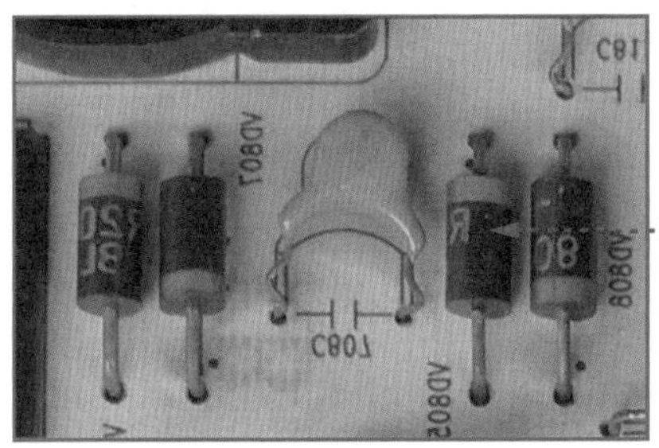

4只整流二极管组成整流电路，将220V交流电压整流输出为+310V的直流电压。

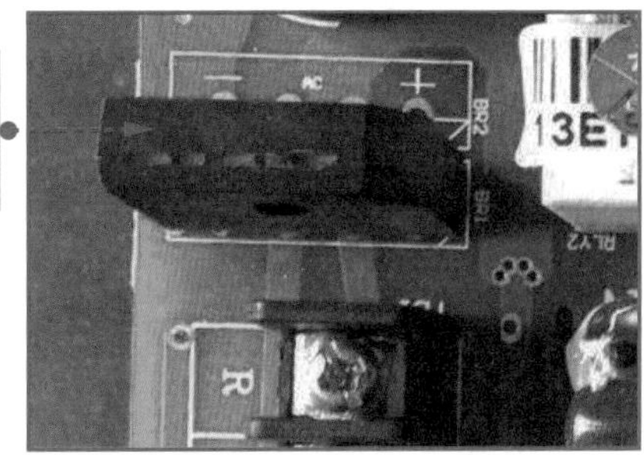

桥式整流堆的主要作用是将220V交流电压整流输出约310V的直流电压。桥式整流堆的内部由4只二极管构成。

电容器上的标注为电容器的耐压值和容量

开关管的型号

开关管的作用是将直流电流变成脉冲电流。它与开关变压器构成一个自激（或他激）式的间歇振荡器，从而把输入直流电压调制成一个高频脉冲电压，起到能量传递和转换作用。

滤波电容器用于对桥式整流堆送来的310V直流电压进行滤波。

PWM控制芯片是开关电源的核心，它能产生频率固定而脉冲宽度可调的驱动信号，控制开关管的通/断状态，从而调节输出电压的高低，达到稳压的目的。另外，PWM控制芯片还监控输出电压、电流的变化，根据保护电路的反馈电压、电流信号控制电路的开断。

开关变压器利用电磁感应的原理来改变交流电压的装置，主要部件是初级线圈、次级线圈和铁芯（磁芯）。

图1-12 开关电源电路中的基本元器件

在开关变压器次级输出端连接的二极管存在反向恢复时间，在导通瞬间会引起较大的尖峰电流，它不仅增加了二极管本身的功耗，而且使开关管流过过大的浪涌电流，增加了开通瞬间的功耗。因此，在开关变压器次级输出端一般采用快恢复二极管或肖特基二极管作为整流二极管。

电感器通常与电容器组成LC滤波电路用以抑制干扰信号，获得比较纯净的直流电流。

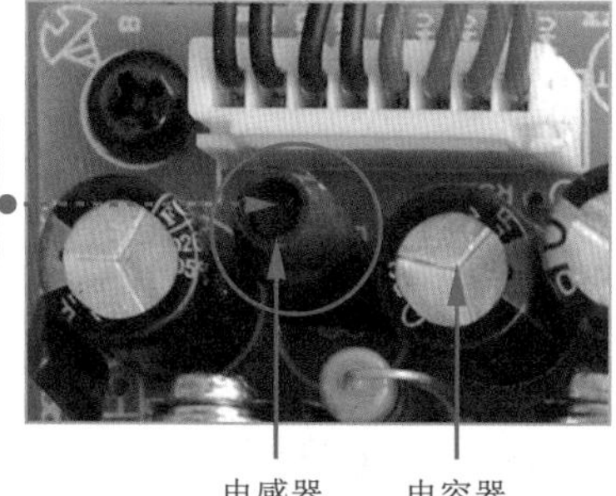

图1-12　开关电源电路中的基本元器件（续）

1.4　AC-DC开关电源工作原理及常见电路

AC-DC开关电源电路中主要包括防雷击浪涌电路、EMI滤波电路（交流电源输入电路）、桥式整流滤波电路、高压启动电路、开关振荡电路、输出端整流滤波电路、稳压电路、短路保护电路、PFC电路等。下面对这些电路的工作原理进行详细介绍。

1.4.1　防雷击浪涌电路工作原理及常见电路

防雷击浪涌电路主要应用在交流电源输入部分电路，其作用是防雷击保护（过电流和过压保护）。

防雷击浪涌电路主要防止电路被雷击时，产生瞬间巨大电涌损坏开关电源，起到保护开关电路的作用。防雷击浪涌电路主要由熔断电阻器、热敏电阻器（NTC）、压敏电阻器（MOV）等组成，如图1-13所示。

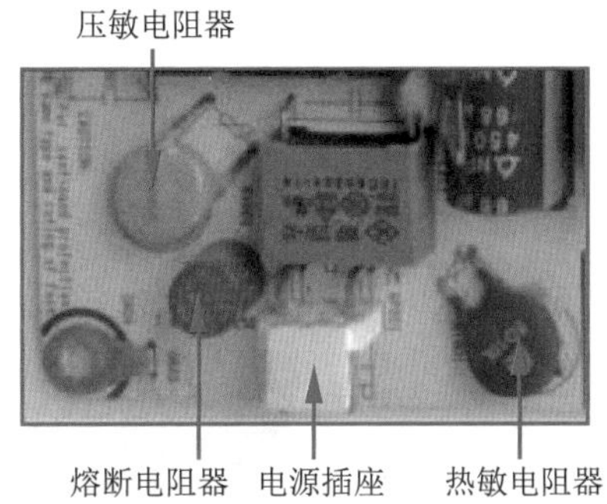

图1-13　防雷击浪涌电路实物图

1. 熔断电阻器

熔断电阻器是一种安装在电路中，保证电路安全运行的电器元件。熔断电阻器是一种过电流保护器。熔断电阻器主要由熔体、熔管以及外加填料等部分组成。使用时，将熔断电阻器串联于被保护电路中，当被保护电路的电流超过规定值，并经过一定时间后，由熔体自身产生的热量熔断熔体，使电路断开，从而起到保护的作用。在开关电源电路中熔断电阻器有长形的也有圆形的，通常用字母“FU”来表示，如图1-14所示。

图1-14　熔断电阻器及电路中的符号

2. 压敏电阻器

在开关电源电路中，压敏电阻器一般并联在电路中，在外部输入电压很大时，压敏电阻器的阻值急剧变小，呈短路状态，将串联在电路上的电流熔断电阻器熔断，起到保护电路的作用。

压敏电阻器对电压较敏感，当电压达到一定数值时，电阻迅速导通。压敏电阻器在电路中，常用于电源过压保护和稳压。图1-15所示为开关电源电路中的压敏电阻器。

3. 热敏电阻器

热敏电阻器的特点是对温度敏感，不同温度下表现出不同的电阻值。热敏电阻器分为正温度系数热敏电阻器（PTC）和负温度系数热敏电阻器（NTC）。PTC在温度越高时电阻值越大，NTC在温度越高时阻值越低。在开关电源电路中，通常将一个功率型NTC串接在开关电源电路中，用来有效地抑制开机时的浪涌电流。当浪涌电流很大时，热敏电阻器内部的温度熔丝会自动熔断，以切断电路，阻止电流继续流到后端电路。图1-16所示为热敏电阻器。

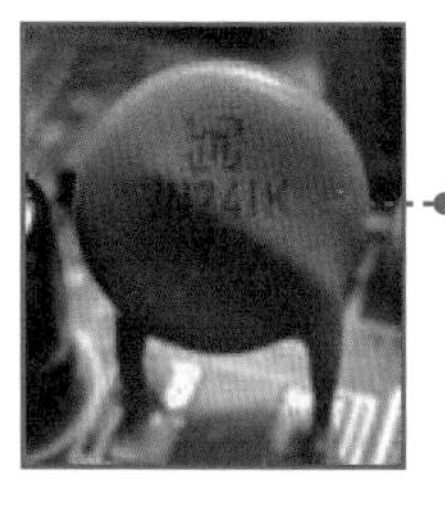

在开关电源电路中，压敏电阻器通常为扁圆形的，其用字母“RV”表示。

图1-15 压敏电阻器

在开关电源电路中，热敏电阻器通常为扁圆形的，其用字母“NR”或“TR”表示。

图1-16 热敏电阻器

4. 防雷击浪涌电路工作原理

防雷击浪涌电路工作原理如图1-17所示。

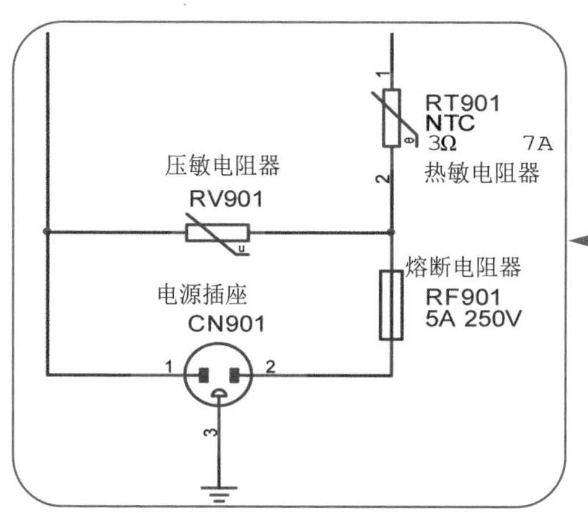

（1）电源开启瞬间，由于瞬间电流大，热敏电阻器RT901能有效地防止浪涌电流。
（2）当电网受到雷击时，产生高压经输入线导入开关电源设备时，由熔断电阻器RF901、压敏电阻器RV901、热敏电阻器RT901组成防雷浪涌电路进行保护。当加在压敏电阻器RV901两端的电压超过其工作电压时，其阻值降低，使高压能量消耗在压敏电阻器上，若电流过大，熔断电阻器RF901会烧毁，保护后级电路。

图1-17 防雷击浪涌电路工作原理

1.4.2 EMI滤波电路工作原理及常见电路

EMI滤波电路应用在交流电源输入部分电路，其作用是过滤外接市电中的高频干扰（电源噪声），避免市电电网中的高频干扰影响电路的正常工作，同时也起到减少开关电源电路本身对外界的电磁干扰。

开关电源电路中的高频干扰属于射频干扰（RFI），其中两条电源线（线对线）之间产生的干扰信号称为差模干扰；两条电源线与地线之间产生的干扰信号称为共模干扰。EMI滤波电路主要过滤差模干扰信号和共模干扰信号。

EMI滤波电路主要由电容器和电感器等元器件组成，如图1-18所示。

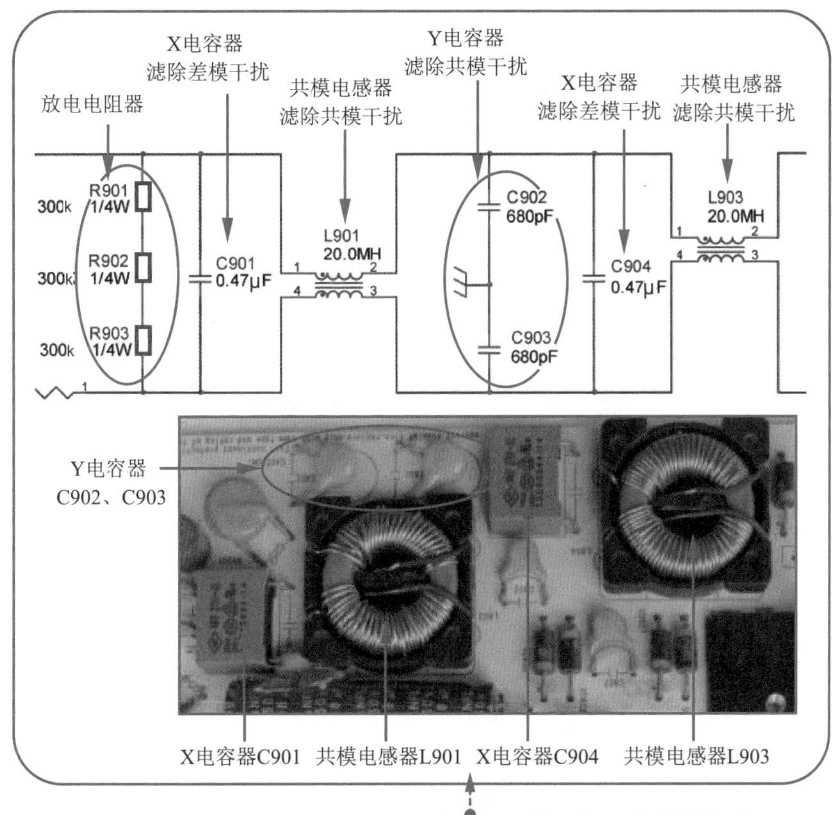

共模电感器L901对差模干扰不起作用，但当出现共模干扰时，由于两个线圈的磁通方向相同，经过耦合后总电感量迅速增大，对共模信号有很大的阻抗，使其不易通过。两个X电容器C901和C904采用薄膜电容器，容值在0.01~0.47μF，主要用来滤除差模干扰；两个Y电容器C902和C903跨接在输出端，并将电容器的中点接地，能有效抑制共模干扰；C901~C904的耐压值为DC630V或AC250V。

图1-18　EMI滤波电路

1. X电容器

X电容器是一种安规电容器，它跨接在火线与零线之间，即L-N之间，X电容器能够抑制差模干扰，通常采取金属化薄膜电容器，电容器容量为μF级，如图1-19所示。

2. Y电容器

Y电容器也是一种安规电容器，它跨接在电力线两线和地之间，即L-E和N-E之间，一般是成对出现的。Y电容器通常都是陶瓷类电容器，能够抑制共模干扰，Y电容器容量为nF级，如图1-20所示。

X电容器外观多数是方形的，即类似于盒子的形状，在其表面一般都标有安全认证标志、耐压值（一般有AC300V或AC275V）、依据标准等信息。

图1-19 X电容器

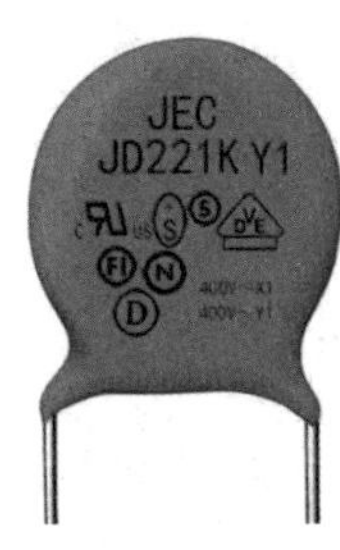

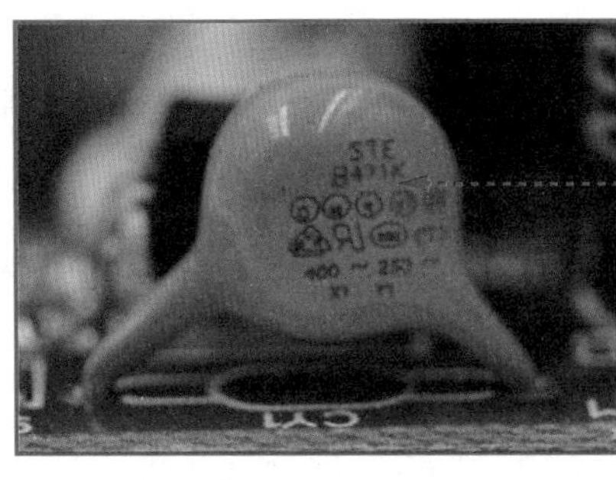

Y 电容器外观多数是扁圆形，呈蓝色，在其表面一般标有安全认证标志、耐压值等信息。

图1-20 Y电容器

3. **共模电感器**

共模电感器也称共模扼流圈，常用于开关电源中过滤共模的电磁干扰信号。共模电感器由两个尺寸、匝数相同的线圈对称地绕制在同一个铁氧体环形磁芯上，形成一个四引脚的器件，对共模信号呈现出大电感，具有抑制作用；而对于差模信号呈现出很小的漏电感，几乎不起作用。

共模电感器的原理：当电感器中流过共模电流时，电感器磁环中的磁通相互叠加，从而具有相当大的电感量，对共模电流起到抑制作用，而当两线圈流过差模电流时，磁环中的磁通相互抵消，几乎没有电感量，所以差模电流可以无衰减地通过。因此，共模电感器在平衡线路中能有效地抑制共模干扰信号，而对线路正常传输的差模信号无影响。

由于共模电感器电感量不大，所以其对于正常的220V交流电感抗很小，不影响220V交流电对开关电源的供电。

图1-21所示为共模电感器。

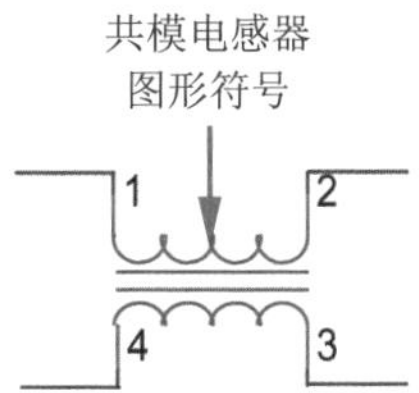

图1-21　共模电感器

4. 差模电感器

差模电感器也称差模扼流圈，常用于开关电源中过滤差模高频干扰信号。差模电感器一般与X电容器一起过滤电路中的差模高频信号，如图1-22所示。

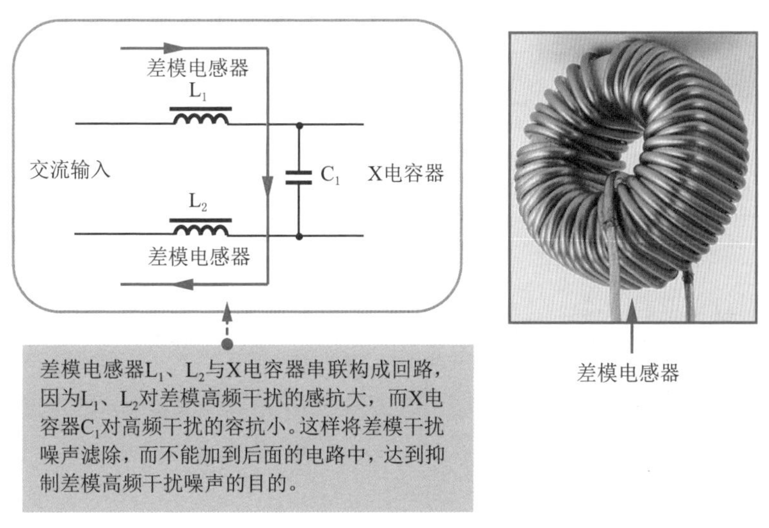

差模电感器
L_1
交流输入
C_1
X电容器
L_2
差模电感器
差模电感器
差模电感器L_1、L_2与X电容器串联构成回路，因为L_1、L_2对差模高频干扰的感抗大，而X电容器C_1对高频干扰的容抗小。这样将差模干扰噪声滤除，而不能加到后面的电路中，达到抑制差模高频干扰噪声的目的。

图1-22　差模电感器

提示：差模电感器有两个引脚，共模电感器有四个引脚，这是差模电感器和共模电感器的重要区别。

5. EMI滤波电路工作原理

EMI滤波电路工作原理如图1-23所示。

1.4.3　桥式整流滤波电路工作原理及常见电路

桥式整流滤波电路主要负责将经过滤波后的220V交流电进行全波整流，转变为直流电压，然后再经过滤波后将电压变为310V直流电压。

开关电源电路中的桥式整流滤波电路主要由整流二极管（或整流堆），高压滤波电容器等组成，如图1-24所示。

（1）当交流输入电压经过防雷击浪涌电路后，进入由X电容器C906和C907、共模电感器L901、Y电容器C901和C902组成的EMI滤波电路。

（2）然后由共模电感器L901的1、2线圈与Y电容器C901，共模电感器L901的3、4线圈与Y电容器C902分别构成的交流进线上两对独立端口之间的低通滤波电路滤波后，过滤掉交流进线上存在的共模干扰噪声，阻止它们进入电源设备。

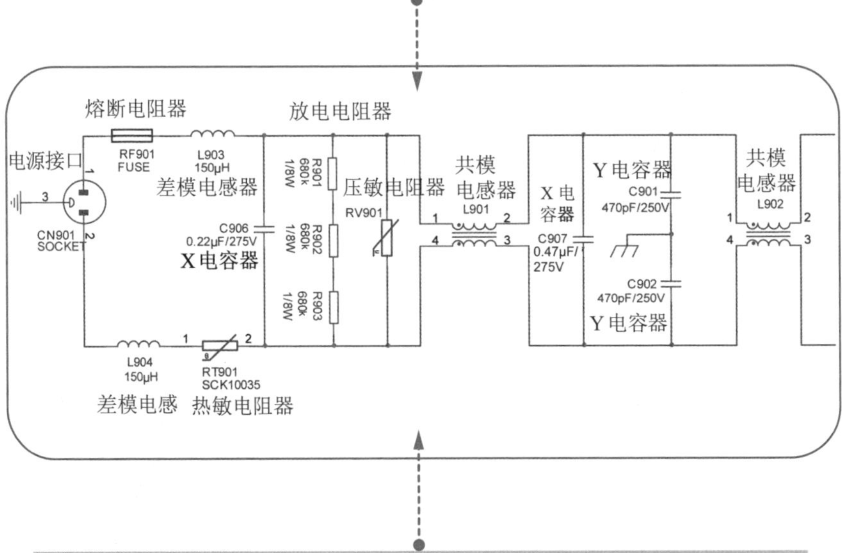

（3）由X电容器C906和C907组成的交流进线独立端口间的低通滤波电路，过滤交流进线上的差模干扰噪声，防止电源设备受其干扰。经过滤波后的交流电为下一级整流滤波电路提供纯净的输入电源。

图1-23　EMI滤波电路工作原理

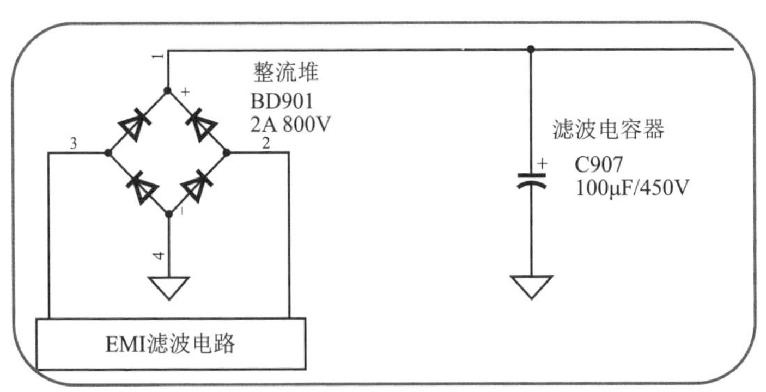

图1-24　桥式整流滤波电路

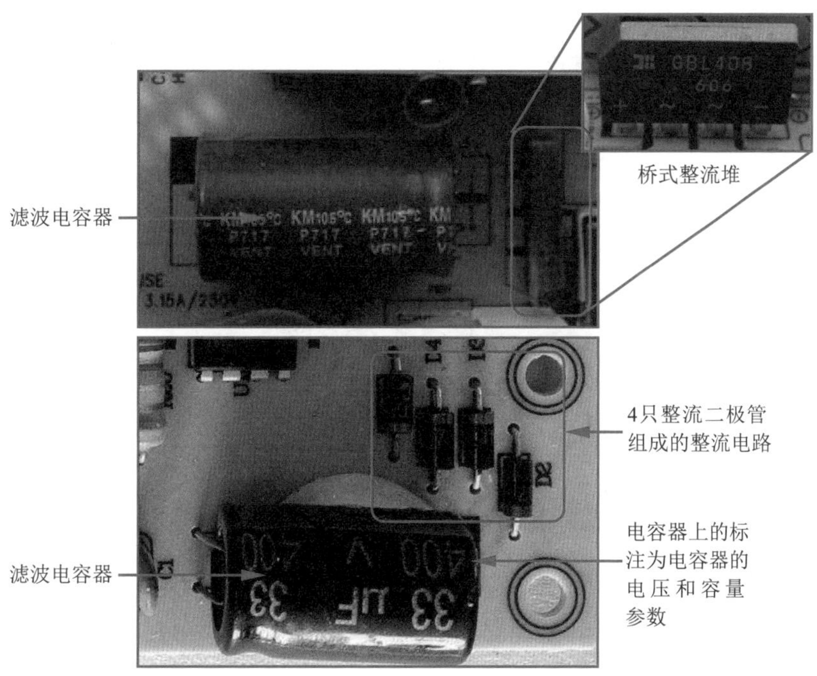

图1-24　桥式整流滤波电路（续）

1．桥式整流堆

前面我们简单了解过桥式整流堆，其主要作用是将220V交流电压整流输出约为310V的直流电压。桥式整流堆的内部是由4只二极管构成的，可通过检测每只二极管的正、反向阻值来判断其是否正常。图1-25所示为桥式整流堆及其内部结构图。

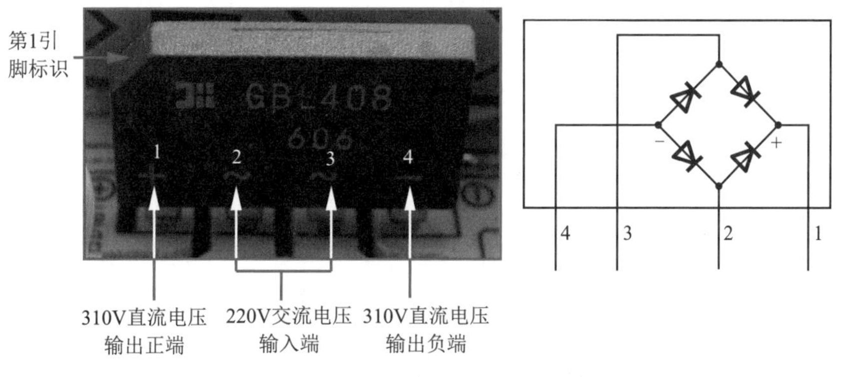

图1-25　桥式整流堆及其内部结构图

图1-25中的桥式整流堆的4个针脚中，中间两个针脚为交流电压输入端，两侧两个针脚为直流电压输出端。在故障检测时，测量直流输出电压，应测量两侧的正端和负端。

2. 滤波电容器

滤波电容器主要用于对桥式整流堆送来的310V直流电压进行滤波。由于桥式整流电路输出的电压达到310V左右，因此滤波电路中采用的滤波电容器耐压通常达到450V左右。此滤波电容器非常好识别，它是开关电源电路板中体积最大的电容器，如图1-26所示。在测量滤波电容器的好坏时，可以测量其工作电压，正常应在310V左右。在测量时，首先要识别电容器的正、负极。

图1-26　滤波电容器

3. 桥式整流滤波电路工作原理

桥式整流滤波电路工作原理如图1-27所示。

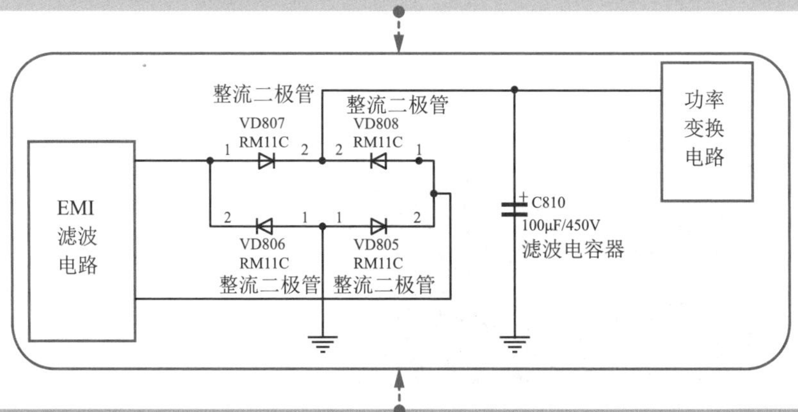

（1）桥式整流滤波电路由桥式整流电路和电容滤波电路组成。其中，桥式整流电路由4只整流二极管两两对接连接成电桥形式（如图中的VD805~VD808），利用整流二极管的单向导通性进行整流，将交流电转变为直流电。
EMI滤波电路
整流二极管 VD807 RM11C
整流二极管 VD808 RM11C
VD806 RM11C 整流二极管
VD805 RM11C 整流二极管
C810 100μF/450V 滤波电容器
功率变换电路
（2）桥式整流电路每个整流二极管上流过的电流是负载电流的一半，当在交流电源的正半周时，整流二极管VD807和VD805导通，VD808和VD806截止，输出正的半波整流电压；当在交流电源的负半周时，整流二极管VD808和VD806导通，VD807和VD805截止，由于VD808和VD806这两只管是反接的，所以输出还是正的半波整流电压。

图1-27　桥式整流滤波电路工作原理

（3）C810为电容滤波电路，它是并联在整流电源电路输出端，用来降低交流脉动波纹系数、平滑直流输出的一种储能器件。

（4）滤波电路是利用电容器的充、放电原理达到滤波的作用。在脉动直流波形的上升段，电容器C810充电，由于充电时间常数很小，所以充电速度很快；在脉动直流波形的下降段，电容器C810放电，由于放电时间常数很大，所以放电速度很慢。在C810还未完全放电时再次开始进行充电。这样，通过电容器C810的反复充、放电实现了滤波作用。

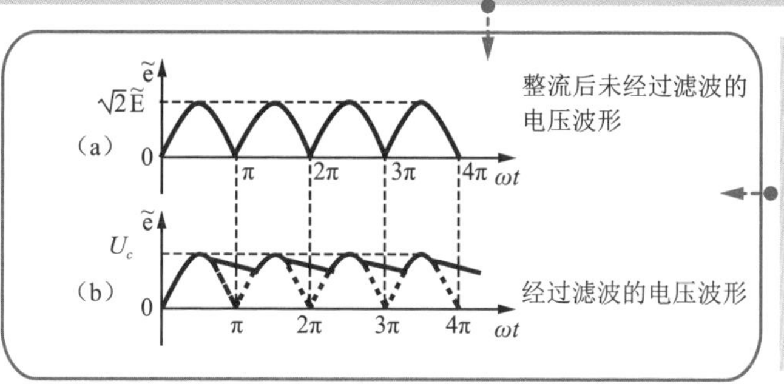

（5）桥式整流滤波电路中的滤波电容器C810不仅使电源直流输出平滑稳定，降低了变交脉动电流对电子电路的影响，同时还可吸收电子电路工作过程中产生的电流波动和经由交流电源串入的干扰，使得电子电路的工作性能更加稳定。

图1-27　桥式整流滤波电路工作原理（续）

1.4.4　高压启动电路工作原理及常见电路

高压启动电路的作用是为PWM控制芯片提供安全稳定的启动电压。启动电路分为常规启动电路和受控制式启动电路两种形式。

1. 常规启动电路

常规启动电路的工作原理如图1-28所示。

（1）当接通电源开关后，市电电压防雷击浪涌电路及EMI滤波电路后，再经桥式整流滤波电路整流滤波后，输出约310V的直流电压。此电压中的一路经开关变压器T901的初级绕组(4-6)送到开关管VT903的漏极；另一路经电阻器R931、R904和R938分压后，为PWM控制芯片的振荡电路供电。然后PWM控制芯片输出脉冲控制开关管Q903工作。

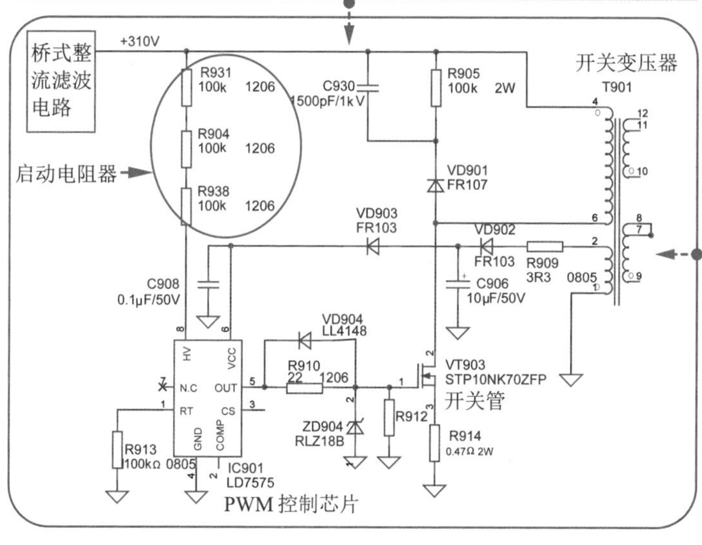

（2）当开关电源正常工作后，开关变压器T901绕组(1-2)上感应的脉冲电压经整流二极管VD902、VD903和电容器C906、C908整流滤波后产生直流电压，将取代启动电路，为PWM控制芯片的供电端供电。

图1-28　常规启动电路的工作原理

2. 受控制式启动电路

受控制式启动电路和常规启动电路相比，增加了一个可控开关（可控开关一般由三极管、场效应管、晶闸管等组成），可控开关的控制信号一般取自开关变压器的反馈绕组。可控开关在启动时接通，启动后断开，然后由整流滤波电路产生的电压接替启动电路工作，如图1-29所示。

（1）当开机后，NPN三极管VT612导通，接着桥式整流滤波电路输出的+310V电压经三极管VT612、电阻R632在电容器C616两端建立启动电压，加到PWM控制芯片UC3842的第7引脚，为UC3842芯片提供启动电压。
（2）当UC3842芯片启动后，开关电源工作，开关变压器T601的6-4绕组感应的脉冲（叠加有+310V直流）经二极管VD610、电容C615整流滤波后，经电阻R627加到三极管VT612的基极，基极变为高电平，致使三极管VT612截止，启动电路关断。

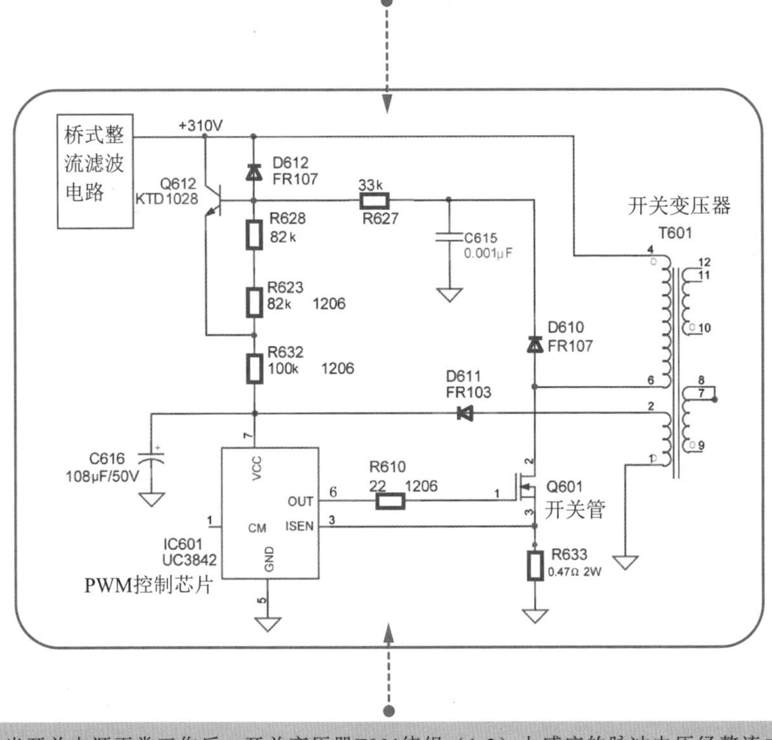

（3）当开关电源正常工作后，开关变压器T901绕组（1-2）上感应的脉冲电压经整流二极管VD611、电容C616整流滤波后产生直流电压，将取代启动电路，为PWM控制芯片的供电端供电。

图1-29 受控制式启动电路（一）

除了上面所讲的启动电路，还有另一种形式的受控式启动电路，其工作原理如图1-30所示。

（1）当开机后，NPN三极管VT911导通。经EMI滤波电路滤波后的220V交流电压经二极管VD926整流、电阻R922分压、三极管VT911、二极管VD927整流后，在电容C921两端建立启动电压，加到PWM控制芯片UC3842的第7脚，为UC3842芯片提供启动电压。
（2）当UC3842芯片启动后，开关电源工作，UC3842芯片的第8脚输出5V基准电压，使NPN三极管VT912导通，电流流过电阻R911、R912、VT912，使三极管VT911基极电压变为高电平，致使三极管VT911截止，启动电路关断。

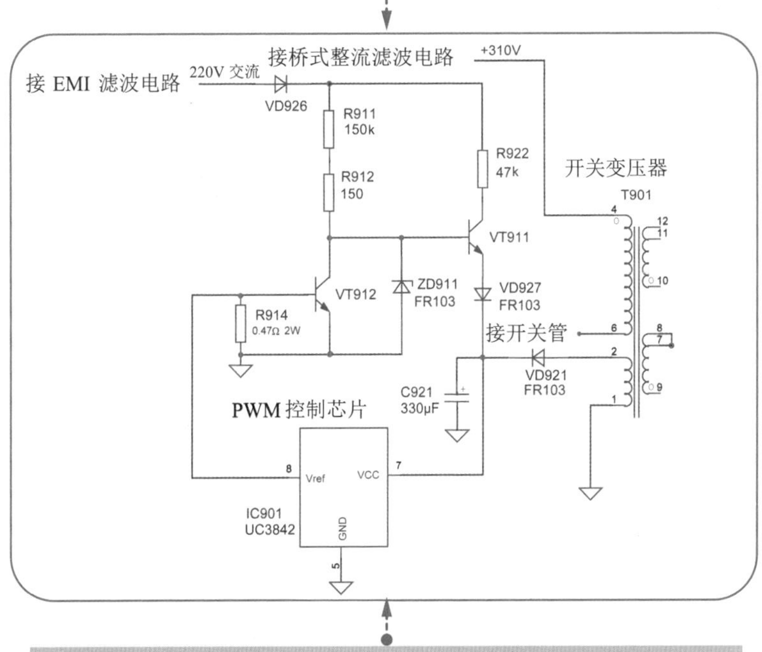

（3）当开关电源正常工作后，开关变压器T601绕组（1-2）上感应的脉冲电压经整流二极管VD921、电容C921整流滤波后产生直流电压，将取代启动电路，为PWM控制芯片的供电端供电。

图1-30　受控式启动电路（二）

1.4.5　开关振荡电路工作原理及常见电路

开关振荡电路是开关电源中的核心电路，由这里产生高频脉冲电压，通过开关变压器次级输出所需的电压。

开关振荡电路主要通过PWM控制器输出的矩形脉冲信号，控制开关管不断地开启/关闭，处于开关振荡状态，从而使开关变压器的初级线圈产生开关电流。开关变压器处于工作状态，在次级线圈中产生感应电流，经过处理后输出主电压。

开关振荡电路主要由开关管、PWM控制芯片、开关变压器等组成，如图1-31所示。

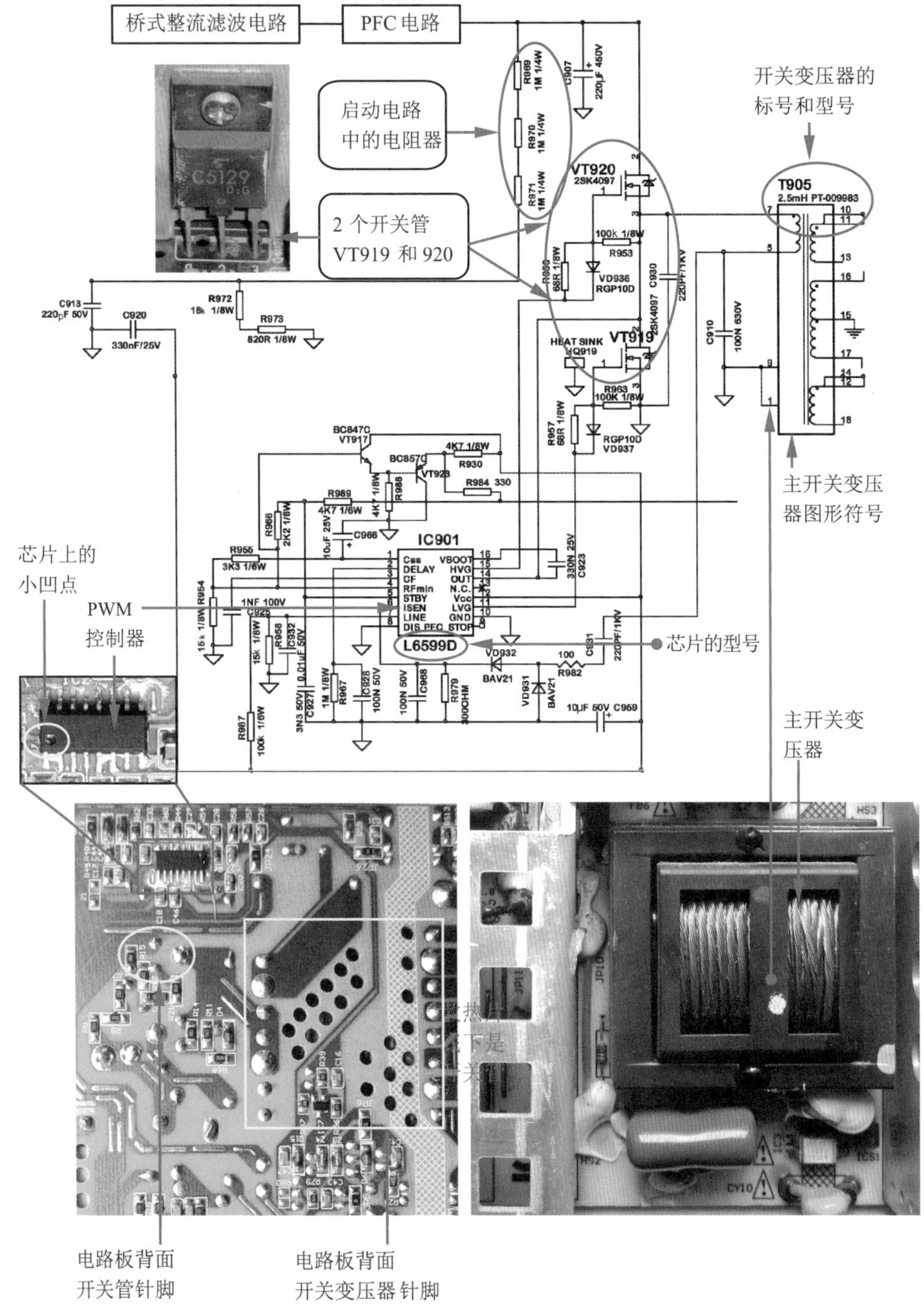

图1-31　开关振荡电路图

图1-31中，IC901（L6599D）为PWM控制芯片，它是开关电源的核心，能产生频率固定而脉冲宽度可调的驱动信号，控制开关管的通/断状态，从而调节输出电压的高低，达到稳压的目的。

1. 开关管

目前使用最广泛的开关管是绝缘栅场效应管（MOS管），有些开关电源也使用三极管作为开关管，如图1-32所示。

由于开关管工作在高电压和大电流的环境下，发热量较大，因此会安装一个散热片。

图1-32　电源电路中的开关管

三极管和MOS管作为开关管的区别：

（1）三极管是电流型控制元器件，而MOS管是电压型控制元器件，三极管导通所需的控制端的输入电压要求较低，一般在0.6V以上就可以实现三极管导通，只需改变基极限流电阻即可改变基极电流。而MOS管导通所需电压为4~10V，且达到饱和时所需电压为6~10V。在控制电压较低的场合一般使用三极管作为开关管，或先使用三极管作为缓冲控制MOS管。

（2）MOS管内阻很小，一般在小电流场合使用。

（3）MOS管的输入阻抗大，其比三极管快一些，稳定性好一些。

2. PWM控制芯片

PWM（脉宽调制）是用来控制和调节占空比的芯片。PWM控制芯片的作用是输出开关管的控制驱动信号，驱动控制开关管导通和截止。然后通过将输出直流电压取样，来控制开关管开通和关断的时间比率，从而维持稳定的输出电压。

图1-33所示为开关电源中部分常用PWM控制芯片的引脚功能。

3. 开关变压器

开关变压器是利用电磁感应的原理来改变电压的装置，主要构件是初级线圈、次级线圈和铁芯（磁芯）。图1-34所示为开关变压器。

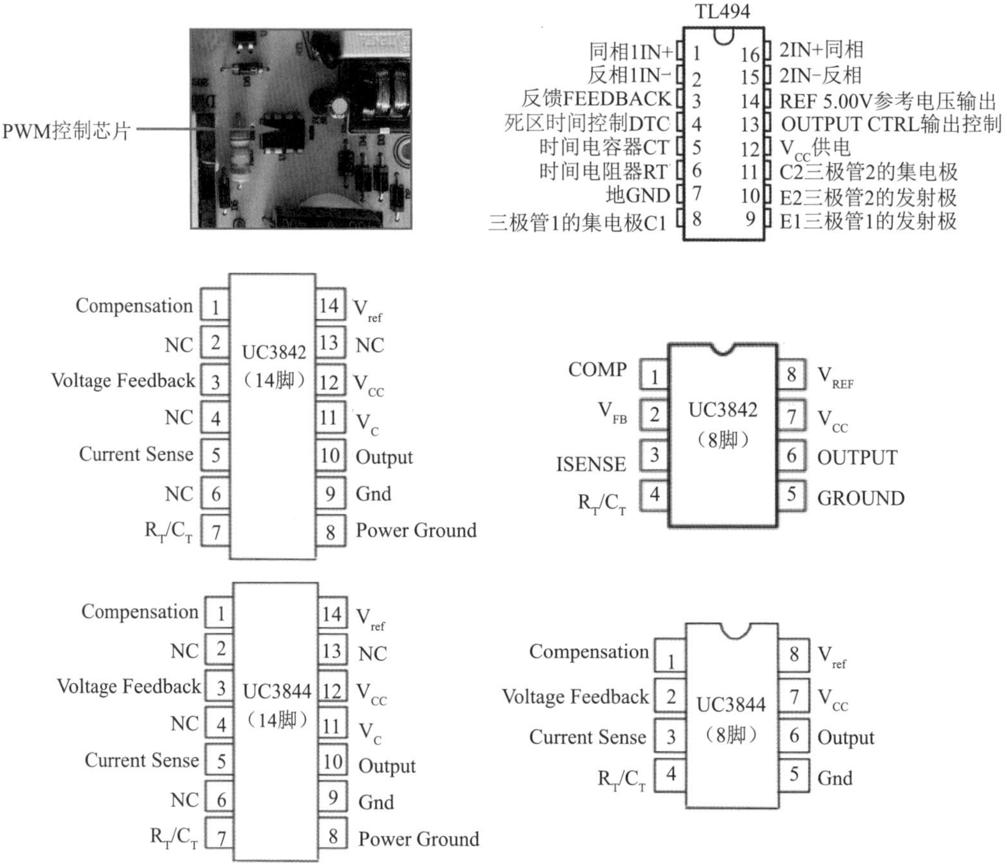

PWM控制芯片

TL494

引脚功能	引脚	引脚	引脚功能
同相1IN+	1	16	2IN+同相
反相1IN−	2	15	2IN−反相
反馈FEEDBACK	3	14	REF 5.00V参考电压输出
死区时间控制DTC	4	13	OUTPUT CTRL输出控制
时间电容器CT	5	12	V_{CC}供电
时间电阻器RT	6	11	C2三极管2的集电极
地GND	7	10	E2三极管2的发射极
三极管1的集电极C1	8	9	E1三极管1的发射极

UC3842（14脚）

引脚功能	引脚	引脚	引脚功能
Compensation	1	14	V_{ref}
NC	2	13	NC
Voltage Feedback	3	12	V_{CC}
NC	4	11	V_C
Current Sense	5	10	Output
NC	6	9	Gnd
R_T/C_T	7	8	Power Ground

UC3842（8脚）

引脚功能	引脚	引脚	引脚功能
COMP	1	8	V_{REF}
V_{FB}	2	7	V_{CC}
ISENSE	3	6	OUTPUT
R_T/C_T	4	5	GROUND

UC3844（14脚）

引脚功能	引脚	引脚	引脚功能
Compensation	1	14	V_{ref}
NC	2	13	NC
Voltage Feedback	3	12	V_{CC}
NC	4	11	V_C
Current Sense	5	10	Output
NC	6	9	Gnd
R_T/C_T	7	8	Power Ground

UC3844（8脚）

引脚功能	引脚	引脚	引脚功能
Compensation	1	8	V_{ref}
Voltage Feedback	2	7	V_{CC}
Current Sense	3	6	Output
R_T/C_T	4	5	Gnd

图1-33　常用的PWM控制芯片

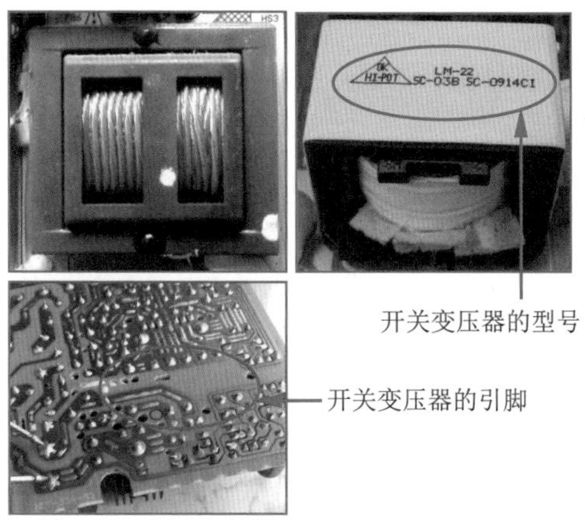

图1-34　开关变压器

4．振荡电路工作原理

如图1-35所示为一个单端反激式开关振荡电路，它由PWM控制器IC901、开关管VT901、开关变压器T901组成。

（1）PWM控制器启动：当310V直流电压经启动电阻R904、R905、R906分压后，加到PWM控制器IC901的第3脚，为其提供启动电压。IC901启动后，其内部电路开始工作，从第8脚输出高电平脉冲控制信号到开关管VT901的栅极，使其导通。此时电流流过开光变压器T901的初级线圈4-6，并在1-3线圈产生感应脉冲。此感应脉冲由VD901、C908整流滤波，产生15V直流电压并加到IC901的第7引脚的VCC端，为PWM控制器供电，取代启动电路维持电源正常振荡。

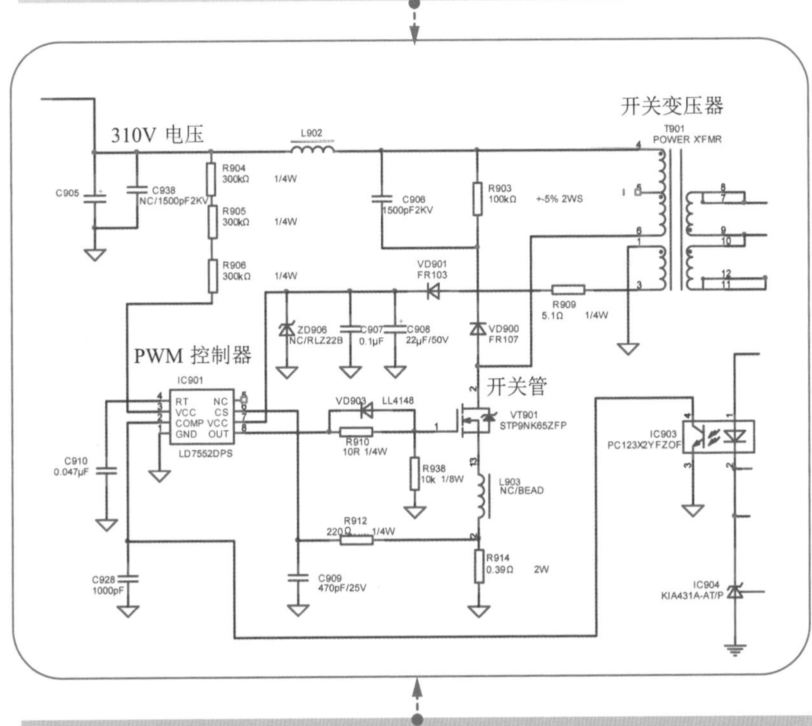

（2）当电流流过开光变压器T901的4、6绕组、开光管VT901、电感L903、电阻R914，在开关变压器T901的初级线圈产生上正下负的电压；同时，开关变压器T901的次级产生下正上负的感应电动势，这时变压器次级上的整流二极管截止，此阶段为储能阶段。

（3）此时，电流经电阻R912给电容C909充电并加到PWM控制器IC901的第6引脚的PWM比较器同相输入端。当C909上的电压上升到PWM控制器内部的比较器反相端的电压时，比较器控制RS锁存器复位，PWM芯片的第8引脚输出低电平到开关管VT901的栅极，开关管VT901截止。此时开关变压器T901初级线圈上的电流在瞬间变为0，初级的电动势为下正上负，在次级上感应出上正下负的电动势，此时变压器次级的整流二极管导通，开始为负载输出电压。

（4）就这样PWM控制器控制开光管不断的导通和关闭，开光变压器T901的次级就会不断地输出直流电压。

图1-35　单端反激式开关振荡电路工作原理

如图1-36所示为一个双管正激式开关振荡电路，它由PWM控制器IC1、开关管VT6和VT7、开关变压器T1组成。该电路的特点是两个开关管VT6和VT7同时导通和关闭，由于双开关管的架构只需要承受一倍的开关电压，比单管正激的开关管要承受的双倍电压更为安全，因此双管正激电路更适合用在高功率电源上。

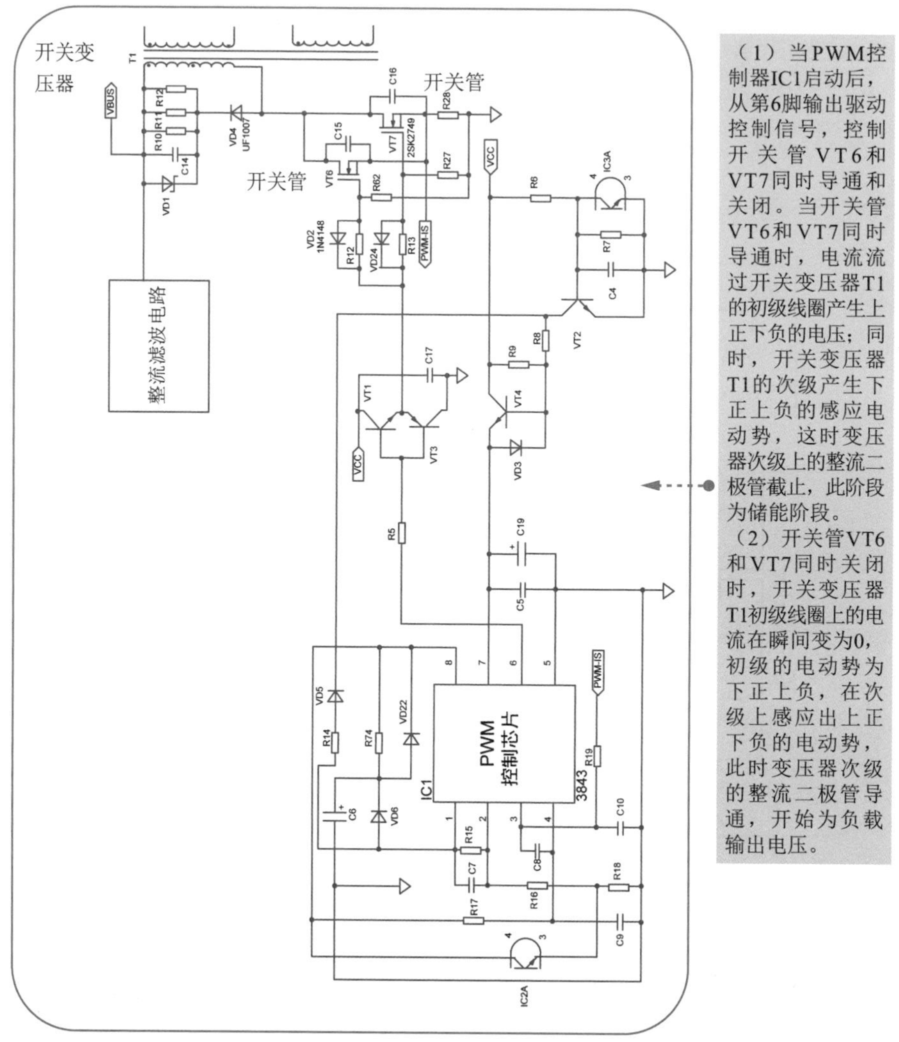
开关变压器
T1
开关管
开关管
整流滤波电路
VBUS
PWM控制芯片
IC1
3843
（1）当PWM控制器IC1启动后，从第6脚输出驱动控制信号，控制开关管VT6和VT7同时导通和关闭。当开关管VT6和VT7同时导通时，电流流过开关变压器T1的初级线圈产生上正下负的电压；同时，开关变压器T1的次级产生下正上负的感应电动势，这时变压器次级上的整流二极管截止，此阶段为储能阶段。
（2）开关管VT6和VT7同时关闭时，开关变压器T1初级线圈上的电流在瞬间变为0，初级的电动势为下正上负，在次级上感应出上正下负的电动势，此时变压器次级的整流二极管导通，开始为负载输出电压。

图1-36　双管正激式开关振荡电路

1.4.6　输出端整流滤波电路工作原理及常见电路

输出端整流滤波输出电路的作用是将开关变压器次级端输出的电压进行整流与滤波，得到稳定的直流输出电压。因为开关变压器的漏感和输出二极管的反向恢复电流造成的尖峰，都形成了潜在的电磁干扰。所以，开关变压器输出的电压必须经过整流滤波处理后，才能输送给其他电路。

整流滤波输出电路主要由整流二极管、滤波电阻器、滤波电容器、滤波电感器等组成。图1-37所示为整流滤波电路原理图。

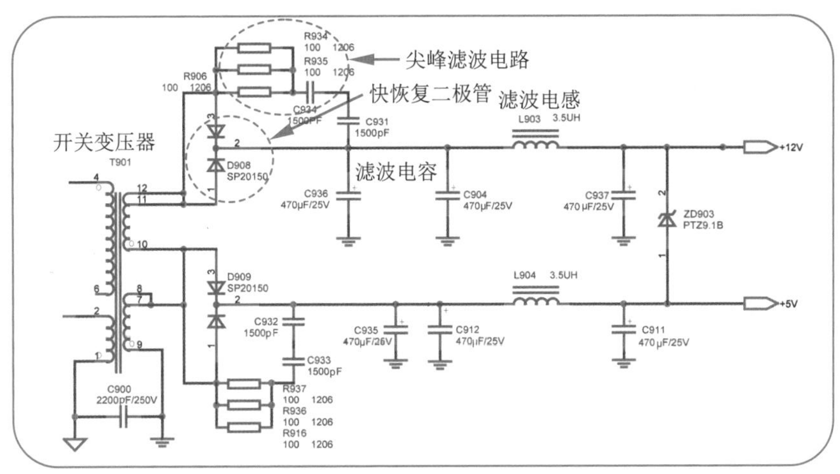

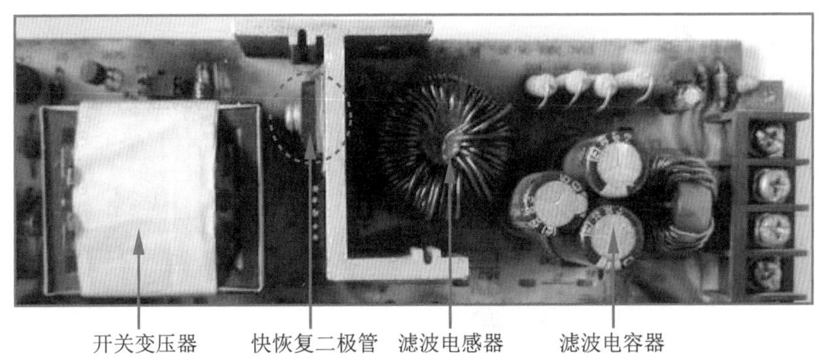

图1-37　整流滤波电路原理图

1. 快恢复二极管

快恢复二极管是指反向恢复时间很短的二极管（5μs以下），由于开关电源中次级整流电路属于高频整流电路（频率较高），所以只能使用快恢复二极管整流。否则，由于二极管损耗太大会造成电源整体效率降低，严重时会烧毁二极管。图1-38所示为快恢复二极管。

2. 肖特基二极管

肖特基二极管是以金属和半导体接触形成的势垒为基础的二极管，具有正向压降低（0.4~0.5V）、反向恢复时间很短（10~40ns），而且反向漏电流较大、耐压低等特点，多用于低电压场合，如图1-39所示。

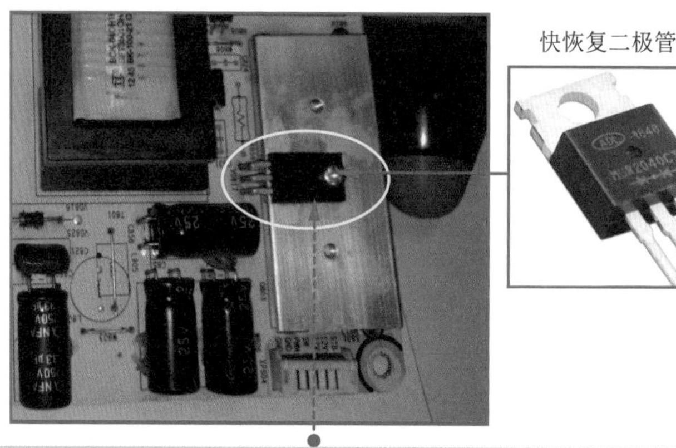

（1）快恢复二极管（简称FRD）是一种具有开关特性好、反向恢复时间短、反向击穿电压（耐压值）较高的半导体二极管。其正向导通压降为0.8~1.1V，反向恢复时间为35~85ns。
（2）当输出电压＞8V时，一般选用快恢复二极管来整流，其反向耐压可达到数百伏。同时，二极管的电流平均值应大于输出电流。

图1-38　快恢复二极管

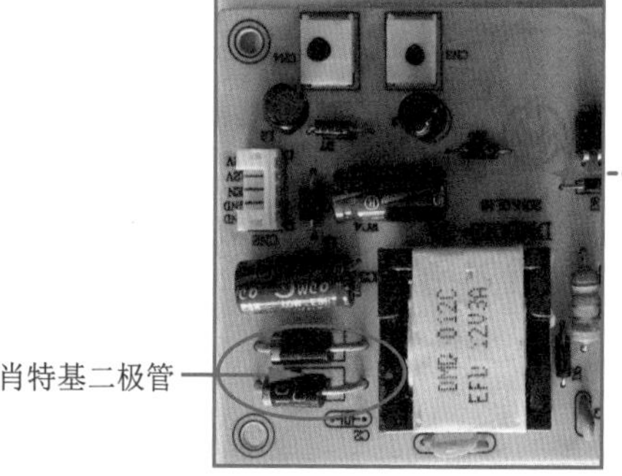

肖特基二极管由于在低电压、大电流输出的开关电源中整流二极管的功耗是其主要功耗之一。因此，当输出电压≤8V时，一般选用肖特基二极管来整流。其优点是：导通电压为0.4～0.6V，为一般PN结二极管的一半，反向恢复快且有足够的反向电压。

图1-39　肖特基二极管

3. 滤波电感器

在电子电路中，电感线圈对交流电有限流作用，另外，电感线圈还有通低频、阻高频的作用，这就是电感器的滤波原理。

电感器在电路最常见的作用是与电容器组成LC滤波电路或π型滤波电路。由于电感器有“通直流、阻交流、通低频、阻高频”的功能，而电容器有“阻直流、通交流”的功能。因此，在整流滤波输出电路中使用LC滤波电路或π型滤波电路，可以利用电感器吸收大部分交流干扰信号，将其转化为磁感和热能，剩下的大部分被电容旁路到地。这样就可以抑制干扰信号，在输出端可获得比较纯净的直流电流。图1-40所示为整流滤波输出电路中的电感器。

在开关电源电路中，整流滤波输出电路中的电感器由线径非常粗的漆包线环绕在涂有各种颜色的圆形磁芯上。而且附近一般有几个高大的滤波铝电解电容器，这二者组成的就是 LC 滤波电路或 π 型滤波电路。

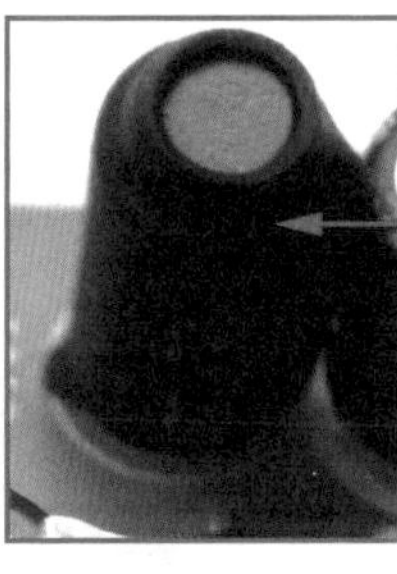

电感器外的黑套作用为防止干扰

图1-40　整流滤波输出电路中的电感器

4. 正激整流滤波电路工作原理

如图1-41所示为正激整流滤波电路，其中，T901为开关变压器，VD908为整流二极管，VD907为续流二极管，电阻器R934和电容器C934为尖峰滤波电路，电阻器R935和电容器C935为另一个尖峰滤波电路，L901为续流电感器，L902为滤波电感器，电容器C937、C938和电感器L902组成了π型滤波电路。

（1）当开关管导通时，在变压器T901初次级线圈上产生感应电压，使整流二极管VD908导通，并将输入的电能传送给电感L901和电容C936，再经过电容C937、C9038和L902滤波后，为负载供电。
（2）当开关管截止时，整流二极管VD908截止，电感器L901上的电压极性反转并通过续流二极管VD907继续向负载供电。

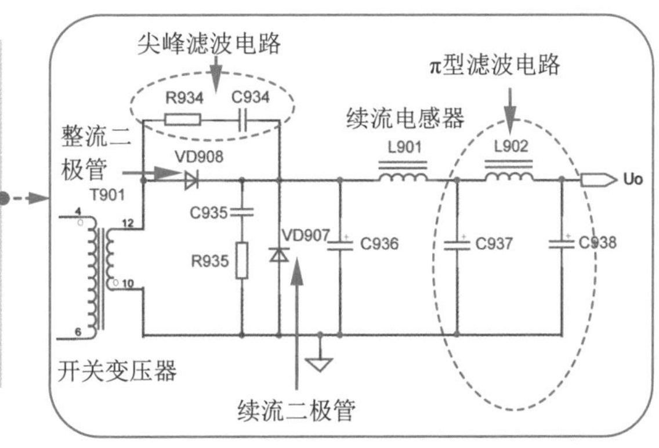

图1-41　正激整流滤波电路

5. 反激整流滤波电路工作原理

图1-42所示为反激整流滤波电路。其中，T901为开关变压器，VD908为整流二极管，电阻器R934和电容器C934为尖峰滤波电路，L901为续流电感器，L902为滤波电感器，电容器C937、C938和电感器L902组成了π型滤波电路。

6. 同步整流滤波电路工作原理

图1-43所示为同步整流滤波电路。其中，T1为开关变压器，VT3为续流场效应管，VT2为整流场效应管，L1为续流电感器，L2为滤波电感器，电阻器R1和电容器C1为尖峰滤波电路，电阻器R7和电容器C4为另一个尖峰滤波电路，电容器C6、C7和电感器L2组成了π型滤波电路。

（1）当开关管导通时，在变压器T901初、次级线圈上产生感应电压，使整流二极管VD908处于截止状态，在开关变压器中储存能量。

（2）当开关管截止时，整流二极管VD908导通，储存的电能通过电感器 L901 整流、电容器 C936 滤波，再经过L902、C937、C938 组成的 π 型滤波器滤波后，向负载供电。

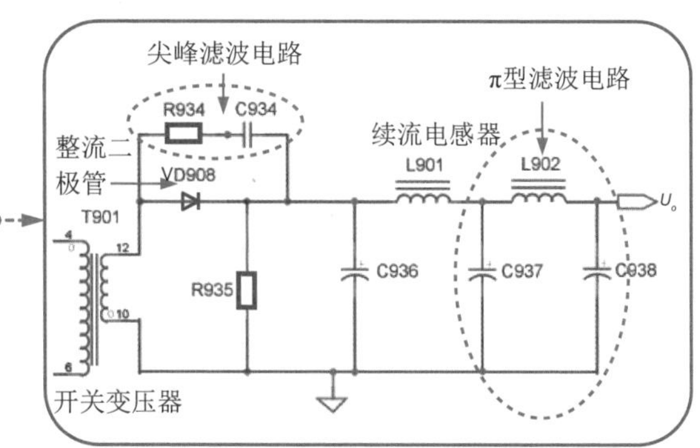

图1-42　反激整流滤波电路工作原理

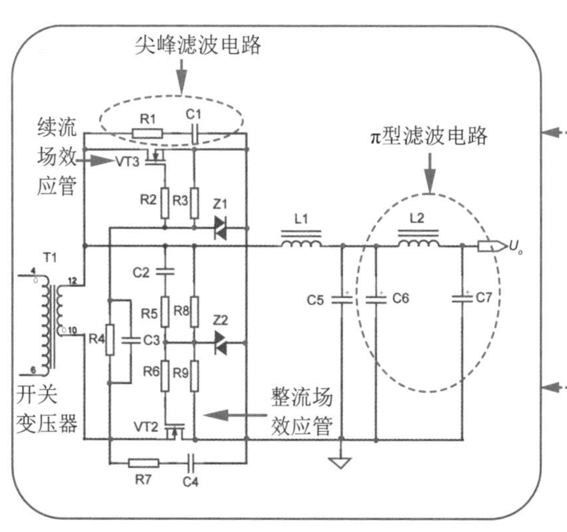

（1）当变压器次级线圈的感应电压为上负下正时，电流经电容器 C3、电阻续流 R4、R2 使续流场效应管VT3导通，同时整流场效应管VT2栅极由于处于反偏而截止。此时，电能通过VT2传送给续流电感器 L1 和电容器 C5，再经过电容器 C6、C7 和 L2 滤波后，为负载供电。

（2）当变压器次级线圈的感应电压为上正下负时，电流经电容器 C2和电阻器 R5、R6、R8、使整流场效应管VT2导通，电路构成回路，同时续流场效应管VT3栅极由于处于反偏而截止。续流电感器 L1 上的电压极性反转并通过续流场效应管VT3继续向负载供电。

图1-43　同步整流滤波电路工作原理

7. 输出端整流滤波电路工作原理

图1-44所示为某显示器的开关电源电路。其中，T901为开关变压器，VD906为快恢复二极管，电阻器R918、R919、R920和电容器C912组成了尖峰滤波电路，L904为续流电感器。

（1）当开关管导通时，开关变压器 T901 的初级线圈有电流流过，产生上正下负的电压；同时，开关变压器 T901 的次级线圈产生下正上负的感应电动势，这时次级线圈上的二极管VD906和VD907截止，此阶段为储能阶段。

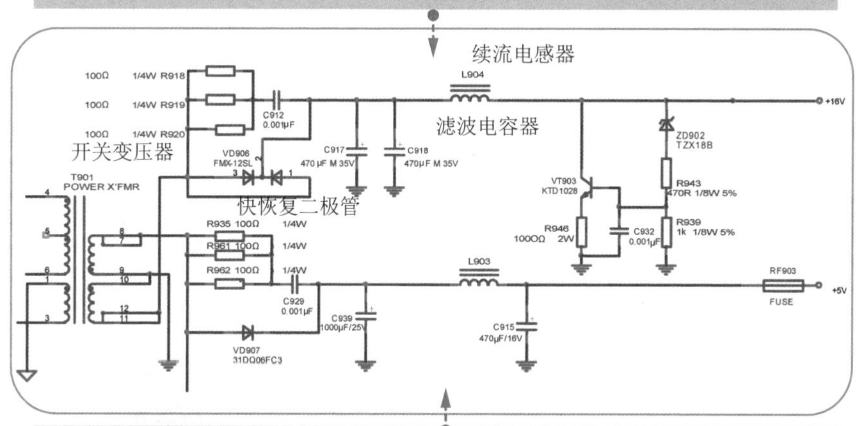

（2）当开关管截止时，开关变压器 T901 初级线圈上的电流瞬间变为 0，初级线圈的电动势为下正上负，在次级线圈上感应出上正下负的电动势，此时二极管VD906和VD907导通，开始输出电压。

（3）如果想在开关变压器 T901 的次级线圈获得不同等级的直流电压，只需增加一些绕组，并选用合适的匝数比即可。

图1-44　输出端整流滤波电路工作原理

1.4.7　稳压电路工作原理及常见电路

由于220V交流市电是在一定范围内变化的，当市电升高，开关电源电路的开关变压器输出的电压也会随之升高。为了得到稳定不变的输出电压，在开关电源电路中会设计一个稳压控制电路，用于稳定开关电源输出的电压。

稳压控制电路的主要作用是在误差取样电路的作用下，通过控制开关管激励脉冲的宽度或周期，控制开关管导通时间的长短，使输出电压趋于稳定。

稳压控制电路主要由电源控制芯片（芯片内部的误差放大器、电流比较器、锁存器等）、精密稳压器（TL431）、光电耦合器、取样电阻器等组成。图1-45所示为稳压控制电路。

1. 光电耦合器

光电耦合器的作用是将开关电源输出电压的误差反馈到电源控制芯片上。当稳压控制电路工作时，在光电耦合器输入端加电信号驱动发光二极管（LED），使之发出一定波长的光，被光探测器接收而产生光电流，再经过进一步放大后输出。这就完成了电—光—电的转换，从而起到输入、输出、隔离的作用，如图1-46所示。

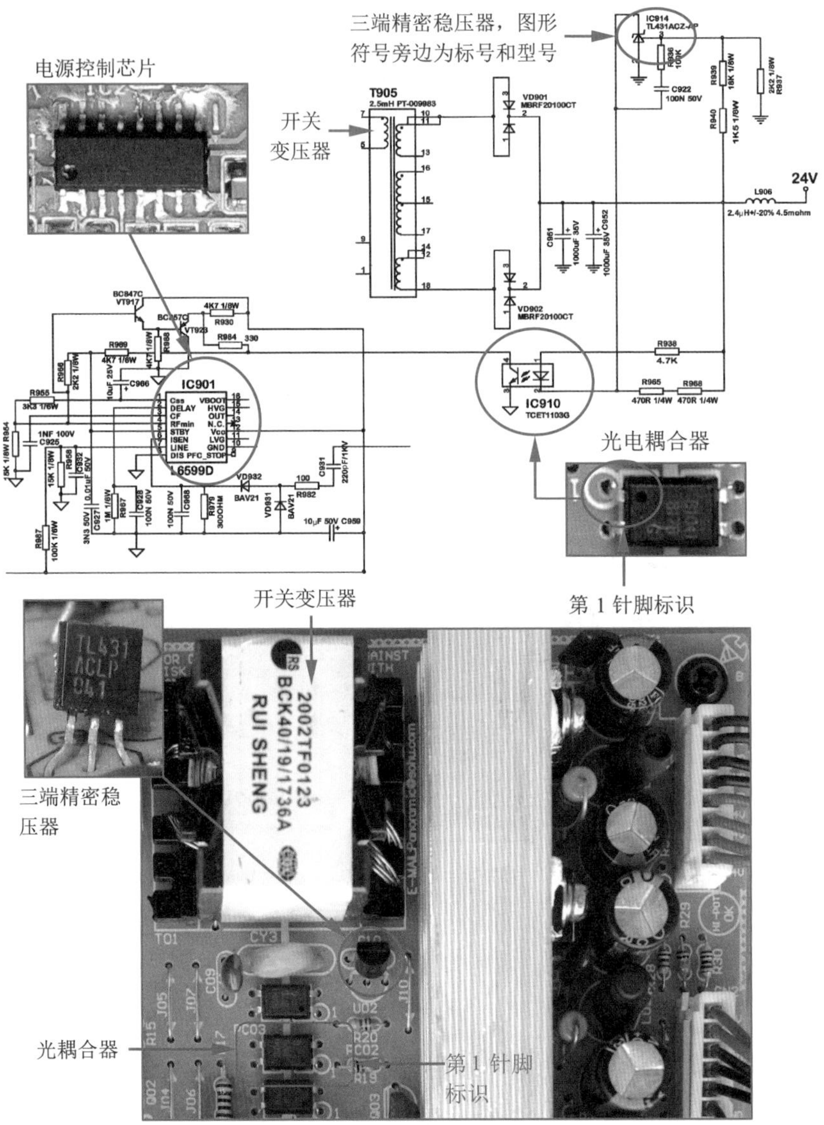

三端精密稳压器，图形符号旁边为标号和型号

电源控制芯片

开关变压器

24V

光电耦合器

第 1 针脚标识

开关变压器

三端精密稳压器

光耦合器

第 1 针脚标识

图1-45　稳压控制电路

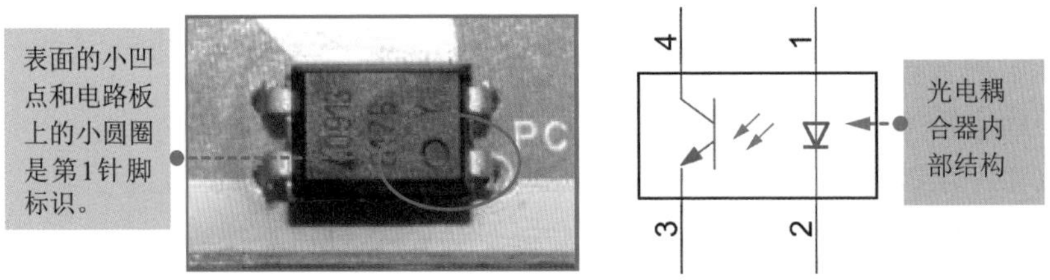

图1-46　光电耦合器及内部结构

2. 精密稳压器

精密稳压器是一种可控精密电压比较稳压器件，相当于一个稳压值在2.5～36V的可变稳压二极管。常用的精密稳压器有TL431等，精密稳压器的外形、符号、内部结构及实物如图1-47所示，其中，A为阳极，K为阴极，R为控制极。精密稳压器的内部有一个电压比较器，该电压比较器的反相输入端接内部基准电压2.495（1±2%）V。该比较器的同相输入端接外部控制电压，其输出用于驱动一个NPN晶体管，使晶体管导通，电流就可以从K极流向A极。

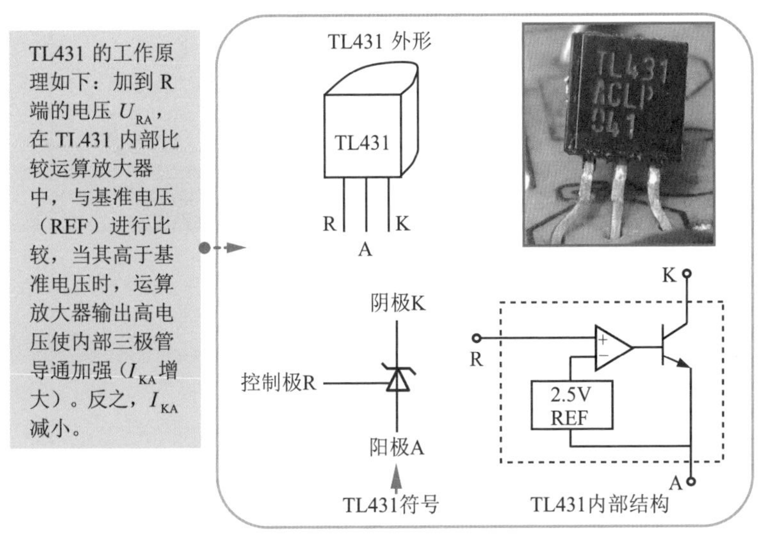

图1-47　TL431的外形、符号、内部结构及实物

3. 稳压电路工作原理

开关电源稳压控制调整电路由三端精密电压源IC904（KIA431A-AT/P）、光电耦合器IC903（PC123X2YFZOF）和IC901的第2引脚的GND接口及相关元器件组成，如图1-48所示。

（1）当开关电源电路工作时，直流电压输出端+14V电压由电阻器R940和R930分压后，在R930上产生电压，该电压直接加到IC904 REF端（R端）。由电路上的电阻参数可知：经过分压后，2.5V的电压输入到IC904上的电压正好能使IC904导通。这样，+14V电压就可以流过光电耦合器和精密稳压器，当电流流过光电耦合器发光二极管，光电耦合器IC903开始工作，完成电压取样。

（2）当220V交流市电电压升高导致输出电压随之升高时，直流电压输出端电压将超过14V，这时输入IC904 REF端的电压也将大于2.5V。由于IC904的R端电压升高，其内部比较器也将输出高电平，从而使IC904内部NPN管导通。

（3）光电耦合器IC903的第2脚电位随着降低，这种变化使得流过光电耦合器内部的发光二极管的电流有所增大，发光二极管的亮度也随之增强，光电耦合器内部的光电三极管的内阻同时也变小，这样光电三极管端的导通程度也会加强。

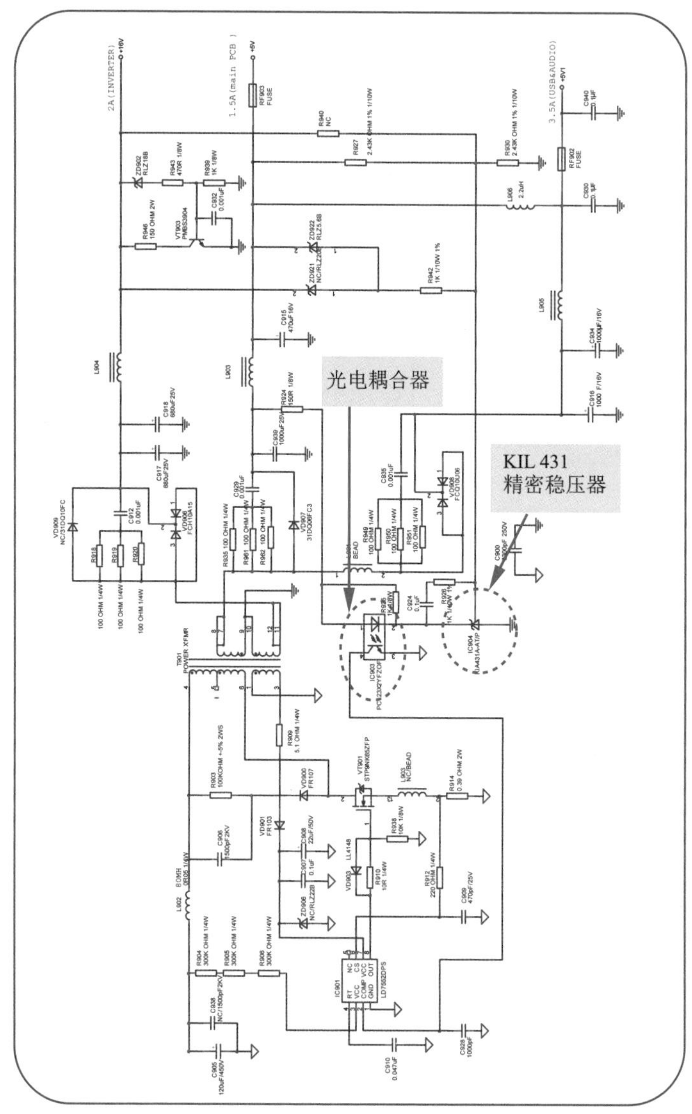

图1-48　稳压电路电路图

（4）由于光电耦合器IC903的CTR（电流传感系数即流过发光二极管的电流与流过光电三极管的电流的比值）≈1，使得从IC903中光电三极管的第4脚流过的电流也有所增大。

（5）电流增大将导致电源控制芯片IC901第2脚（GND端）电压降低，由于该电压加到IC901内部误差放大器的反相输入端，于是IC901的第6脚（DRIVER端）的输出脉冲占空比变小。然后开关变压器T901的次级线圈输出电压也会降低，从而达到降压的目的。这样就构成了过压输出反馈回路，达到稳定输出的作用。

（6）同理，当220V交流市电电压降低时，直流输出端电压将低于14V，这时输入IC904 REF端的电压也将小于2.5V。T901的IC904内部比较器的输出低电平，使内部的NPN管截止，从而使得流过光电耦合器的发光二极管的电流减小，可使IC901第2脚（GND端）的电压升高，于是IC901第6脚（DRIVER端）的输出脉冲占空比变大，致使开关变压器T901的次级线圈输出电压升高，输出端电压上升。

（7）此外，与IC904相连的电阻器R926和电容器C924共同组成了阻抗匹配电路，起到高频补偿作用。

1.4.8　短路保护电路工作原理及常见电路

开关电源同其他电子设备一样，短路是最严重的故障，短路保护是否可靠，是影响开关电源可靠性的重要因素。

1. 小功率开关电源短路保护电路

图1-49所示为小功率开关电源短路保护电路。其中，短路保护电路主要由光电耦合器IC910、电源控制芯片IC901（L6599D）等组成。

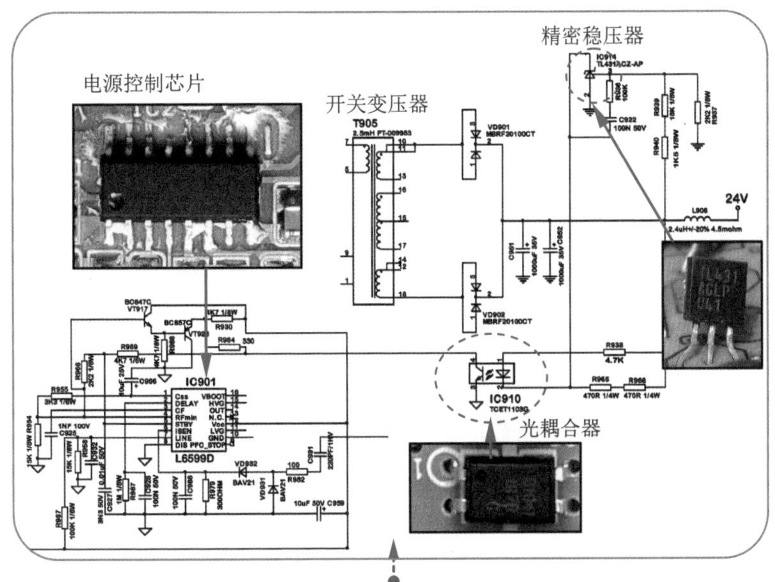

（1）当输出电路短路，输出电压消失，光电耦合器IC910不导通，反馈电压变为0，IC901第5引脚检测到低于1.25V的电压后，将电源控制芯片IC901设置为待机模式，从而启动保护电路的作用。
（2）当短路现象消失后，输出给IC901第5引脚的电压升高后，电路可以自动恢复成正常工作状态。

图1-49　小功率开关电源短路保护电路

如图1-50所示的短路保护电路由开关变压器T901初级线圈，电阻器R937、电源控制芯片IC930组成。

（1）当输出电路短路或过电流时，开关变压器 T901 初级线圈中的电流增大，使电阻器 R937 两端电压降增大，同时电源控制芯片 IC930 第 3引脚电压升高。

（2）IC930内部的电路会调整第5引脚输出驱动控制信号的占空比。当第3引脚的电压超过1V时，IC930关闭内部电路停止输出驱动控制信号，从而起到保护电路的作用。

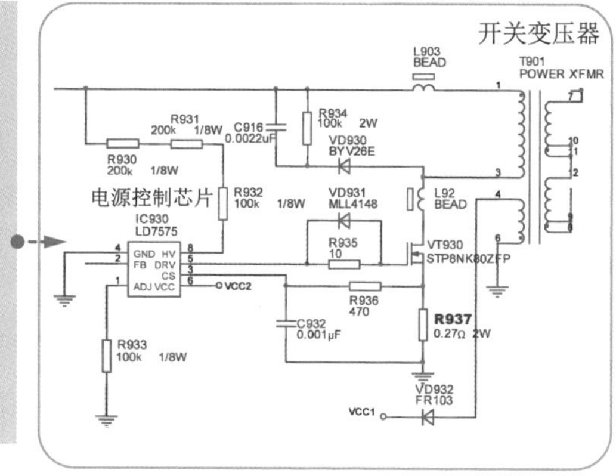

图1-50 短路保护电路

2. 中大功率开关电源短路保护电路

中大功率开关电源短路保护电路如图1-51所示。

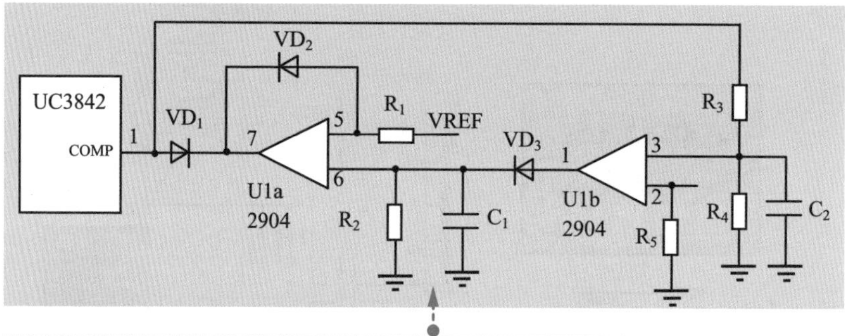

中大功率开关电源短路保护电路的工作原理如下：

当开关电源电路的输出电路短路时，电源控制芯片UC3842第1引脚电压上升，比较器U1b（2904）第3引脚电位高于第2引脚时，比较器翻转U1b第1引脚输出高电平，给电容器C_1充电，当电容器C_1两端电压超过比较器U1a第5引脚基准电压时，U1a第7引脚输出低电平，UC3842第1引脚电压低于1V，UC3842停止工作，输出电压为0V。当短路消失后电路正常工作。电阻器R_2、电容器C_1是充放电时间常数，阻值不对时短路保护不起作用。

图1-51 中大功率开关电源短路保护电路

1.4.9 过压保护电路工作原理及常见电路

过压保护电路的作用是当输出电压超过设计值时，把输出电压限定在安全值的范围内。当开关电源内部稳压环路出现故障或由于用户操作不当引起输出过压现象时，过压保护电路进行保护以防止损坏后级用电设备。

1. 晶闸管触发过压保护电路

晶闸管触发过压保护电路如图1-52所示。

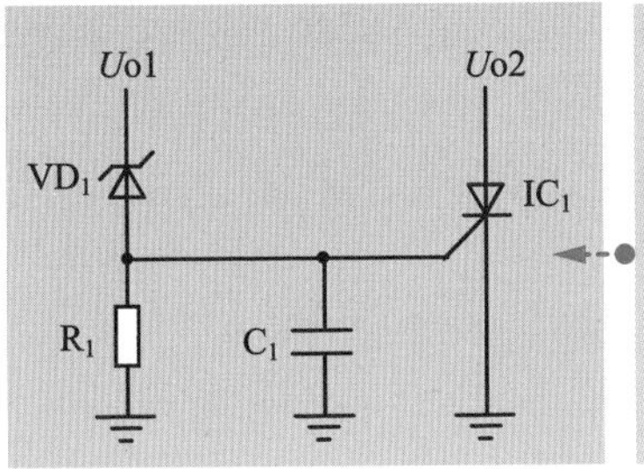

可控硅触发过压保护电路的工作原理如下：当 U_{o1} 输出电压升高，稳压二极管D_1击穿导通，晶闸管 U_1 的控制端得到触发电压，因此晶闸管导通。U_{o2} 电压对地短路，短路保护电路就会工作，停止整个电源电路的工作。当输出过压现象排除，晶闸管的控制端触发电压通过电阻器 R_1 对地泄放，晶闸管恢复断开状态。

图1-52　晶闸管触发过电压保护电路

2. 光电耦合过压保护电路

光电耦合过压保护电路如图1-53所示。

当输出电压U_o有过压情况时，稳压二极管ZD_1击穿导通，经光电耦合器IC_2和电阻器R_5接地，光电耦合器的发光二极管发光，从而使光电耦合器的光电三极管导通。三极管VT_1的基极B得电导通，电源控制芯片UC3842的第1引脚电压降低，第3引脚电压降低，使UC3842停止工作，输出电压变为0，起到保护电路的作用。

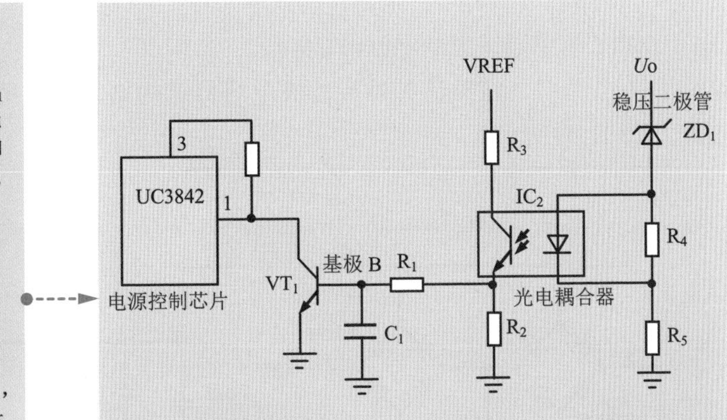

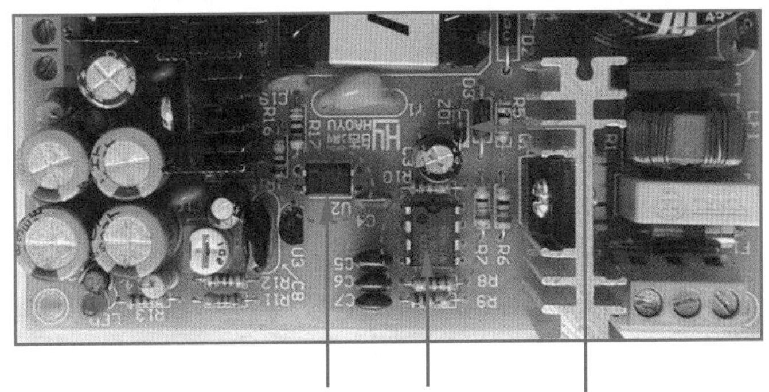

图1-53　光电耦合过电压保护电路

1.4.10 PFC电路工作原理及常见电路

PFC（功率因数校正）电路主要作用是抑止电流波形的畸变及提高功率因数。功率因数是指有效功率与总耗电量（视在功率）之间的关系，也就是有效功率与总耗电量的比值。简单地说，PFC用于表征电子产品对电能的利用效率。

另外，PFC电路还要解决因容性负载导致电流波形严重畸变而产生的电磁干扰（EMI）和电磁兼容（EMC）问题。

目前的PFC电路有无源PFC和有源PFC两种。

1. 无源PFC电路

顾名思义，无源PFC电路就是在其电路设计的过程中并不使用晶体管等有源电子元器件。换句话说，这种PFC电路由二极管、电阻器、电容器和电感器等无源元件组成。无源PFC电路是利用电感器和电容器组成的滤波器，对输入电流进行移相和整形。主要是增加输入电流的导电宽度，减缓其脉冲上升性，从而减小电流的谐波成分。

无源PFC电路有很多类型，主要包括以下两种。

（1）由PFC电感器组成的无源PFC电路

某些开关电源中，在整流桥堆和滤波电容器之间增加一只电感器来实现无源PFC电路，如图1-54所示。

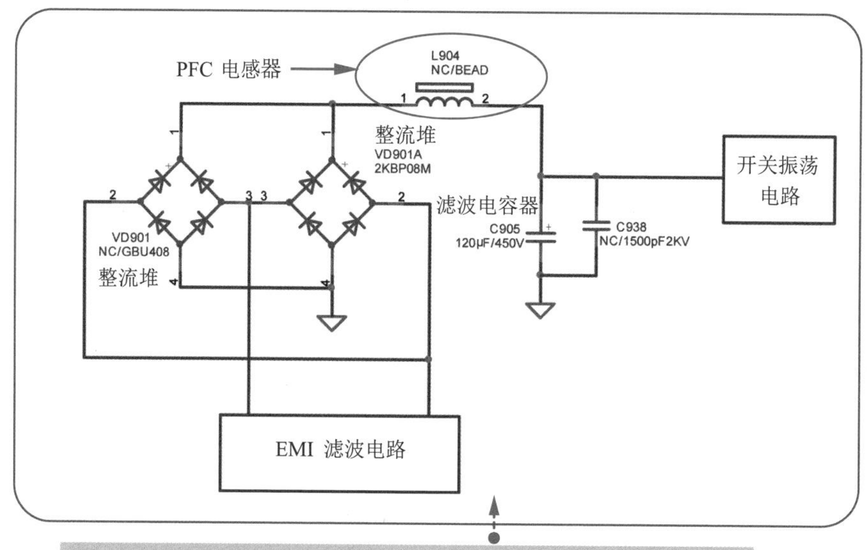

此PFC电路中，在整流桥堆VD901和滤波电容C905之间加入一个电感器L904，利用电感器来补偿滤波电容器，使得输入电压和电流之间产生一个时间延迟，从而将电流的波形与电压的波形对齐，使功率因数和电磁干扰都得以改善。

图1-54 由PFC电感器组成的PFC电路

（2）由三只二极管和两只电容器组成的无源PFC电路

图1-55所示为一个典型的无源PFC电路，它由二极管、电阻器、电容器和电感器等无源器件组成。

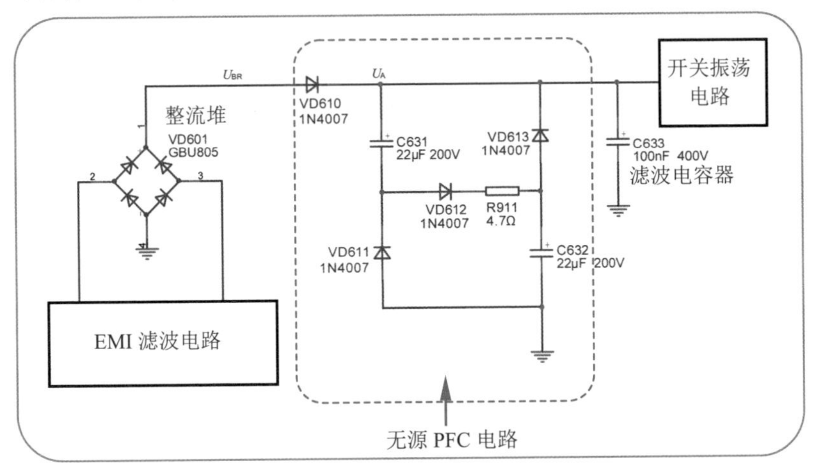

图1-55　无源PFC电路

第一阶段：在交流电正半周的上升阶段时，由于$U_{BR}>U_A$，二极管VD610、VD612均导通，U_{BR}就沿着电容器C631→VD612→R911→C632的串联电路给C631和C632充电，同时向负载提供电流。其充电时间常数很小，充电速度很快。

第二阶段：当U_A达到U_{AC}（交流输入电压的峰值电压）时，电容器C631、C632上的总电压$U_A=U_{AC}$；因电容器C631、C632的容量相等，故二者的压降均为$U_{AC}/2$。此时，二极管VD612导通，而二极管VD611和VD613被反向偏置而截止。

第三阶段：当U_A从U_{AC}开始下降时，二极管VD612截止，立即停止对电容器C631和C632充电。

第四阶段：当U_A降至$U_{AC}/2$时，二极管VD610、VD612均截止，二极管VD611、VD613被正向偏置而变成导通状态，电容器C631、C632上的电荷分别通过二极管VD613、VD611构成的并联电路进行放电，维持负载上的电流不变。

不难看出，从第一阶段至第三阶段，都是由电网供电的，除了向负载提供电流，还在第一阶段至第二阶段给电容器C631和C632充电；仅在第四阶段由电容器C631、C632上储存的电荷给负载供电。进入负半周后，在二极管VD610导通之前，电容器C631、C632仍可对负载进行并联放电，使负载电流基本保持恒定。

综上所述，此无源PFC电路能大幅度增加整流管的导通角，使之在正半周时的导通角扩展到30°～150°，负半周时的导通角扩展为210°～330°。这样，波形就从窄脉冲变为接近于正弦波。

2. 有源PFC电路

有源PFC电路是在开关电源的整流电路和滤波电容器之间增加一个功率变换电路（DC-DC斩波电路），将整流电路的输入电流校正为与电网电压同相位的正弦波，消除可谐波和无功电流。

有源PFC电路基本上可以完全消除电流波形的畸变，而且电压和电流的相位可以控制保持一致，它可以基本上解决功率因数、电磁兼容、电磁干扰的问题，但是电路非常复杂。

有源PFC电路由PFC电感器、PFC开关管、PFC控制芯片、升压二极管、分压电阻器等组成，如图1-56所示。

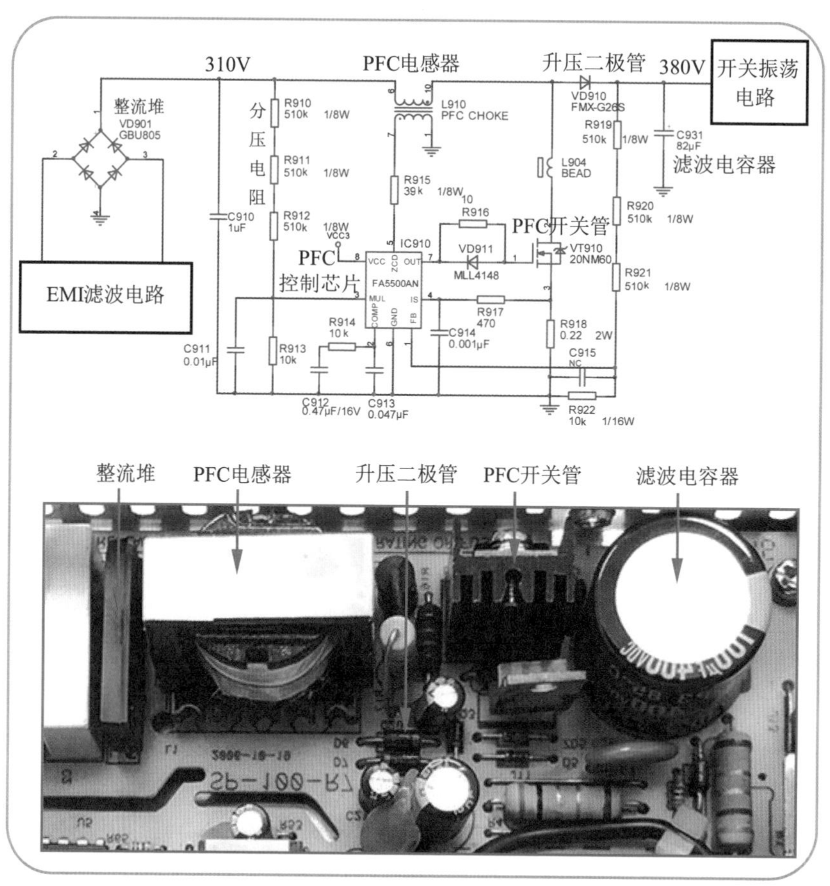

图1-56　有源PFC电路

有源PFC电路工作原理如下：

（1）当电源开始工作后，220V输入电压经EMI滤波电路滤波，再经过整流堆VD901整流后送入PFC电感器L910，另一路经电阻器R910、R911、R912、R913分压后送入PFC控制芯片IC910的第3引脚，为输入电压的取样，用以调整控制信号的占空比，即改变VT910的导通和关断时间，稳定PFC输出电压。

（2）PFC电感器L910在VT910导通时储存能量，在VT910关断时释放能量。经升压二极管VD910整流后，再经过滤波电容器C931滤波后输出380V的PFC电压。PFC电路输出的电压送到振荡电路，另一路经电阻器R919、R920、R921和R922分压后送入IC910的第1引脚作为PFC输出电压的取样，用以调整控制信号的占空比，稳定PFC输出电压。

（3）PFC电感器L910一次绕组7-1感应的脉冲经电阻器R915限流后加到IC910的第5引脚零电流检测端，控制电路调整从第7引脚输出的脉冲相位，从而控制PFC开关管VT910导通／截止时间，校正输出电压相位，减小VT910的损耗。

（4）整流滤波电路输出的脉动直流电压经电阻器R910、R911、R912降压后加到IC910的第3引脚，为内部的误差放大器提供一个电压波形信号，与第5引脚输入的过零检测信号一起，使第7引脚输出的脉冲调制信号占空比随100Hz电压波形信号改变，实现了电压波形与电流波形同相，防止PFC开关管VT910在脉冲的峰谷来临时处于导通状态而损坏。

（5）稳压控制电路：PFC电路输出380V的电压，经电阻器R919、R920与R921、R922分压后，送入IC910第1引脚内部的乘法器第二个输入端，经内部电路比较放大后，控制第7引脚输出的脉冲，达到稳定输出电压的目的。

（6）过电流保护电路：IC910的第4引脚为开关管过电流保护检测输入脚，电阻器R918是取样电阻器，通过R917连接IC910内部电流比较器，对VT910的S极电流进行检测。正常工作时，VT910的S极电流在R918上形成的电压降很低，反馈到IC910第4脚的电压接近0V。当某种原因导致VT910的D极电流增大时，则R918上的电压降增大，送到IC910第4引脚的电压升高，内部过电流保护电路启动，关闭第7引脚输出的驱动脉冲，PFC电路停止工作。

第 2 章

电路图读图实战

看懂电路图，并且能在实际工作中灵活运用，是对一个专业维修员的基本要求。本章将重点讲解如何看懂复杂的开关电源电路图。

2.1 电路图读图基础

2.1.1 什么是电路图

电路图是人们为了研究和工程的需要，用约定的符号绘制的一种表示电路结构的图形。通过电路图可以分析和了解实际电路的情况。这样，在分析电路时，就不必把实物翻来覆去地琢磨，而只要有一张图纸即可，大大提高了工作效率。图2-1所示为某设备部分电路图。

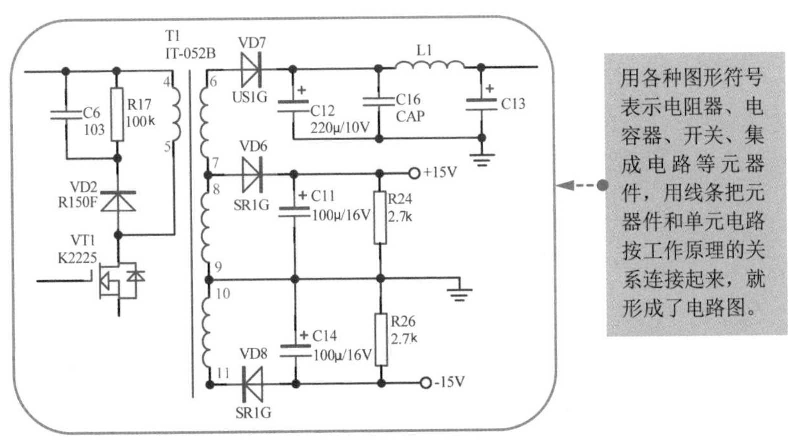

图2-1　某设备部分电路图

2.1.2 电路图的组成元素

电路图主要由元器件符号、连线、结点、注释四大部分组成，如图2-2所示。

（1）元器件符号表示实际电路中的元件，它的形状与实际的元器件不一定相似，甚至完全不一样。但是它一般都表示出元器件的特点，而且引脚的数目都和实际元器件保持一致。

（2）连线表示实际电路中的导线，在原理图中虽然是一根线，但在常用的印制电路板中不是线而是各种形状的铜箔块，就像收音机原理图中的许多连线在印制电路板图中并不一定都是线形的，也可以是一定形状的铜膜。需要注意的是，在电路原理图中总线的画法经常是采用一条粗线，在这条粗线上再分支出若干支线连到各处。

（3）结点表示几个元器件引脚或几条导线之间的相互连接关系。所有和结点相连的元器件引脚、导线，不论数目多少，都是导通的。不可避免的，在电路中肯定会有交叉的现象。为了区别交叉相连和不连接，在电路图制作时，一般给相连的交叉点加实心圆点表示，不相连的交叉点不加实心圆点或绕半圆表示，也有个别的电路图是用空心圆来表示不相连的交叉点。

（4）注释在电路图中十分重要，电路图中所有的文字都可以归入注释一类。细看图2-2就会发现，在电路图的各个地方都有注释存在，用于说明元器件的型号、名称、参数等。

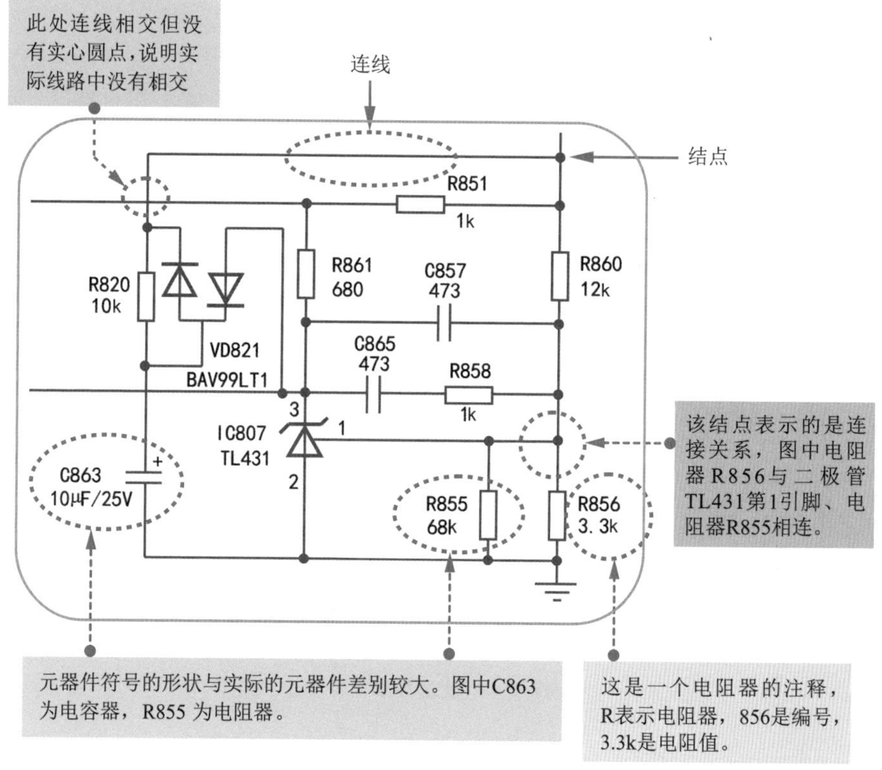

图2-2　电路图组成元素

2.1.3　维修中会用到的电路原理图

在日常维修中经常用到的电路图主要是电路原理图，下面进行详细分析。

电路原理图是用于体现电子电路工作原理的一种电路图。由于其直接体现了电子电路的结构和工作原理，所以一般用在设计、分析电路中，如图2-3所示。

在电路原理图中，用符号代表各种电子元器件，它给出了产品的电路结构、各单元电路的具体形式和单元电路之间的连接方式。

2.1.4　如何对照电路图查询故障元器件

在维修电路时，当根据故障现象检查电路板上的疑似故障元器件后（如有元器件发热较明显或外观有明显损坏），需要进一步了解元器件的功能。这时通常需要先查到元器件的编号，然后根据元器件的编号结合电路原理图了解元器件的功能，进一步找到具体故障元器件，如图2-4所示。

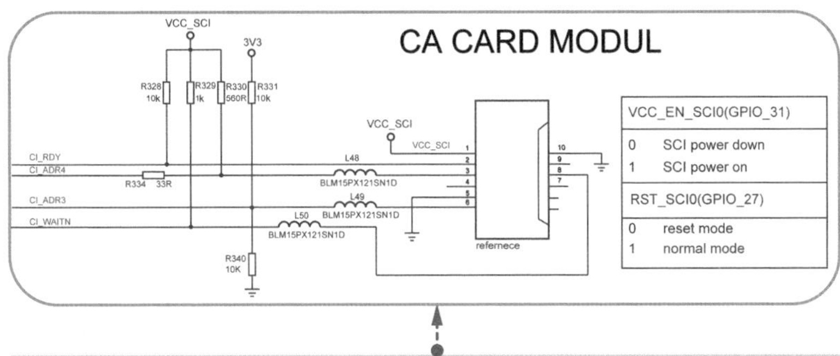

电路原理图中还给出了每个元器件的具体参数，为检测和更换元器件提供依据；另外，有的电路原理图中还给出了许多工作点的电压、电流参数等，为快速查找和检修电路故障提供方便。除此之外，还提供了一些与识图有关的提示、信息等。

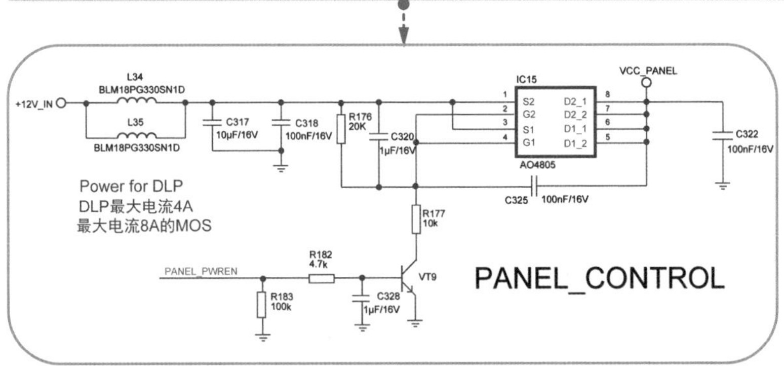

图2-3　电路原理图

（1）找出电路板中疑似故障元器件，并记下电路板上元器件的文字标号（见图中的N9）。

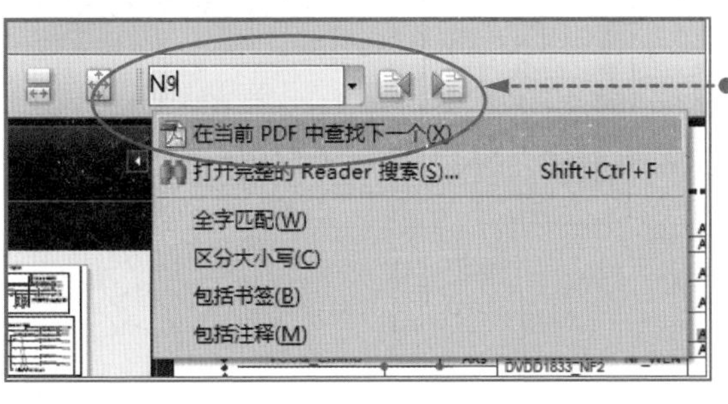

（2）打开电路原理图的PDF文件，在搜索栏中输入元器件的文字标号（N9），搜索元器件的电路图。

图2-4　查询故障元器件功能

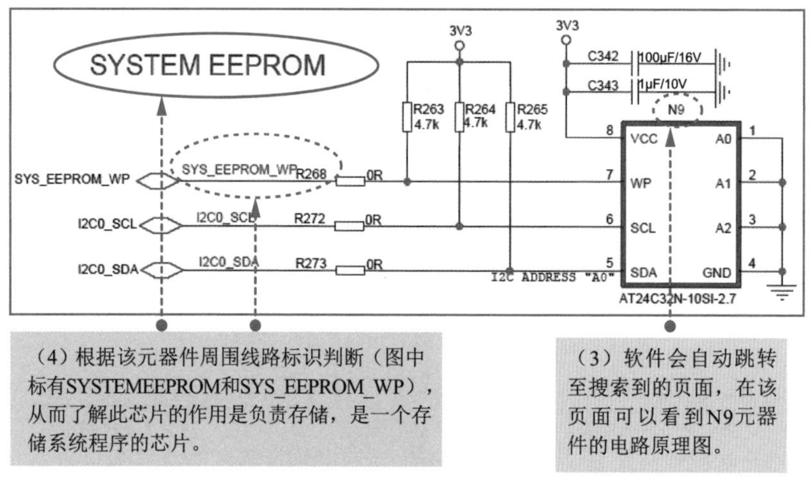

图2-4　查询故障元器件功能（续）

2.1.5　根据电路原理图查找单元电路元器件

根据电路原理图找到故障相关电路元器件的编号（如无法开机，就查找电源电路的相关元器件），然后在电路板上找相应的元器件进行检测，如图2-5所示。

9	11	SOC:OWL
10	12	SOC:POWER (1/3)
11	13	SOC:POWER (2/3)
12	15	SOC:POWER (3/3)
13	20	NAND
14	21	SYSTEM POWER:PMU (1/3)
15	22	SYSTEM POWER:PMU (2/3)
16	23	SYSTEM POWER:PMU (3/3)
17	24	SYSTEM POWER:CHARGER
18	30	SYSTEM POWER:BATTERY CONN
19	31	SENSORS:MOTION SENSORS

（1）根据电路原理图的目录页（一般在第1页）查找相关电路的关键词，如供电电路就查找SYSTEM POWER 对应的页数为 14 页。

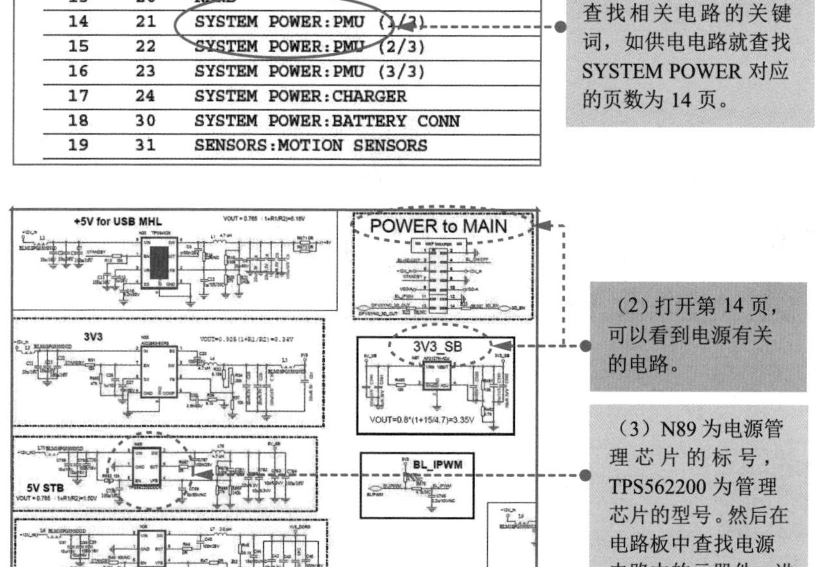

图2-5　根据电路原理图查找单元电路元件

2.2 看懂电路原理图中的各种标识

读懂电路原理图，首先应建立图形符号与电气设备或部件的对应关系，并明确文字标识的含义，才能了解电路图所表达的功能、连接关系等，如图2-6所示。

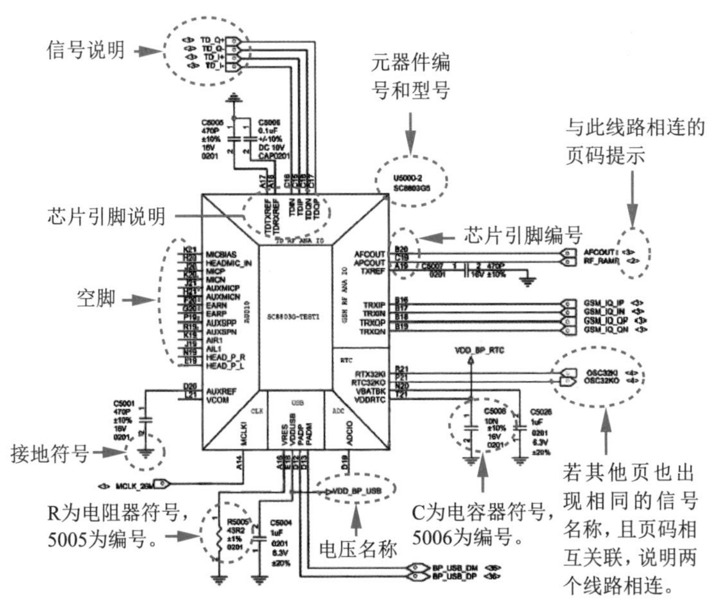

图2-6　电路图中的各种标识

2.2.1 电路图中的元器件编号

电路图中对每一个元器件进行编号。编号规则一般为字母+数字，如CPU芯片的编号为U101。

1. 电阻器的符号和编号

在电路中，电阻器的作用是稳定和调节电路中的电流和电压，即控制某一部分电路的电压和电流比例。电阻器的符号和编号如图2-7所示。

2. 电容器的符号和编号

在电路中，电容器有储能、滤波、旁路、去耦等作用。电容器的符号和编号如图2-8所示。

在电路图中，电阻器一般用字母R表示。图中R5030，R表示电阻器，5030为编号，100k表示其容量为100kΩ，±5%为精度，0201为规格。

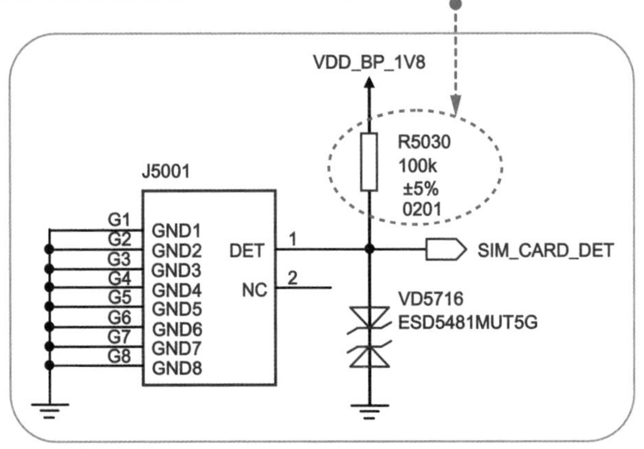

图2-7　电阻器的符号和编号

在电路图中，电容器用字母C表示：图中电容器的图形符号表示有极性电容器，通常用于供电电路中，C607中的C表示电容器，607为编号，22μF为容量，0603为规格，6.3V为耐压参数，±20%为精度参数。

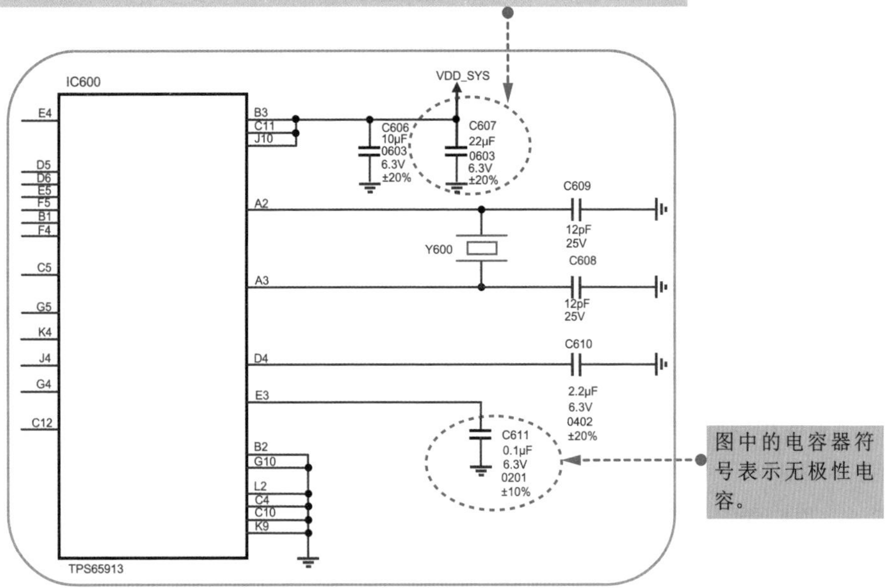

图2-8　电容器的符号和编号

3. 电感器的符号和编号

通电线圈会产生磁场，且磁场大小与电流的特性息息相关。当交流电通过电感器时，电感器对交流电有阻碍作用，而当直流电通过电感器时，可以顺利通过。电感器的符号和编号如图2-9所示。

在电路图中，电感器用字母L表示。图中电感器的符号表示有铁芯的电感器，电感器通常用于供电电路中，L802中的L表示电感器，802为编号，33Ω为容量，0201为规格，±25%为精度参数。

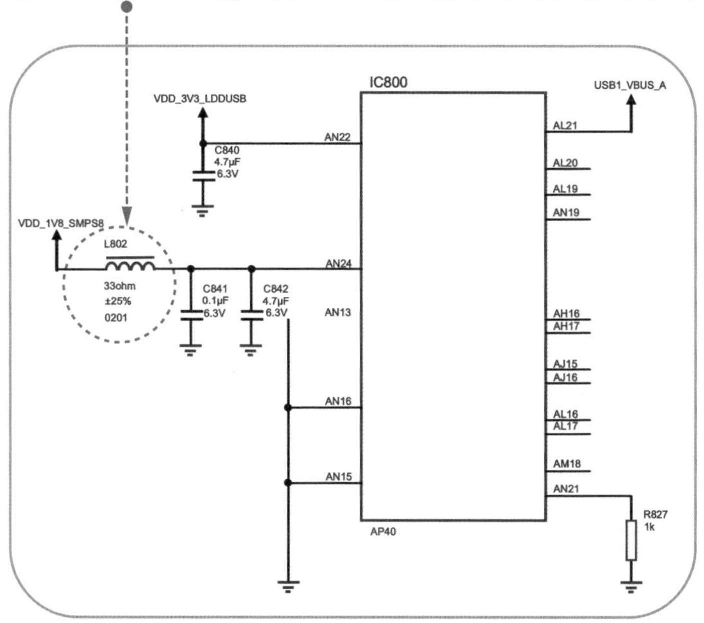

图2-9　电感器的符号和编号

4. 二极管的符号和编号

常用的二极管有稳压二极管、整流二极管、开关二极管、检波二极管、快恢复二极管、发光二极管等。二极管的符号和编号如图2-10所示。

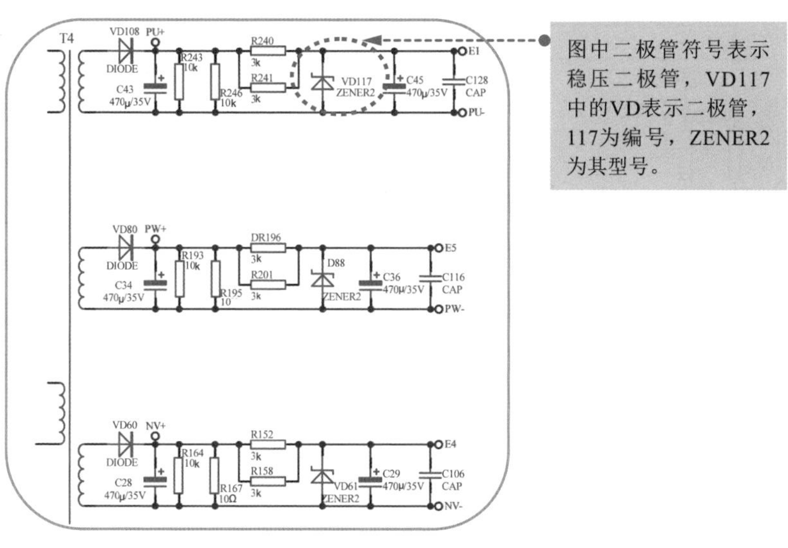

图2-10　二极管的符号和编号

5. 三极管的符号和编号

在电路中，三极管最重要的特性是对电流的放大作用，其实质上是以小电流操控大电流，并不是一种使能量无端放大的过程，该过程遵循能量守恒。三极管的符号和编号如图2-11所示。

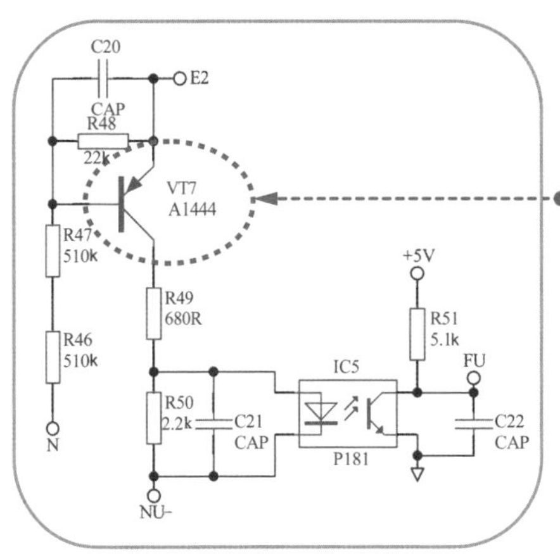

在电路图中，三极管一般用字母VT表示。图中三极管符号表示双三极管，即内部包含两个三极管，VT7中的VT表示三极管，7为编号，A1444为其型号。三极管有B极（基极）、E极（发射极）和C极（集电极）三个极。如果按照导电类型分，可分为NPN型和PNP型。

图2-11　三极管的符号和编号

6. 场效应管的符号和编号

场效应管的种类有很多，按其结构可分为结型场效应管和绝缘栅型场效应管。每种结构又有N沟道和P沟道两种导电沟道。场效应管的符号和编号如图2-12所示。

在电路图中，场效应管一般用字母VT表示。VT2中的VT表示场效应管，2为编号，K2717为其型号。场效应管有G极（栅极）、D极（漏极）和S极（源极）三个极。

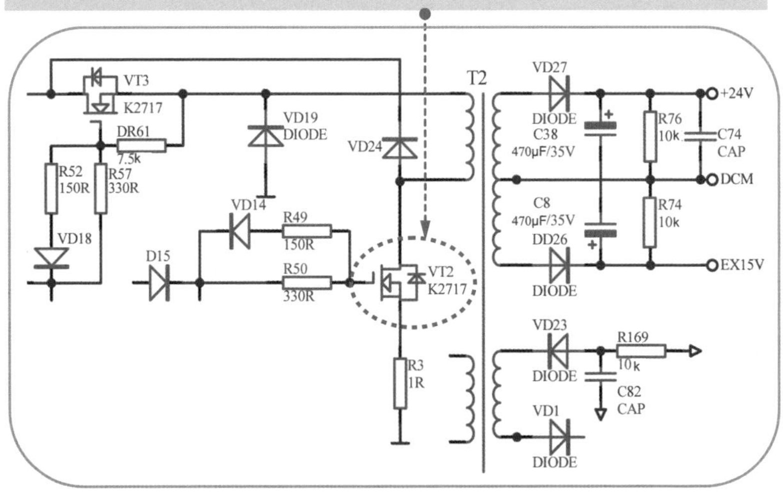

图2-12　场效应管的符号和编号

7. 晶振的符号和编号

晶振的作用是产生原始的时钟频率，该时钟频率经过频率发生器放大或缩小后就成了电路中各种不同的总线频率。晶振的符号和编号如图2-13所示。

在电路图中，晶振用字母X或Y表示。Y5000中的Y表示晶振，5000为编号，32.768kHz为晶振频率。

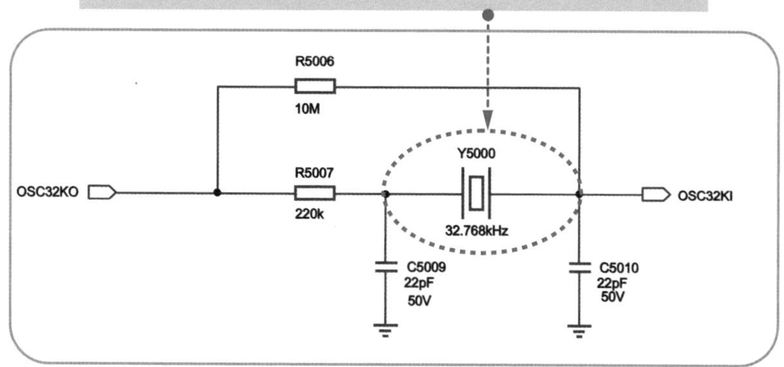

图2-13　晶振的符号和编号

8. 稳压器的符号和编号

稳压电路是一种将不稳定直流电压转换成稳定直流电压的集成电路。稳压器的符号和编号如图2-14所示。

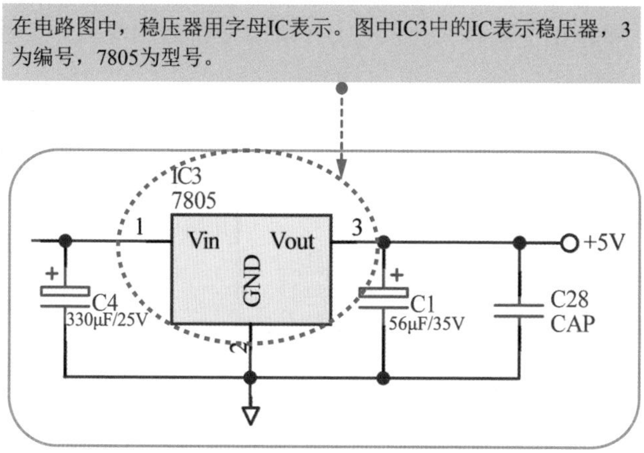

在电路图中，稳压器用字母IC表示。图中IC3中的IC表示稳压器，3为编号，7805为型号。

IC3
7805
1
Vin
Vout
3
GND
+5V
C4
330μF/25V
C1
56μF/35V
C28
CAP
2

图2-14　稳压器的符号和编号

9. 集成电路的符号和编号

集成电路是一种微型电子器件或部件，其内部包括很多个晶体管、二极管、电阻器、电容器和电感器等元器件。集成电路的符号和编号如图2-15所示。

在电路图中，集成电路一般用字母IC表示。IC15中的IC表示集成电路，15为编号，AM7992B为型号。

引脚功能

引脚编号

图2-15　集成电路的符号和编号

10. 集成电路的引脚分布规律

常见的集成电路封装形式有DIP封装、TQFP封装和BGA封装，不同封装形式的集成电路的引脚分布差异较大，其中DIP和SOP封装的集成电路的引脚分布如图2-16所示。

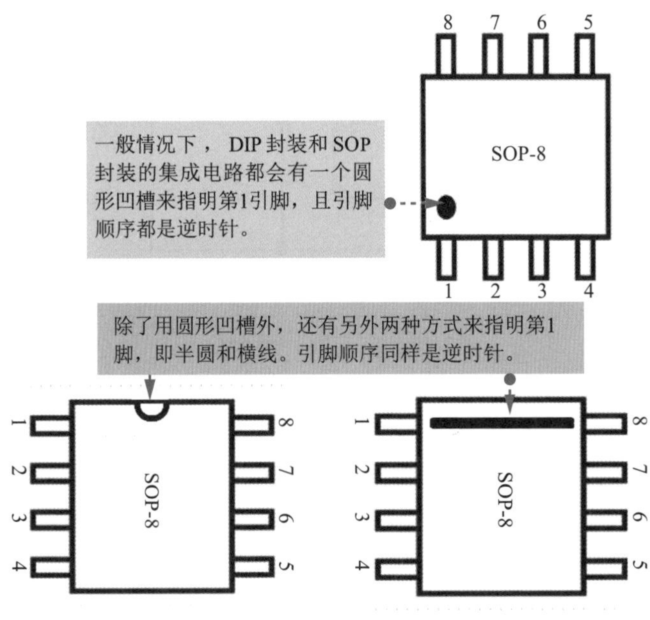

一般情况下，DIP封装和SOP封装的集成电路都会有一个圆形凹槽来指明第1引脚，且引脚顺序都是逆时针。
SOP-8
除了用圆形凹槽外，还有另外两种方式来指明第1脚，即半圆和横线。引脚顺序同样是逆时针。
SOP-8
SOP-8

图2-16　DIP封装、SOP封装集成电路的引脚分布

TQFP封装的集成电路的引脚分布如图2-17所示。

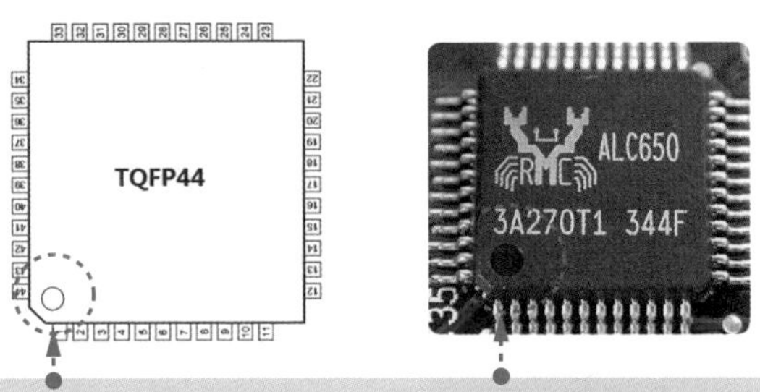

图2-17　TQFP封装的集成电路的引脚分布

BGA封装集成电路的引脚分布如图2-18所示。

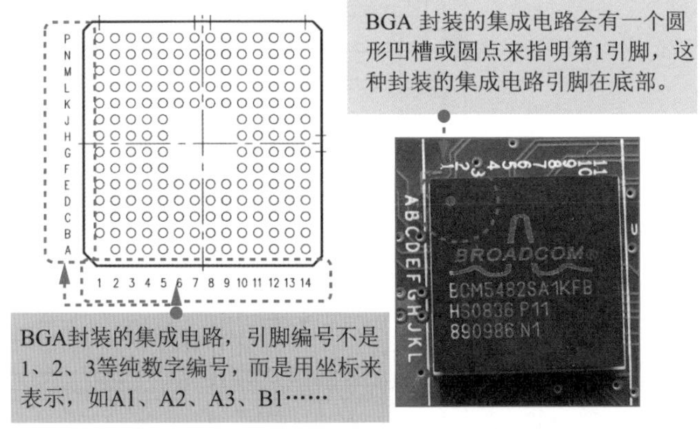

BGA 封装的集成电路会有一个圆形凹槽或圆点来指明第1引脚，这种封装的集成电路引脚在底部。
BROADCOM
BCM5482SA1KFB
HS0836 P11
890986 N1
BGA封装的集成电路，引脚编号不是1、2、3等纯数字编号，而是用坐标来表示，如A1、A2、A3、B1……

图2-18　BGA封装的集成电路的引脚分布

11. 接口的符号和编号

接口的作用是将两个电路板或部件连接到主板，其符号和编号如图2-19所示。

在电路图中，接口一般用字母J表示。J1101中的J表示接口，1101为其编号，LCDCONNECTOR为接口类型。

LCD CONNECTOR

图2-19　接口的符号和编号

2.2.2 线路连接页号提示

为了方便查找，在每一条非终端的线路上会标识与之连接的另一端信号的页码。根据线路信号的连接情况，可以了解电路的工作原理，如图2-20所示。

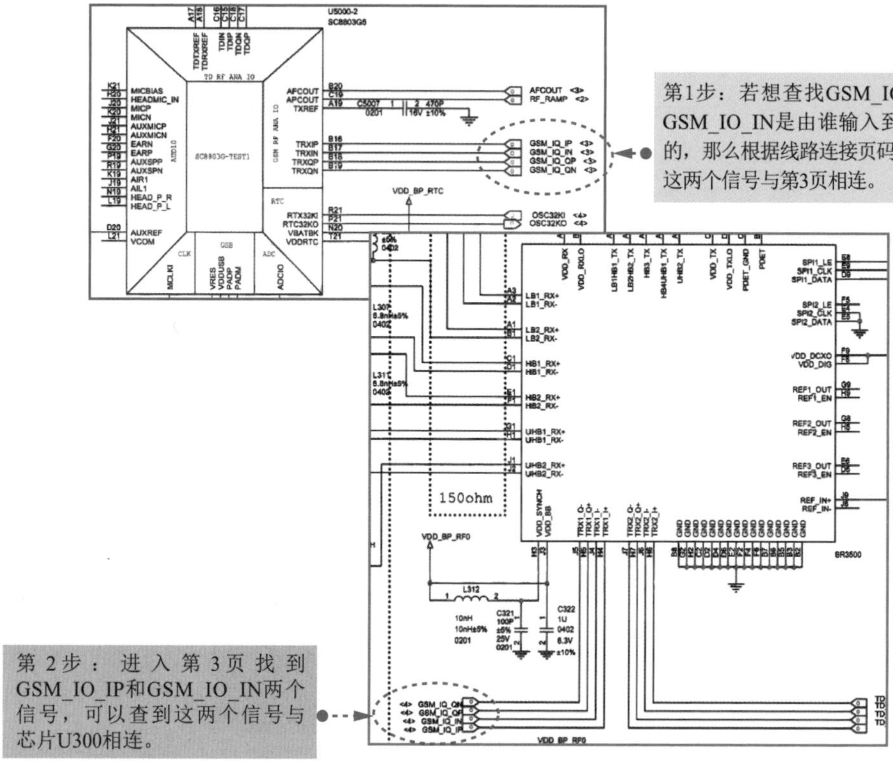

第1步：若想查找GSM_IO_IP和GSM_IO_IN是由谁输入到U5000的，那么根据线路连接页码提示，这两个信号与第3页相连。

第 2 步：进入第 3 页找到GSM_IO_IP和GSM_IO_IN两个信号，可以查到这两个信号与芯片U300相连。

图2-20　线路连接页号提示

2.2.3 接地点

电路板上的任何一个接地点都是相通的，它也相当于电池的负极。电路图中的接地点如图2-21所示。

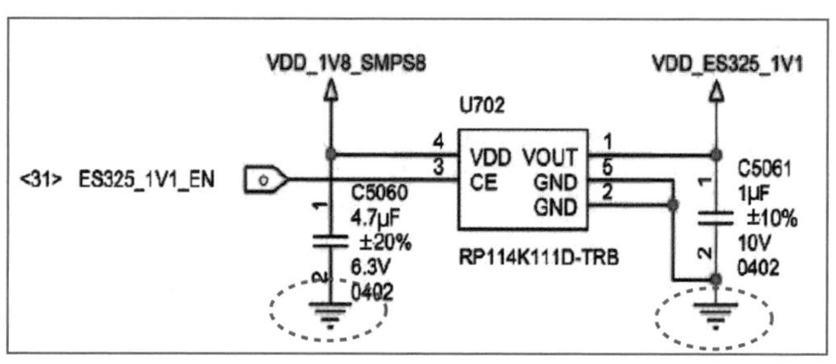

图2-21　电路图中的接地点

2.2.4 信号说明

信号说明是对该线路传输的信号进行描述，如图2-22所示。

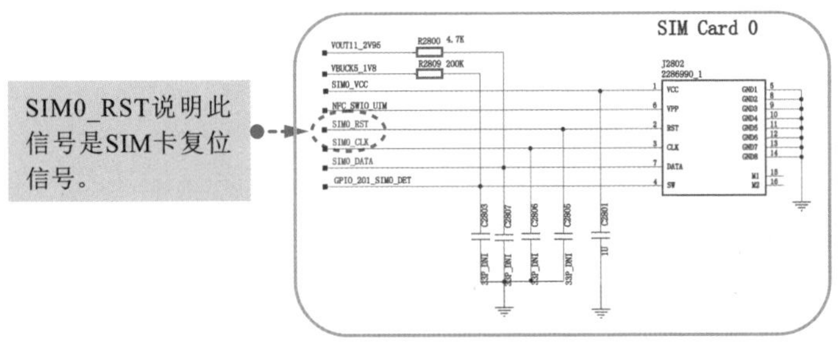

图2-22 信号说明

2.2.5 线路化简标识

线路化简标识一般在批量线路走线时使用。如图2-23所示。

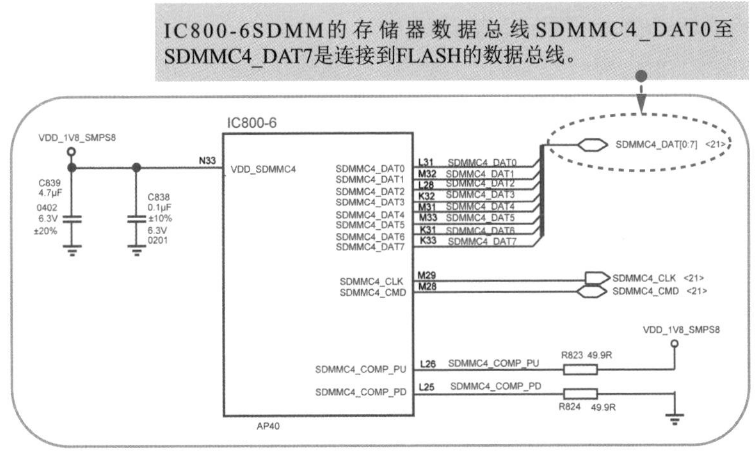

图2-23 线路化简标识

2.3 查询元器件参数信息

2.3.1 通过元器件型号查询元器件详细参数

在实际维修中，由于缺少电路图，经常需要通过电路板上看到的元器件型号，查找元器件的参数信息，依此来了解元器件的功能作用。

那么如何查询元器件的参数信息呢？具体如图2-24所示。

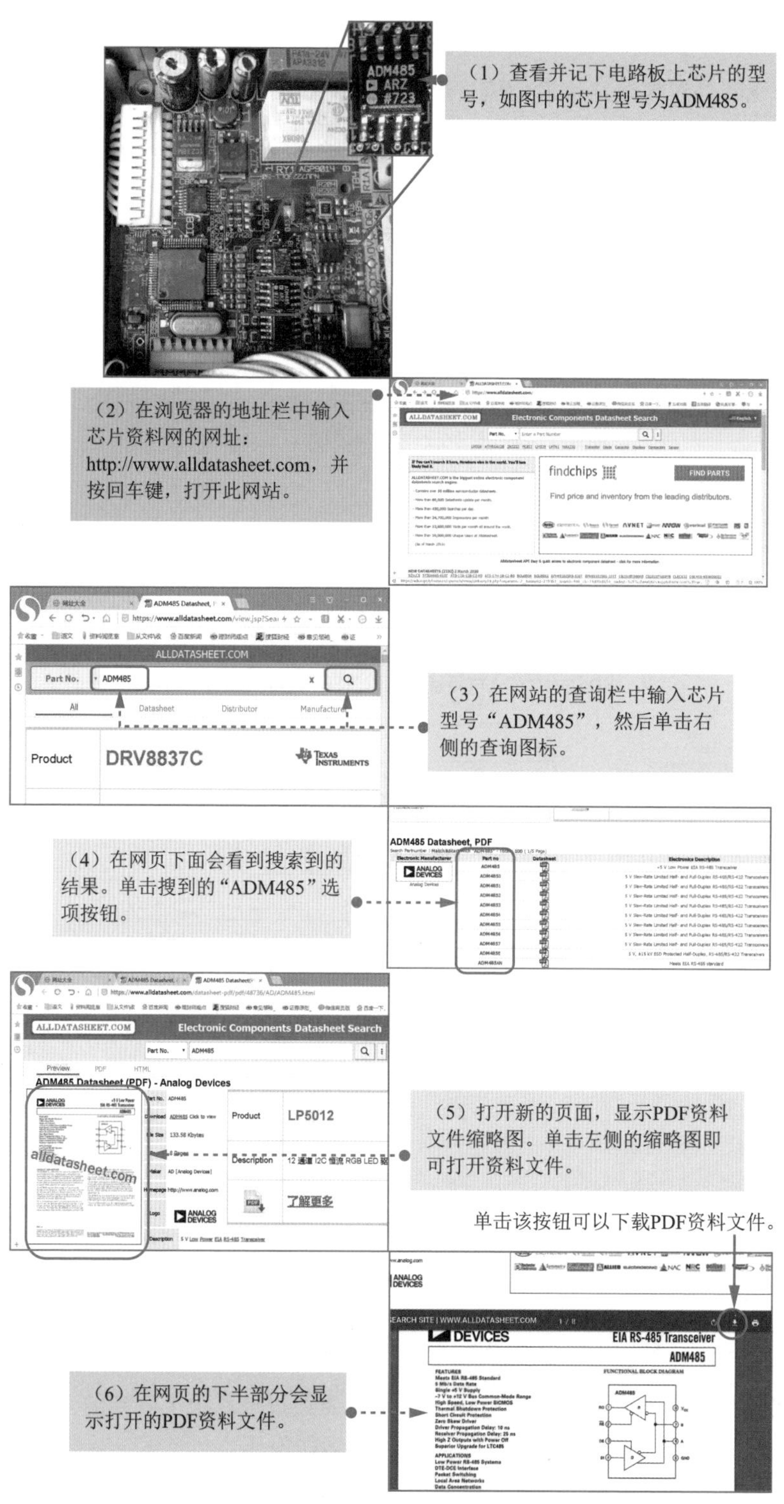

图2-24　查询元器件的参数信息

2.3.2　通过贴片元器件丝印代码查询元器件型号信息

上一小节讲解了如何通过芯片型号查询芯片的参数资料信息，但在电路板上还有一些特别小的贴片电感器、电容器、二极管、晶体管等小元器件。由于体积很小，其上面只能印刷2~3个字母或数字，如A6等。这些印字根本不是元器件的型号，它只是一个代码。而通过代码是无法在芯片资料网中查到元器件的资料文件的（只有通过型号才能查询）。

那么，怎样才能通过元器件上的丝印代码查询元器件的参数信息呢？首先需要通过代码查到元器件的型号，然后在芯片资料网站中查询其资料信息，方法如图2-25所示。

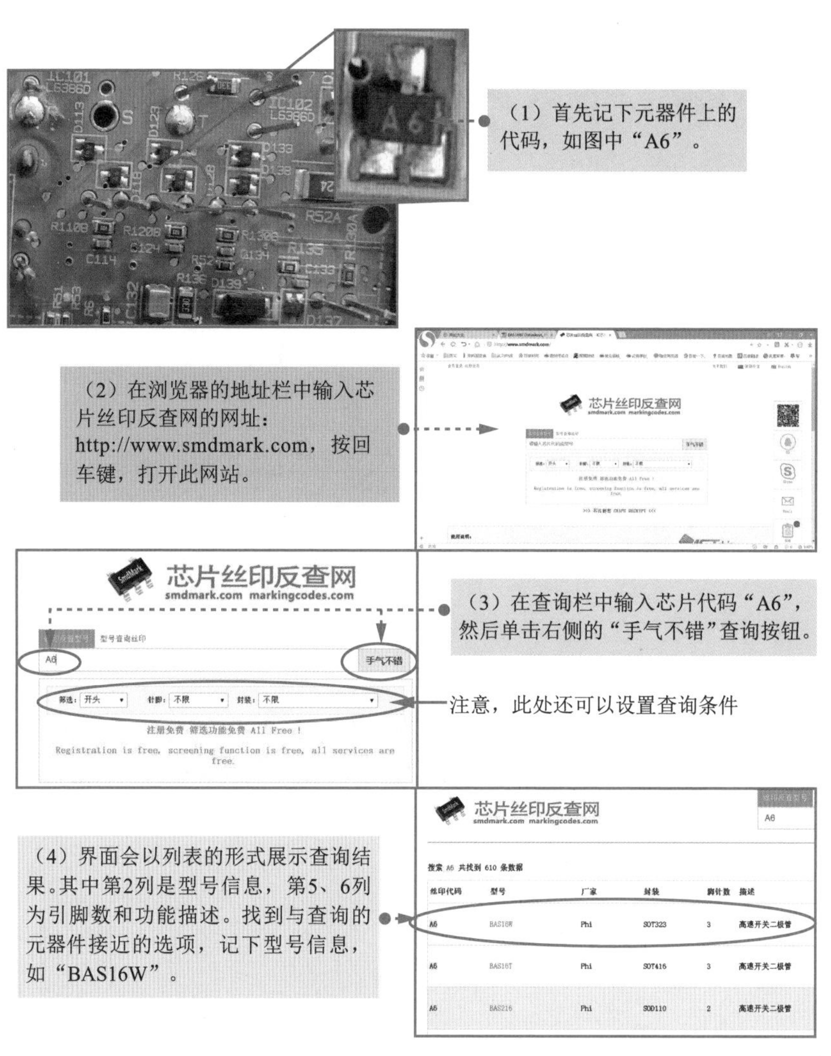

图2-25　通过贴片元器件丝印代码查询元器件型号信息

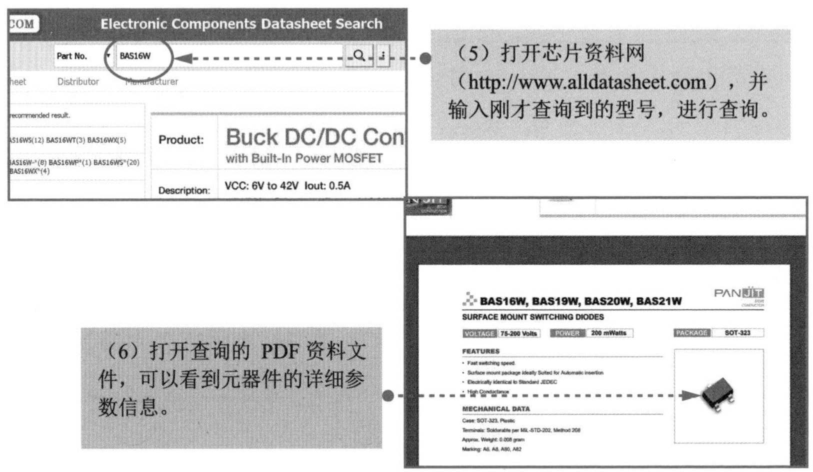

图2-25 通过贴片元器件丝印代码查询元器件型号信息（续）

第 3 章 常用电子元器件好坏检测实战

电子元器件是电路板的基本组成部件，电路板的故障都是由基本元器件故障引起的；而在维修电路板故障时，需要通过检测电子元器件来判断和排除故障。因此在学习开关电源维修之前，应先掌握常用电子元器件好坏检测方法。

3.1 电阻器好坏检测方法

在电路中，电阻器的主要作用是稳定和调节电路中的电流和电压，即控制某一部分电路的电压和电流比例。电阻器是电子元器件中应用最广泛的一种，在电子设备中约占元器件总数的30%。

3.1.1 常用电阻器有哪些

电阻器是电路中最基本的元器件之一，其种类较多，如图3-1所示。

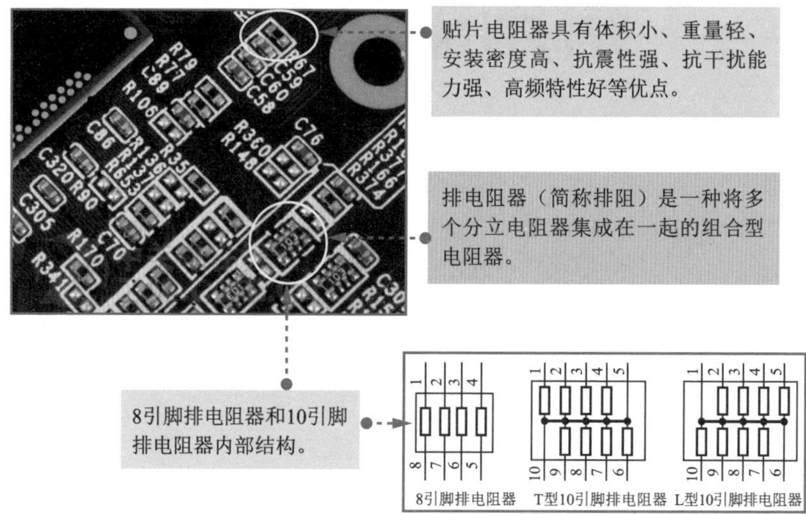

贴片电阻器具有体积小、重量轻、安装密度高、抗震性强、抗干扰能力强、高频特性好等优点。
排电阻器（简称排阻）是一种将多个分立电阻器集成在一起的组合型电阻器。
8引脚排电阻器和10引脚排电阻器内部结构。
8引脚排电阻器
T型10引脚排电阻器
L型10引脚排电阻器

熔断电阻器的特性是阻值小，只有几欧姆，超过额定电流时就会烧坏，在电路中起到保护作用。

压敏电阻器主要用在电气设备交流输入端，用作过压保护。当输入电压过高时，其阻值将减小，使串联在输入电路中的熔断电阻器熔断，切断输入，从而保护电气设备。

图3-1 电阻器的种类

碳膜电阻器具有电压稳定性好、造价低等特点。从外观看，碳膜电阻器有四个色环，为蓝色。

金属膜电阻器具有体积小、噪声低、稳定性良好等特点。从外观看，金属膜电阻器有五个色环，为土黄色。

图3-1　电阻器的种类（续）

3.1.2　电阻器图形符号和文字符号

维修电路时，通常需要参考电气设备的电路原理图来查找问题，而电路图中的元器件主要用元器件符号来表示。元器件符号包括文字符号和图片符号。其中，电阻器用字母R来表示。表3-1所示为常见电阻器的电路图形符号。图3-2所示为电路图中电阻器的符号。

表3-1　常见电阻器的电路图形符号

一般电阻器	可变电阻器	光敏电阻器	压敏电阻器	热敏电阻器
			U	θ

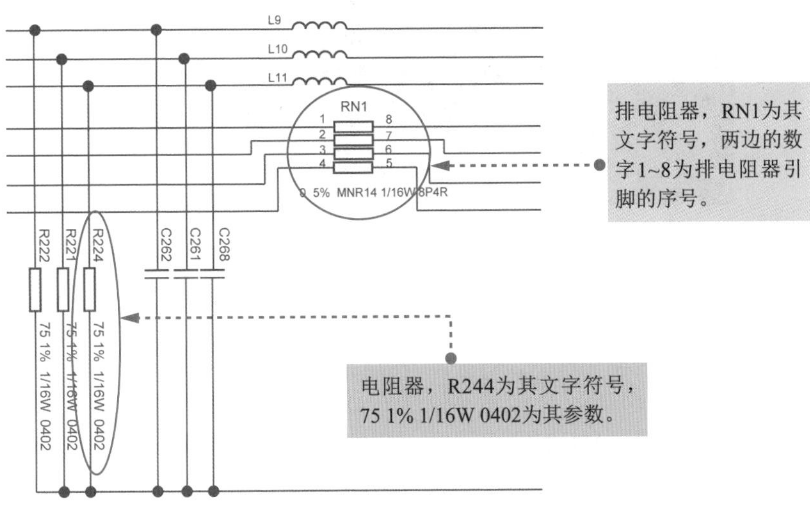

图3-2　电路图中电阻器的符号

3.1.3 轻松计算电阻器阻值

电阻器的阻值标注法通常有数标法、色环法。色环法在一般的电阻器上比较常见，数标法通常用在贴片电阻器上。

1. 读懂数标法标注的电阻器

数标法用三位数表示阻值，前两位表示有效数字，第三位数字是倍率，如图3-3所示。

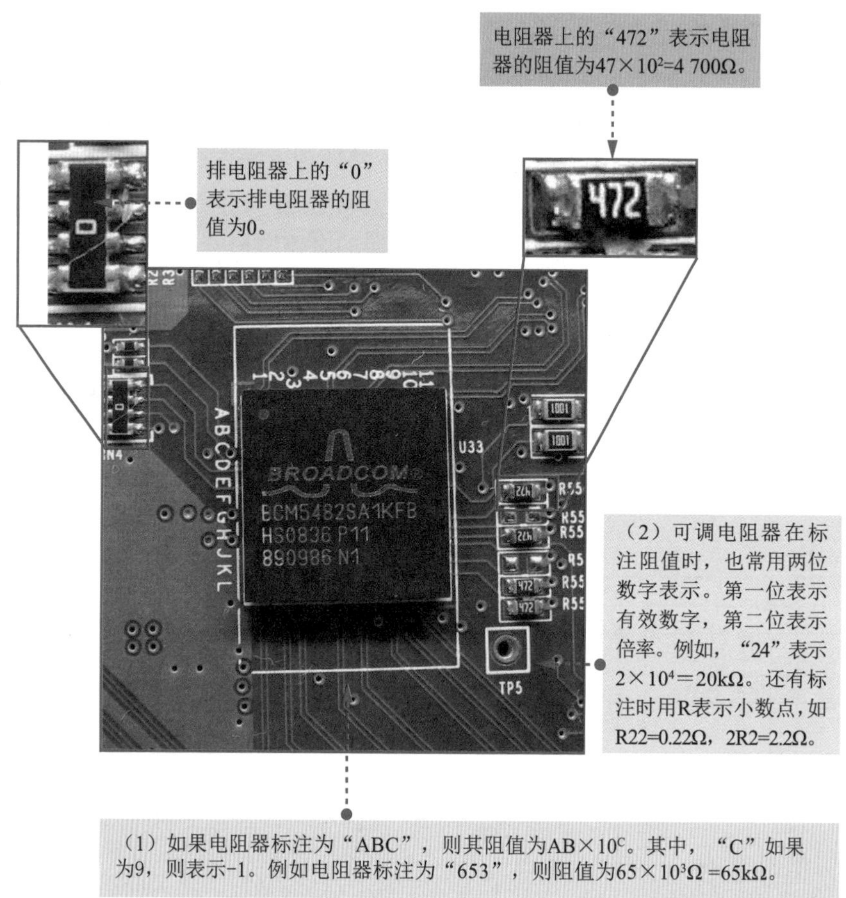

电阻器上的“472”表示电阻器的阻值为47×10²=4 700Ω。
排电阻器上的“0”表示排电阻器的阻值为0。
（2）可调电阻器在标注阻值时，也常用两位数字表示。第一位表示有效数字，第二位表示倍率。例如，“24”表示2×10⁴=20kΩ。还有标注时用R表示小数点，如R22=0.22Ω，2R2=2.2Ω。
（1）如果电阻器标注为“ABC”，则其阻值为AB×10ᶜ。其中，“C”如果为9，则表示-1。例如电阻器标注为“653”，则阻值为65×10³Ω =65kΩ。
BROADCOM
BCM5482SA1KFB
HS0836 P11
890986 N1
U33
TP5
472

图3-3 读懂数标法标注的电阻器

2. 读懂色标法标注的电阻器

色标法是指用色环标注阻值的方法，该方法使用最多，普通的色环电阻器用四环表示，精密电阻器用五环表示，紧靠电阻体一端的色环为第一环，露着电阻体本色较多的另一端为末环。

如果色环电阻器用四环表示，前面两位数字是有效数字，第三位是10的倍率，第四环是色环电阻器的误差范围，如图3-4所示。

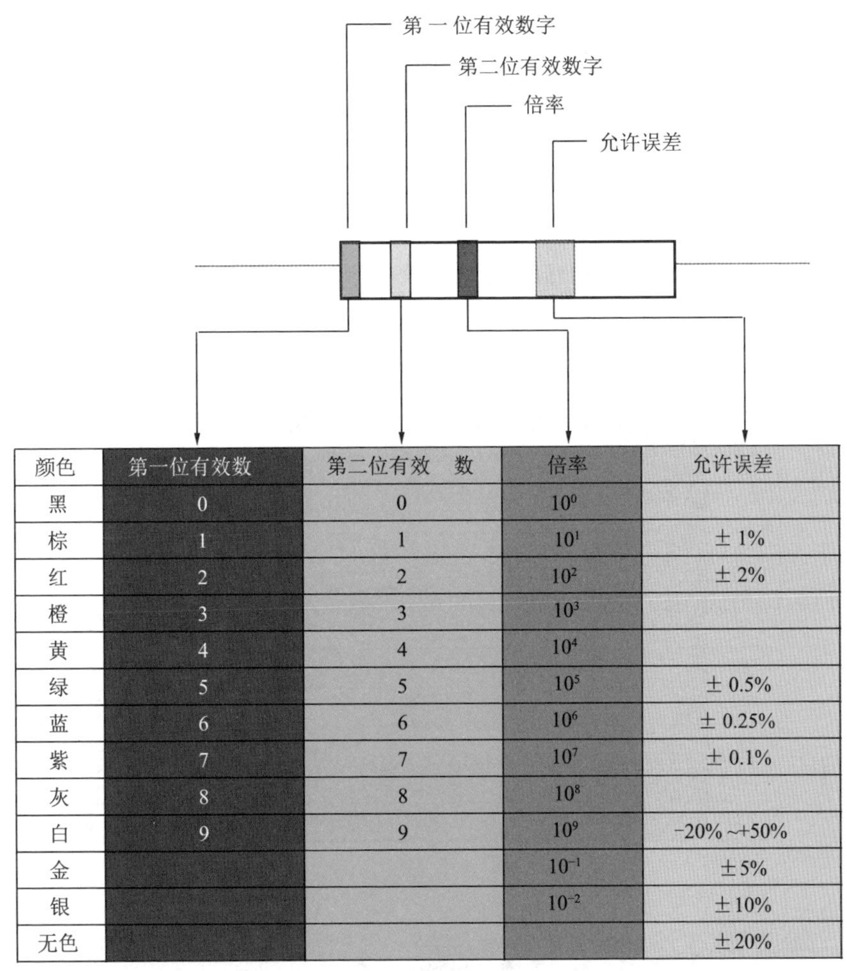

颜色	第一位有效数	第二位有效数	倍率	允许误差
黑	0	0	10^0	
棕	1	1	10^1	±1%
红	2	2	10^2	±2%
橙	3	3	10^3	
黄	4	4	10^4	
绿	5	5	10^5	±0.5%
蓝	6	6	10^6	±0.25%
紫	7	7	10^7	±0.1%
灰	8	8	10^8	
白	9	9	10^9	−20%~+50%
金			10^{-1}	±5%
银			10^{-2}	±10%
无色				±20%

图3-4　四环电阻器阻值说明

如果色环电阻器用五环表示，前三位数字是有效数字，第四位是10的倍率，第五环是色环电阻器的误差范围，如图3-5所示。

根据电阻器色环的读识方法，可以很轻松地计算出电阻器的阻值，如图3-6所示。

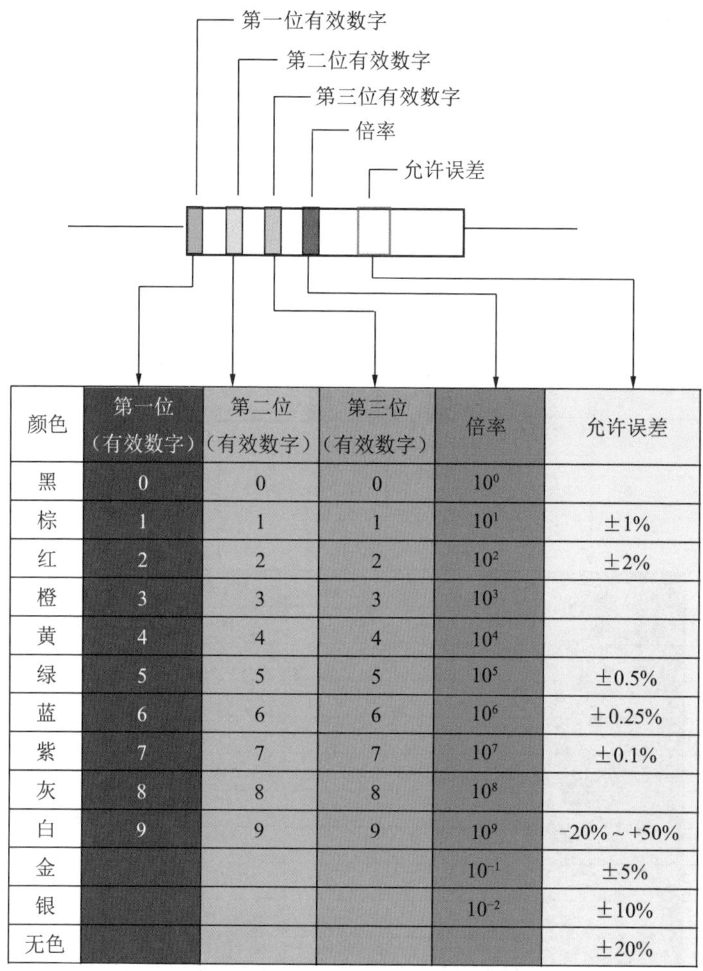

颜色	第一位（有效数字）	第二位（有效数字）	第三位（有效数字）	倍率	允许误差
黑	0	0	0	10^0	
棕	1	1	1	10^1	±1%
红	2	2	2	10^2	±2%
橙	3	3	3	10^3	
黄	4	4	4	10^4	
绿	5	5	5	10^5	±0.5%
蓝	6	6	6	10^6	±0.25%
紫	7	7	7	10^7	±0.1%
灰	8	8	8	10^8	
白	9	9	9	10^9	−20% ~ +50%
金				10^{-1}	±5%
银				10^{-2}	±10%
无色					±20%

图3-5　五环电阻器阻值说明

此电阻器的色环为：棕、绿、黑、白、棕五环，对照色码表，其阻值为150×10^9Ω，误差为±1%。

此电阻器的色环为：灰、红、黄、金四环，对照色码表，其阻值为82×10^4Ω，误差为±5%。

图3-6　计算电阻器阻值

3. 如何识别首位色环

经过上述阅读，读者朋友会发现一个问题，怎么知道哪个是首位色环？

首位色环判断方法大致有四种，如图3-7所示。

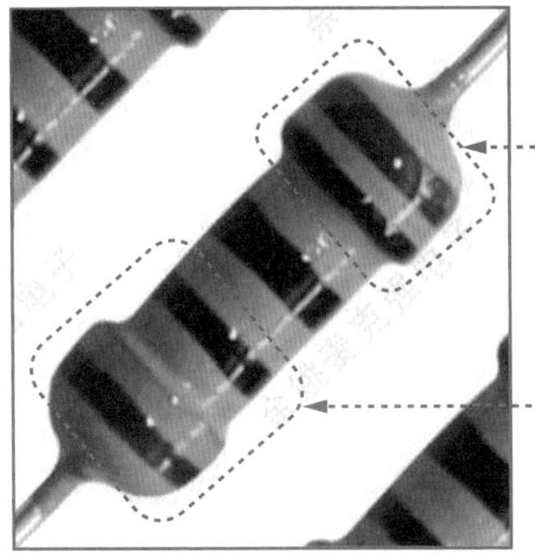

首位色环与第二色环之间的距离比末位色环与倒数第二色环之间的间隔要小。

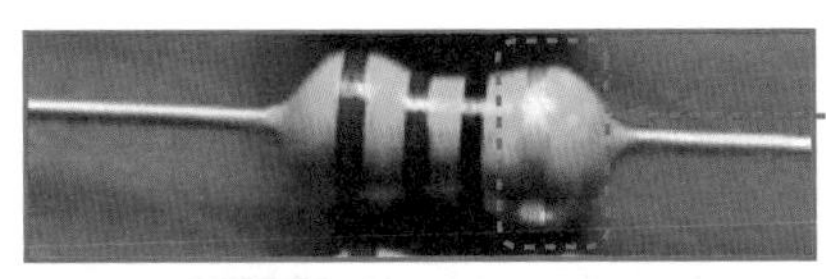

金、银色环常用作表示电阻器误差范围，一般放在末位，则与之对应的即为首位。

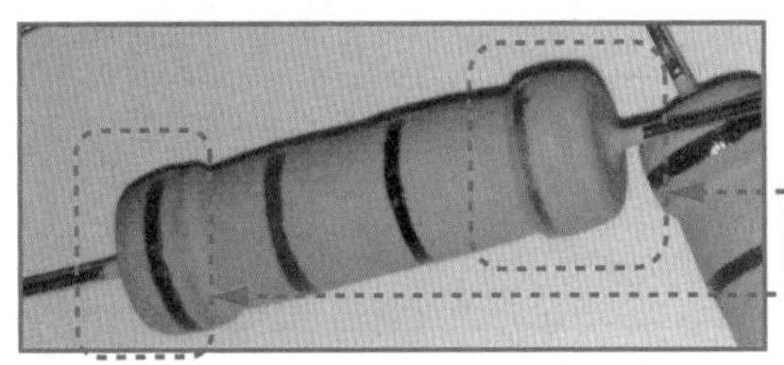

与末位色环位置相比，首位色环更靠近引线端，因此可以利用色环与引线端的距离来确定首位色环。

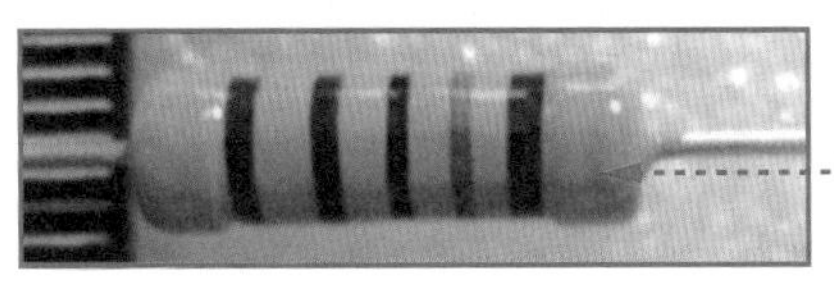

如果电阻器上没有金、银色环，并且无法判断哪个色环更靠近引线端，可以用万用表检测一下，根据测量值即可判断首位有效数字及倍率，对应的顺序就全都知道了。

图3-7　判断首位色环

3.1.4　电阻器通用检测方法

电阻器的检测相对于其他元器件的检测来说要简便，在实际维修中，通常先用万用表对电阻器两端进行简单测量，以判断电阻器的好坏，如图3-8所示（以数字万用表测量贴片式电阻器为例）。

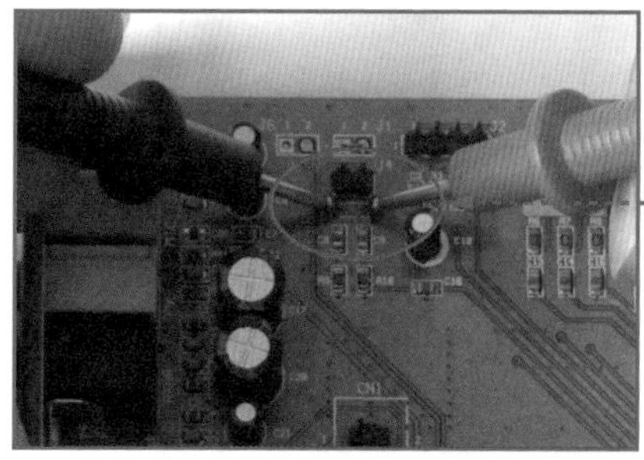

首先将数字万用表调到蜂鸣挡，然后将红、黑表笔分别接在待测电阻器的两端进行测量。如果所测阻值为0（熔断电阻器除外），说明此贴片式电阻器被击穿损坏。如果所测阻值为无穷大，说明电阻器断路损坏。

图3-8　简单判断电阻器好坏的方法

另外，可通过将实测阻值与标称阻值相比较来判断电阻器好坏。可以先采用在路检测，如果测量结果不能确定，就将其从电路中焊下来，开路检测其阻值，如图3-9所示（以指针万用表测量固定电阻器为例）。

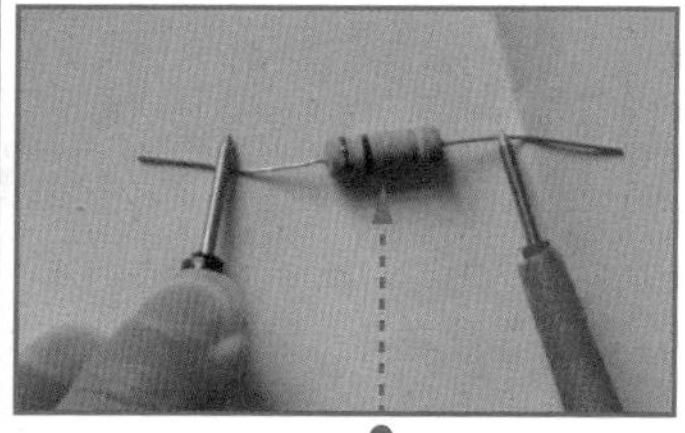

（1）将指针万用表调至欧姆挡并调零，然后根据被测电阻器的标称阻值来选择万用表量程（如选择R×10k挡）。

（2）将两表笔分别与电阻器的两引脚相接即可测出实际电阻值（如图中所测阻值为200kΩ）。

图3-9　测量电阻器

测量分析：根据电阻器误差等级的不同，算出误差范围。若实测值已超出标称值，说明该电阻器已经不能继续使用。若仍在误差范围内，说明该电阻器仍可继续使用。

3.1.5　熔断电阻器的检测方法

熔断电阻器的阻值接近于0，在判断其好坏时，可通过观察外观和测量阻值来判断，如图3-10所示。

（1）在电路中，多数熔断电阻器的开路可根据观察做出判断。例如，若发现熔断电阻器表面烧焦或发黑（也可能会伴有焦味），可断定熔断电阻器已被烧毁。

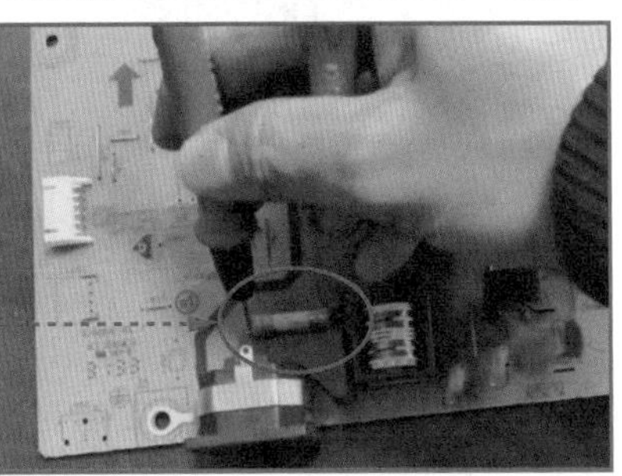

（2）检测熔断电阻器时，可以用数字万用表的蜂鸣挡，或用指针万用表的R×1挡进行测量。若测得的阻值为无穷大，说明该熔断电阻器已经开路损坏。若测得的阻值与0接近，说明该熔断电阻器基本正常。如果测得的阻值较大，则需要开路进一步测量。

图3-10　熔断电阻器的检测方法

3.1.6　压敏电阻器的检测方法

压敏电阻器检测方法如图3-11所示。

测量时，选用指针万用表的R×1k或R×10k挡，将两表笔分别接在压敏电阻器两端测量第一次阻值，然后交换两表笔再测量一次。若两次测得的阻值均为无穷大，说明被测压敏电阻器质量合格。否则，说明其漏电严重而不可使用。

图3-11　压敏电阻器的检测方法

3.2　电容器好坏检测方法

电容器是在电路中应用最广泛的元器件之一，它由两个相互靠近的导体极板中间夹一层绝缘介质构成，是一种重要的储能元件。

3.2.1　常用电容器有哪些

常用电容器如图3-12所示。

横杠为正极符号
有极性贴片电容器（电解电容器），由于其紧贴电路板，温度稳定性要求较高，以钽电容器为多。
无极性贴片电容器

铝电解电容器由铝圆筒做负极，里面装有液体电解质，插入一片弯曲的铝带做正极而制成的。铝电解电容器容量大，但漏电大、稳定性差，适用于低频或滤波电路，有极性限制，使用时不可接反。

固态铝质电解电容器的介电材料为导电性高分子材料，而非电解液。可以持续在高温环境中稳定工作，具有使用寿命长、低ESR和高额定纹波电流等特点。

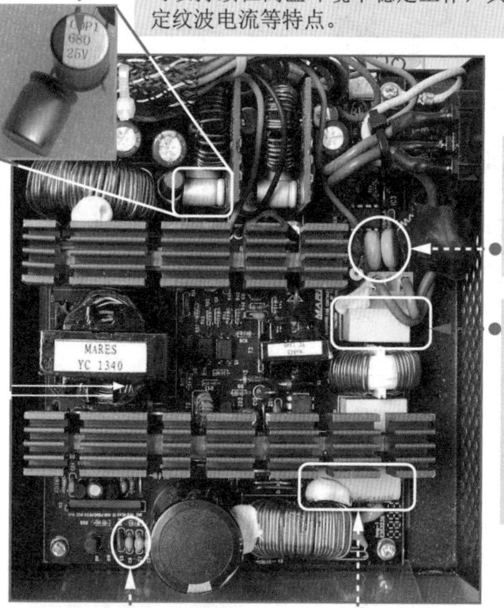

陶瓷电容器的特点是体积小、耐热性好、损耗小、绝缘电阻高。但容量小，适用于高频电路。

安规电容器是指电容器失效后，不会导致电击，不危及人身安全的电容器。出于安全和EMC考虑，一般在电源入口建议加上安规电容器。它们用于电源滤波器中，分别对共模干扰、差模干扰起滤波作用。

独石电容器属于多层片式陶瓷电容器，它是多层叠合的结构，是多个简单平行板电容器的并联体。其具有温度特性好、频率特性好、容量较稳定等特点。

圆轴向电容器由一根金属圆柱和一个与它同轴的金属圆柱壳组合而成。其特点是损耗小、优异的自愈性、阻燃胶带外包和环氧密封、耐高温、容量范围广等。

图3-12　常用的电容器

3.2.2　电容器图形符号和文字符号

维修电路时，通常需要参考电气设备的电路原理图来查找问题，下面结合电路图来识别电路图中的电容器。电容器一般用字母C来表示。表3-2所示为电容器的电路图形符号。图3-13所示为电路图中的电容器符号。

表3-2　常见电容器电路图形符号

固定电容器	可变电容器	极性电容器
		+

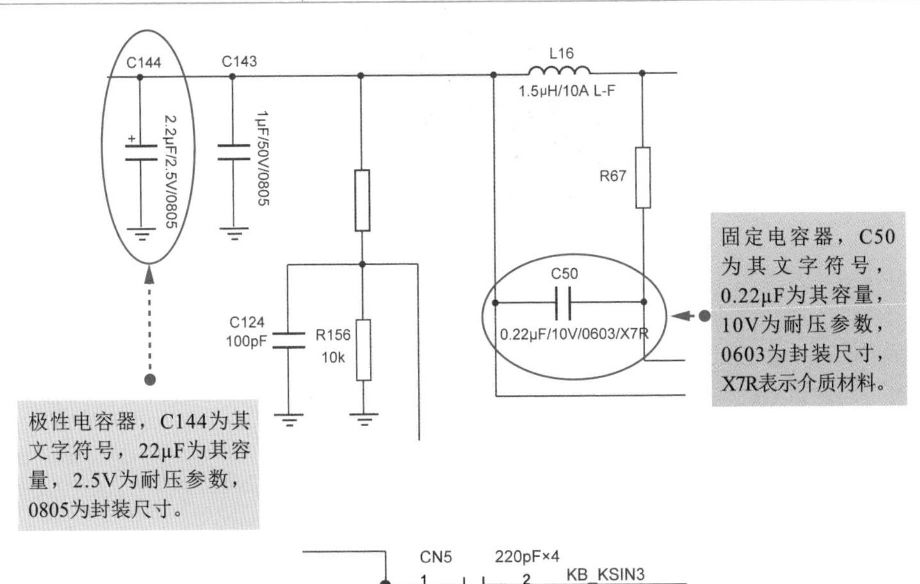

图3-13　电路图中的电容器符号

3.2.3 如何读懂电容器的参数

电容器的参数通常标注在电容器外壳上，常见的标注方法有直标法、数字符号法和色环标注法三种。

1. 直标法

直标法是用数字或符号将电容器的有关参数（主要是标称容量和耐压参数）直接标示在电容器的外壳上。这种标注法常见于电解电容器和体积稍大的电容器。直标法的读识方法如图3-14所示。

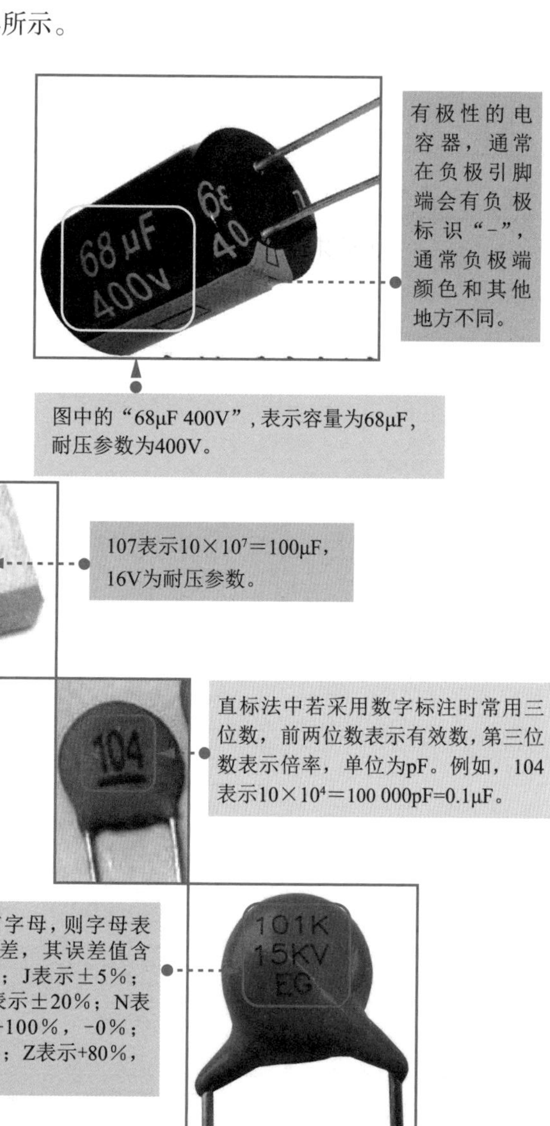

有极性的电容器，通常在负极引脚端会有负极标识“-”，通常负极端颜色和其他地方不同。
68μF
400V
图中的“68μF 400V”，表示容量为68μF，耐压参数为400V。
107
16V
107表示10×10⁷=100μF，16V为耐压参数。
104
直标法中若采用数字标注时常用三位数，前两位数表示有效数，第三位数表示倍率，单位为pF。例如，104表示10×10⁴=100 000pF=0.1μF。
101K
15KV
如果数字后面跟有字母，则字母表示电容器容量的误差，其误差值含义为：G表示±2%；J表示±5%；K表示±10%；M表示±20%；N表示±30%；P表示+100%，-0%；S表示+50%，-20%；Z表示+80%，-20%。

图3-14 直标法读识方法

2. 数字符号法

数字符号法是指将电容器的容量用数字和单位符号按一定规则进行标称的方法。具体方法是：容量的整数部分+容量的单位符号+容量的小数部分。容量的单位符号为F（法）、mF(毫法)、μF（微法）、nF（纳法）、pF（皮法）。数字符号法标注电容器的方法如图3-15所示。

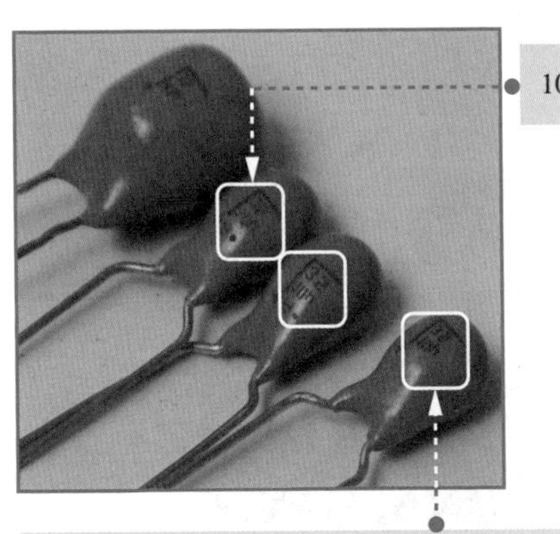

10μ表示容量为10μF。
例如：18P表示容量为18pF，SP6表示容量为5.6pF，2n2表示容量为2.2nF（2200pF），4m7表示容量为4.7mF（4700μF）。

图3-15　数字符号法读识方法

3. 色环标注法

采用色标法标注的电容器又称色标电容器，即用色码表示电容器的标称容量。电容器色环识别的方法如图3-16所示。

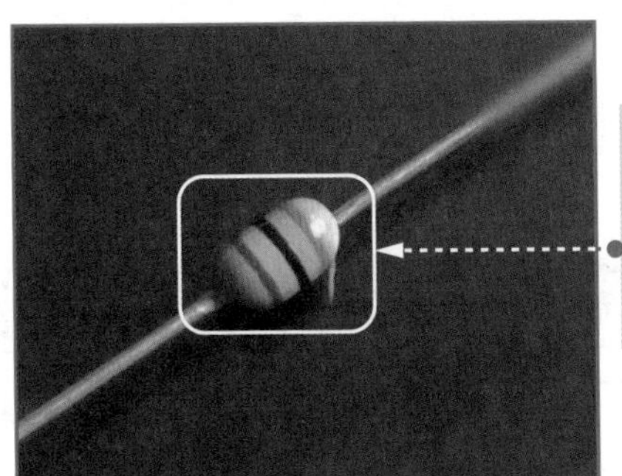

色环顺序自上而下，沿着引线方向排列。第一、二种颜色表示电容器的两位有效数字，第三种颜色表示倍率，电容器的单位规定用pF。

图3-16　色环标注法读识方法

表3-3所示为色环颜色和表示数字的含义。

表3-3　色环的含义

色环颜色	黑色	棕色	红色	橙色	黄色	绿色	蓝色	紫色	灰色	白色
表示数字	0	1	2	3	4	5	6	7	8	9

例如：色环的颜色分别为黄色、紫色、橙色，其容量为47×10^3pF=47 000 pF。

3.2.4 小容量电容器的检测方法

很多电路中的小容量（0.01μF以下）电容器大多采用贴片电容器。小容量电容器由于其容量太小，用万用表无法测量出其具体容量，只能定性地检查其绝缘电阻，即有无漏电、内部短路或击穿现象。

检测小容量贴片电容器的方法如图3-17所示。

将数字万用表调到蜂鸣挡或将指针式万用表调到R×10k挡，然后用两表笔分别接贴片电容器的两个引脚进行测量。观察数值后调换表笔两次测量。

图3-17 检测小容量贴片电容器的方法

测量结论：正常的贴片电容器两次测量的阻值应为无穷大。如果测量的阻值为0或有一定的阻值，说明电容器漏电损坏或内部击穿。

3.2.5 大容量电容器的检测方法

0.01μF以上大容量电容器的检测方法如图3-18所示。

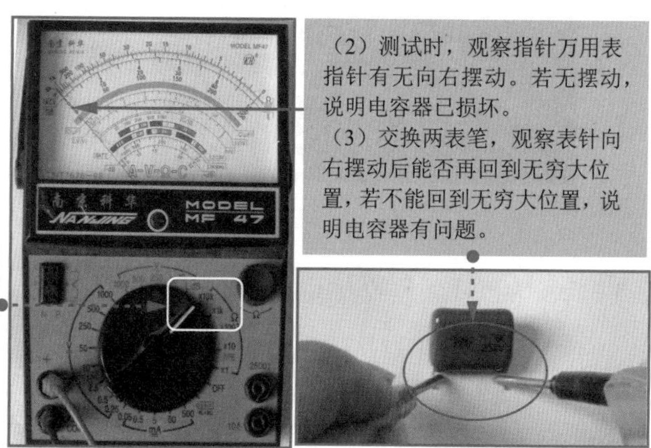

（1）将指针万用表调到R×10k挡，然后调零，将两表笔接电容器的两只引脚。

（2）测试时，观察指针万用表指针有无向右摆动。若无摆动，说明电容器已损坏。

（3）交换两表笔，观察表针向右摆动后能否再回到无穷大位置，若不能回到无穷大位置，说明电容器有问题。

图3-18 0.01μF以上大容量电容器检测方法

3.2.6　用数字万用表的电容测量插孔测量电容器

用数字万用表的电容测量插孔测量电容器的方法如图3-19所示。

（1）将数字万用表功能旋钮调到电容挡，量程大于被测电容器容量。同时用镊子将电容器的两极短接放电。

（2）将电容器的两只引脚插入电容器测量插孔中，从显示屏上读出电容值。将读出的值与电容器的标称值进行比较，若相差太大，说明该电容器容量不足或性能不良，不能再使用。

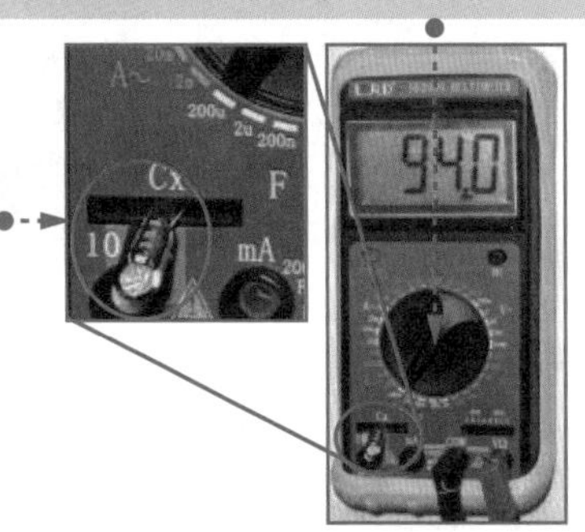

图3-19　用数字万用表的电容测量插孔测量电容器

3.3　电感器好坏检测方法

电感器是一种能够把电能转化为磁能并储存的元器件，其主要的功能是阻止电流的变化。当电流从小到大变化时，电感器阻止电流的增大；当电流从大到小变化时，电感器阻止电流减小。电感器常与电容器配合工作，在电路中主要用于滤波（阻止交流干扰）、振荡（与电容器组成谐振电路）、波形变换等。

3.3.1　常用电感器有哪些

电路中常用电感器如图3-20所示。

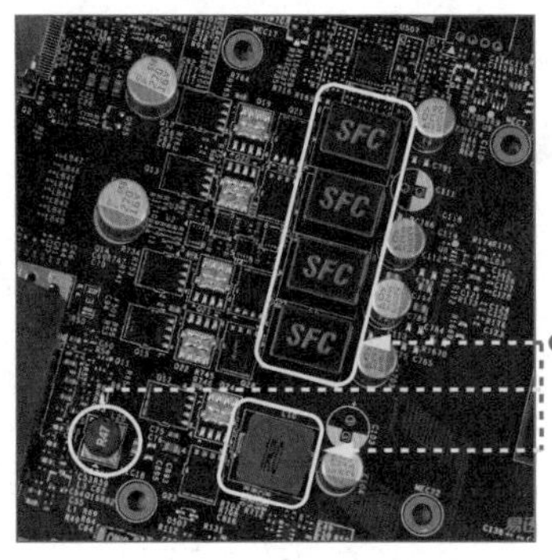

全封闭超级铁素体电感器（SFC），可以依据当时的供电负载，来自动调节电力的负载。封闭式电感器是将线圈完全密封在一个绝缘盒中制成的。这种电感器减少了外界对电感器的影响，性能更加稳定。

图3-20　电路中常用的电感器

磁环电感器是在磁环上绕制线圈制成的。磁环的存在大大提高了线圈电感器的稳定性，磁环的大小以及线圈的缠绕方式都会对电感器造成很大的影响。

磁棒电感器是在线圈中安插一个磁棒制成的，磁棒可以在线圈内移动，用以调整电感器容量的大小。通常将线圈做好调整后要用石蜡固封在磁棒上，以防止磁棒的滑动而影响电感器。

贴片电感器具有小型化、高品质、高能量储存和低电阻的特性。

半封闭电感器的防电磁干扰良好，在高频电流通过时不会发生异响，散热良好，可以提供大电流。

超薄贴片式铁氧体电感器以锰锌铁氧体、镍锌铁氧体作为封装材料。散热性能、电磁屏蔽性能较好，封装厚度较薄。

全封闭陶瓷电感器，以陶瓷封装，属于早期产品。

全封闭铁素体电感器，以四氧化三铁混合物封装。相比陶瓷电感器具备更好的散热性能和电磁屏蔽性。

图3-20　电路中常用的电感器（续）

超合金电感器使用几种合金粉末压合而成，具有铁氧体电感器和磁圈的优点，可以实现无噪声工作，工作温度较低（35℃）。

图3-20　电路中常用的电感器（续）

3.3.2　电感器图形符号和文字符号

维修电路时，通常需要参考电气设备的电路原理图来查找问题，下面结合电路图来识别电路图中的电感器。电感器一般用字母L表示。表3-4所示为常见电感器的电路图形符号。图3-21为电路图中的电感器符号。

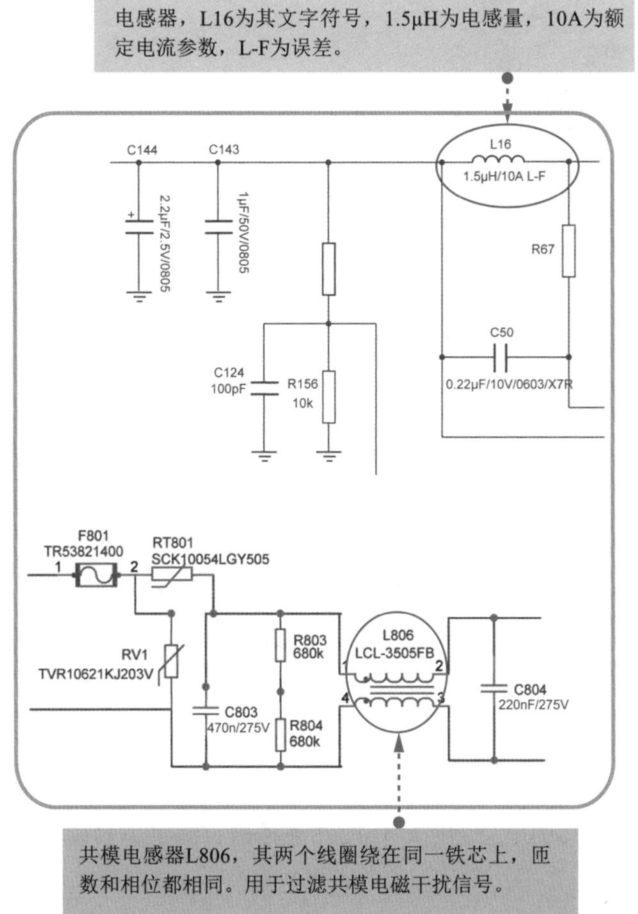

图3-21　电路图中的电感器符号

表3-4　常见电感器的电路图形符号

电感器	带铁芯电感器	共模电感器	磁环电感器	单层线圈电感器

3.3.3　如何读懂电感器的参数

电感器的参数通常标注在电感器壳体上，一般有数字符号法和数码标注法两种，具体读识方法如图3-22所示。

数字符号法是将电感器的标称值和偏差值用数字和文字符号法按一定的规律组合标示在电感器壳体上。采用数字符号法标注的电感器通常是一些小功率电感器，单位通常为nH或pH。用pH做单位时，R表示小数点；用nH做单位时，N表示小数点。

图中R47表示电感量为0.47μH。

数码标注法标注的电感器，前两位数字表示有效数字，第三位数字表示倍率，如果有第四位数字，则表示误差值。这类电感器的电感量单位一般是μH。例如100，表示电感量为10×10^0=10μH。

图3-22　读懂电感器的标注参数

3.3.4　用数字万用表测量电感器的方法

用数字万用表检测电感器时，使用蜂鸣挡进行测量，具体检测方法如图3-23所示。

对于贴片电感器，此时的读数应为0，若读数偏大或为无穷大，则表示电感器损坏。

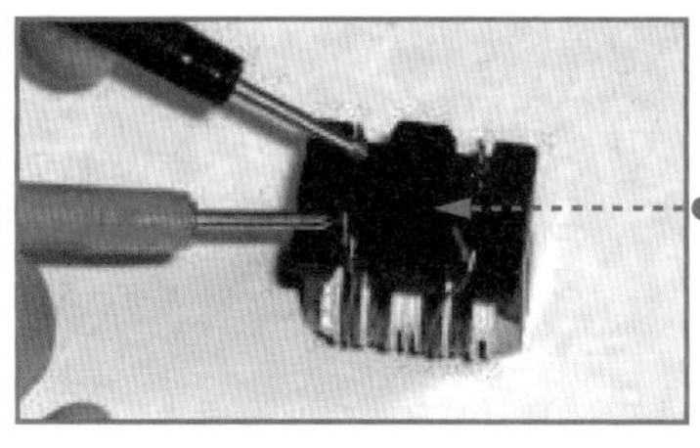

对于线圈匝数较多、线径较细的电感器，测量读数会达到几十到几百欧姆。通常情况下线圈的直流电阻只有几欧姆。如果电感器损坏，多表现为发烫。

图3-23 用万用表检测电感器的方法

3.4 二极管好坏检测方法

二极管是常用的电子元器件之一，其最大的特性是单向导电。在电路中，电流只能从二极管的正极流入，负极流出。利用二极管单向导电性，可以把方向交替变化的交流电变换成单一方向的脉冲直流电。另外，二极管在正向电压作用下电阻很小，处于导通状态；在反向电压作用下，电阻很大，处于截止状态，如同一只开关。利用二极管的开关特性，可以组成各种逻辑电路（如整流电路、检波电路、稳压电路等）。

3.4.1 常用二极管有哪些

电路中常用二极管如图3-24所示。

发光二极管的内部结构为一个PN结，而且具有晶体管的通性。当发光二极管的PN结上加上正向电压时，会产生发光现象。

图3-24 电路中常用的二极管

稳压二极管也称齐纳二极管，是利用二极管反向击穿时两端电压不变的原理来实现稳压限幅、过载保护。

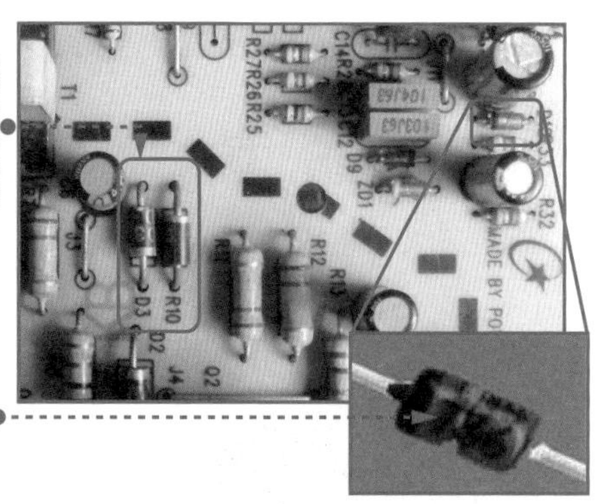

开关二极管是为在电路上进行“开”“关”而特殊设计制造的一类二极管。它由导通变为截止或由截止变为导通所需的时间比一般二极管短。

检波二极管会利用其单向导电性将高频或中频无线电信号中的低频信号或音频信号分检出来。

整流二极管是将交流电整流成直流电的二极管。图中4只二极管组成一个整流桥。

图3-24　电路中常用的二极管（续）

3.4.2　二极管图形符号和文字符号

维修电路时，通常需要参考电气设备的电路原理图来查找问题，下面结合电路图来识别电路图中的二极管。二极管一般用字母D、VD表示。表3-5所示为常见二极管的电路图形符号。图3-25所示为电路图中的二极管符号。

表3-5　常见二极管的电路图形符号

普通二极管	双向抑制二极管	稳压二极管	发光二极管

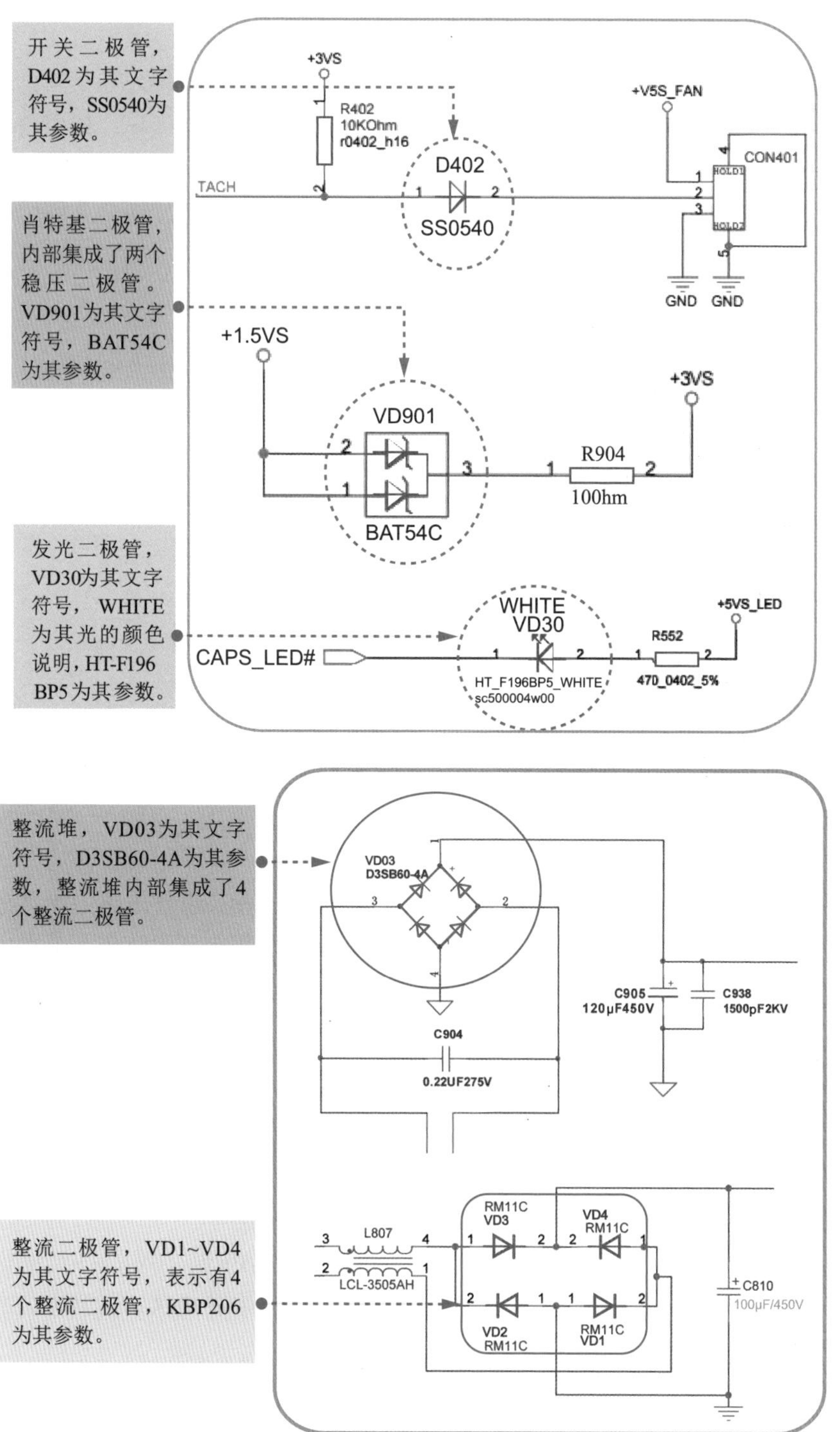

图3-25 电路图中的二极管符号

3.4.3 用数字万用表检测二极管的方法

二极管的检测主要依据其正向电阻小、反向电阻大这一特性。如果测得二极管的正、反向电阻值都很小，说明二极管内部已击穿短路或漏电损坏；如果测得二极管的正、反向电阻值均为无穷大，说明该二极管已开路损坏。

除此之外，还可以通过测量二极管的管电压来判断二极管好坏。下面用数字万用表的二极管挡对二极管进行检测，其方法如图3-26所示。

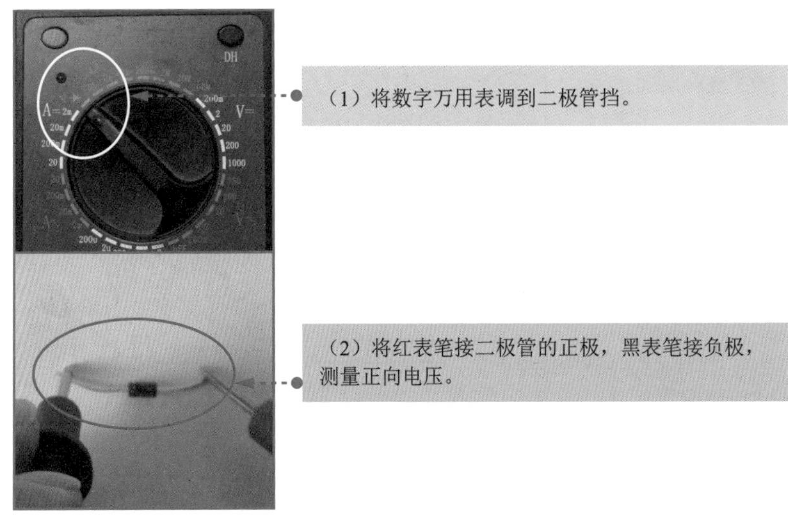

图3-26 用数字万用表对二极管进行检测的方法

测量分析：普通二极管正向压降为0.4~0.8V，肖特基二极管的正向压降在0.3V以下，稳压二极管正向压降有在0.8V以上。如果测量的管电压不在正常范围内，说明二极管损坏。如果测量的二极管正向电压低于0.1V，说明二极管内部断路损坏。

3.5 三极管好坏检测方法

三极管是一种控制电流的半导体器件，是电子电路中的核心元件，具有电流放大和开关作用，可以把微弱信号放大成幅度值较大的电信号。

三极管是在一块半导体基片上制作两个相距很近的PN结，两个PN结把整块半导体分为三部分，中间部分是基区，两侧部分是发射区和集电区，排列方式有PNP和NPN两种。

三极管按材料分为锗管和硅管两种。按其结构形式可分为NPN和PNP两种，但使用最多的是硅NPN和锗PNP两种三极管。

3.5.1　常用三极管有哪些

三极管是电路中被广泛使用的电子元器件之一，特别是放大电路中。图3-27所示为电路中常用的三极管。

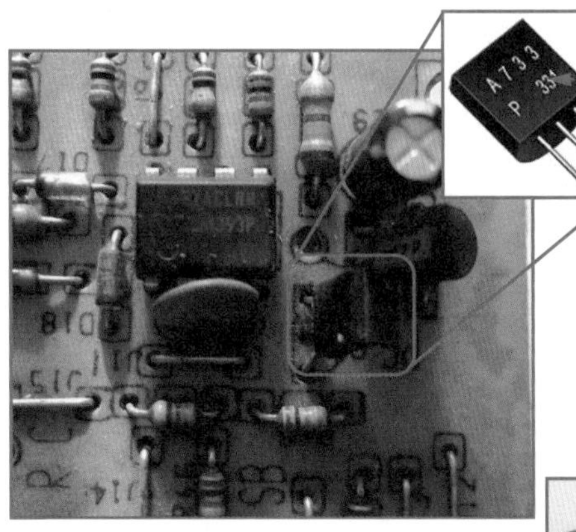

A733
P 331
PNP型三极管由两块P型半导体中间夹着一块N型半导体所组成。

开关三极管工作于截止区和饱和区，相当于电路的切断和导通。由于它具有断路和接通的作用，被广泛应用于各种开关电路中。

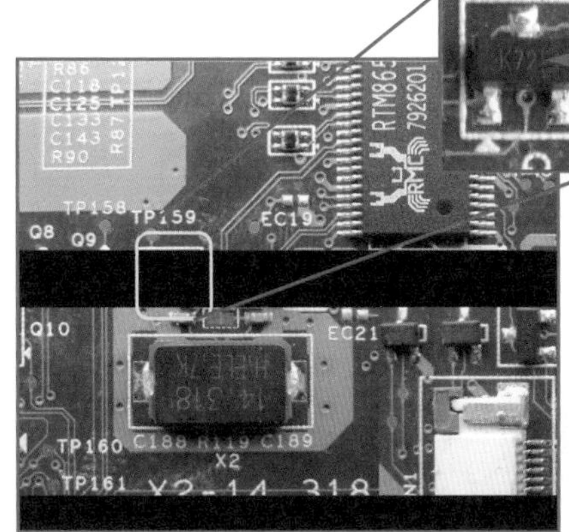

贴片三极管可以把微弱的电信号放大到一定强度。当然，这种转换仍然遵循能量守恒，它只是把电源的能量转换成信号的能量。

NPN型三极管由两块N型半导体和一块P型半导体组成，P型半导体在中间，N型半导体在两侧。

图3-27　电路中常用的三极管

3.5.2 三极管图形符号和文字符号

下面我们结合电路图来识别一下三极管。三极管一般用字母V、VT表示。表3-6所示为常见三极管的电路图形符号。图3-28所示为电路图中的三极管符号。

表3-6 常见三极管电路符号

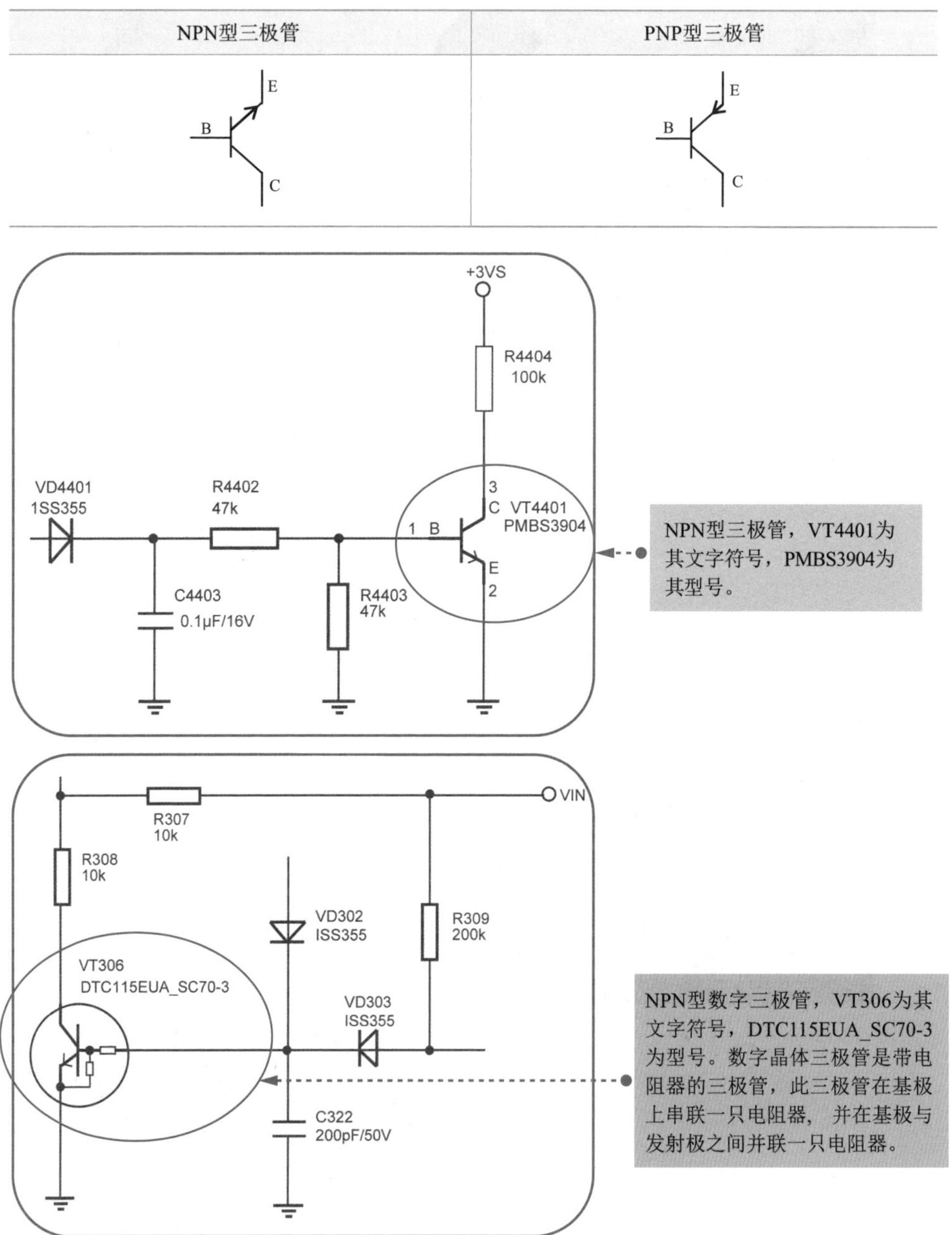

图3-28 电路图中的三极管符号

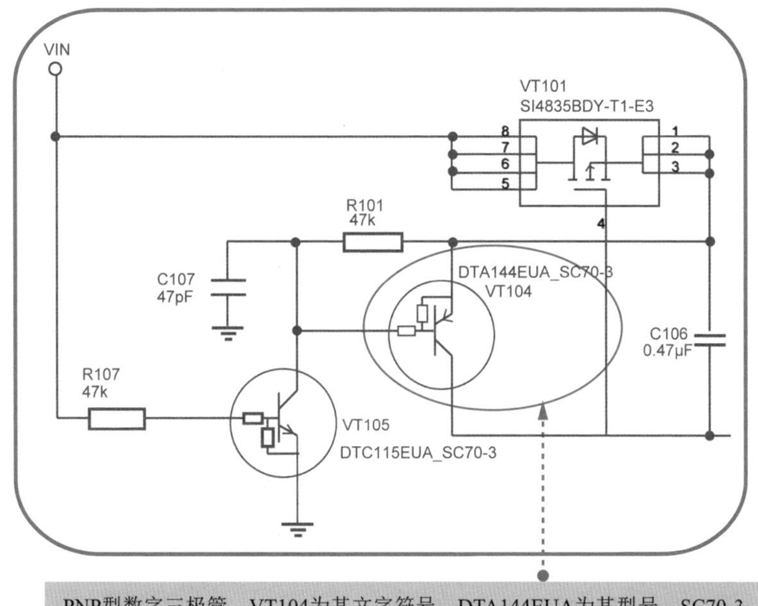

图3-28　电路图中的三极管符号（续）

3.5.3　用指针万用表检测三极管的极性

将指针万用表调到欧姆挡的R × 100挡，黑表笔接其中一只引脚，用红表笔分别去接另外两只引脚。观察指针偏转，如果两次测得的指针偏转位置相近，说明该三极管为NPN型，且黑表笔所接的电极就是三极管基极。

将红表笔接在三极管其中一只引脚上，用黑表笔分别去接另外两只引脚。观察指针偏转，如果两次测得的指针偏转位置相近，说明该三极管为PNP型，且红表笔所接的电极就是基极。

接下来用指针万用表R × 10k挡判定三极管的集电极与发射极。首先对NPN型三极管进行检测。将红、黑表笔分别接在基极之外的两只引脚上，同时将基极引脚与黑表笔相接触，记录指针偏转。交换两表笔再测一次，并记录指针偏转。对比这两次的测量结果，指针偏转大的那次，红表笔所接的是三极管发射极，黑表笔所接的是三极管集电极。

对于PNP型三极管，将红、黑表笔分别接在基极之外的两只引脚上，同时将基极引脚与红表笔相接触，记录指针偏转。交换两表笔再测一次，并记录指针偏转。对比这两次的测量结果，指针偏转大的那次，红表笔所接的是三极管集电极，黑表笔所接的是三极管发射极。

3.5.4 三极管检测方法

本小节中，我们将通过测量三极管各引脚间电阻值来检测三极管好坏，具体如图3-29所示。

（1）利用三极管内 PN 结的单向导电性，测量各极间 PN 结的正、反向电阻值，如果相差较大说明三极管正常，如果正、反向电阻值都大，说明三极管内部有断路或者PN结性能不好。如果正、反向电阻值都小，说明三极管极间短路或者击穿了。

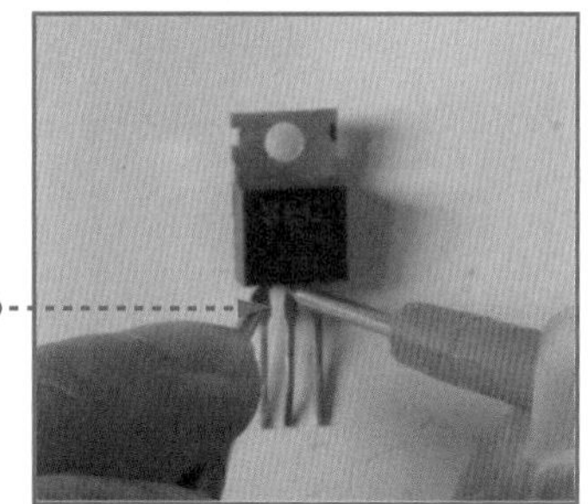

（2）测量PNP型小功率锗管时，将指针万用表调到R×100挡，红表笔接集电极，黑表笔接发射极，相当于测量三极管集电结承受反向电压时的阻值，高频管读数应在50kΩ以上，低频管读数应在几千到几十千欧姆范围内，测量NPN型锗管时，表笔极性相反。

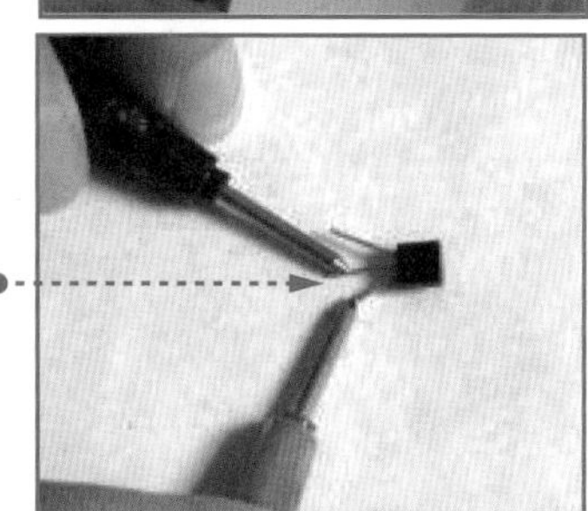

（3）测NPN型小功率硅管时，将指针万用表调到R×1k挡，黑表笔接集电极，红表笔接发射极。由于硅管的穿透电流很小，其阻值应在几百千欧姆以上，一般指针不动或者微动。

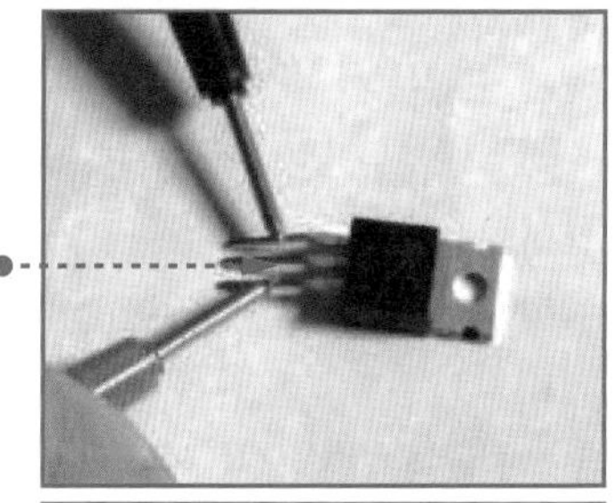

（4）测量大功率三极管时，由于PN结大，穿透电流值较大，用指针万用表R×10挡测量集电极与发射极间的反向电阻值，其阻值应在几百欧姆以上。

图3-29 通过测量三极管各引脚间电阻值来判断三极管好坏

3.6　场效应管好坏检测方法

场效应晶体管（简称场效应管）是一种用电压控制电流大小的半导体元器件，它利用控制输入回路的电场效应来控制输出回路电流，带有PN结。

3.6.1　常用场效应管有哪些

目前场效应管两大类可划分为结型场效应管（JFET管）和绝缘栅型场效应管（MOS管）两大类。按沟道材料型和绝缘栅型可分为N沟道和P沟道两种；按导电方式可分为耗尽型与增强型两种，其中JFET管均为耗尽型，MOS管既有耗尽型的，也有增强型的，如图3-30所示。

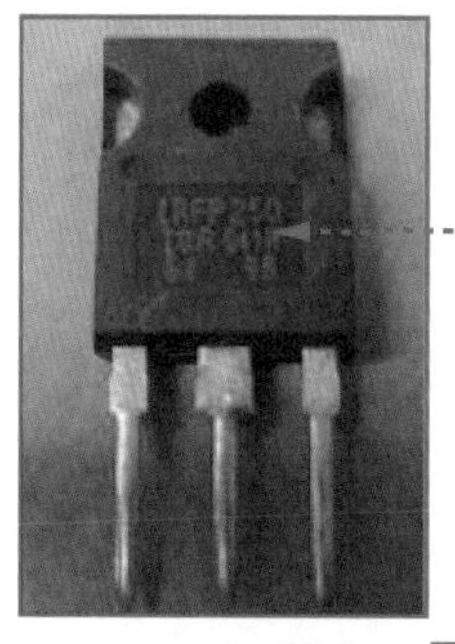

结型场效应管是在一块N型（或P型）半导体棒两侧各做一个P型区（或N型区），就形成两个PN结。把两个P区（或N区）并联，引出一个电极，称为栅极（G），在N型（或P型）半导体棒的两端各引出一个电极，分别称为源极（S）和漏极（D）。夹在两个PN结中间的N区（或P区）是电流的通道，称为沟道。

绝缘栅型场效应管以一块P型薄硅片作为衬底，在其上面做两个高杂质的N型区，分别作为源极S和漏极D。在硅片表面覆盖一层绝缘物，然后再用金属铝引出一个电极G（栅极）。

图3-30　电路中常用的场效应管

3.6.2　场效应管图形符号和文字符号

维修电路时，通常需要参考电气设备的电路原理图来查找问题，下面结合电路图来识别场效应管。场效应管一般用字母VT表示。表3-7所示为常见场效应管的电路图形符号。图3-31所示为电路图中的场效应管符号。

表3-7　常见场效应管的电路图形符号

增强型N沟道管	耗尽型N沟道管	增强型P沟道管	耗尽型P沟道管
D G S	D G S	D G S	D G S

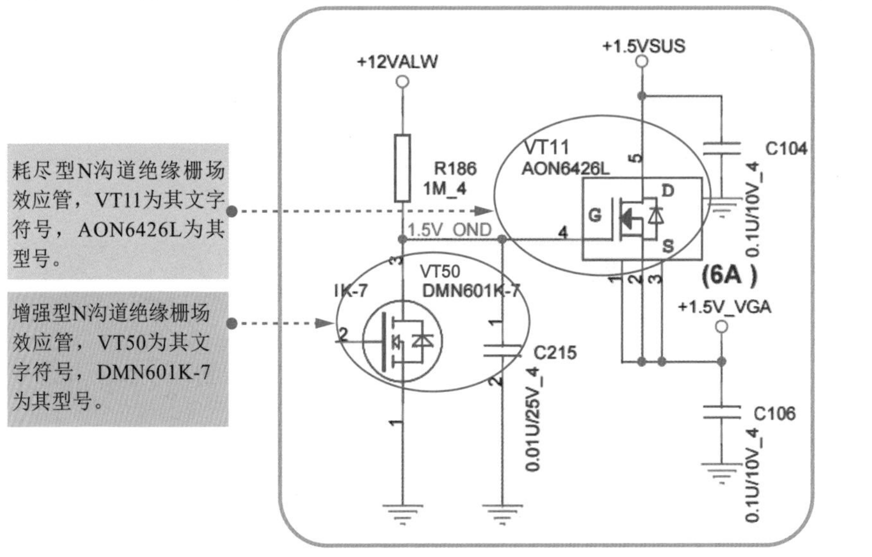

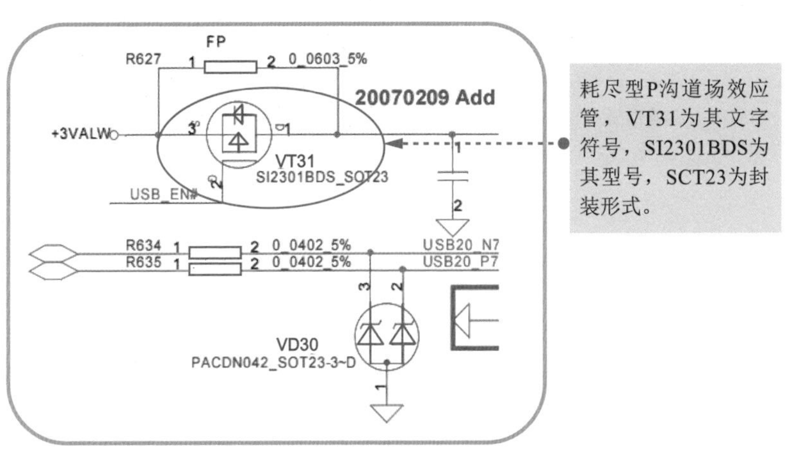

图3-31　电路图中的场效应管符号

3.6.3　用数字万用表检测场效应管的方法

用数字万用表检测场效应管的方法如图3-32所示。

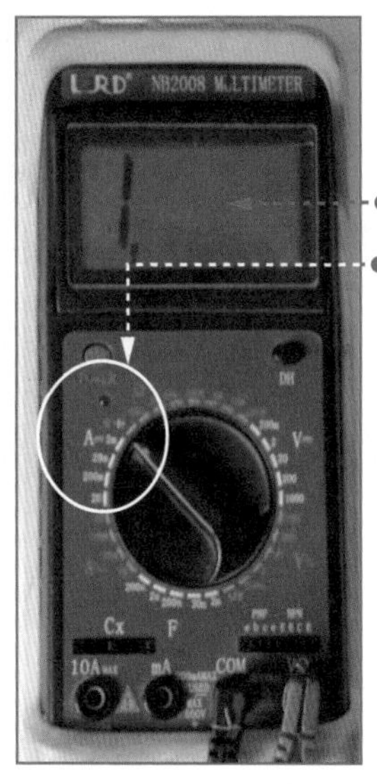

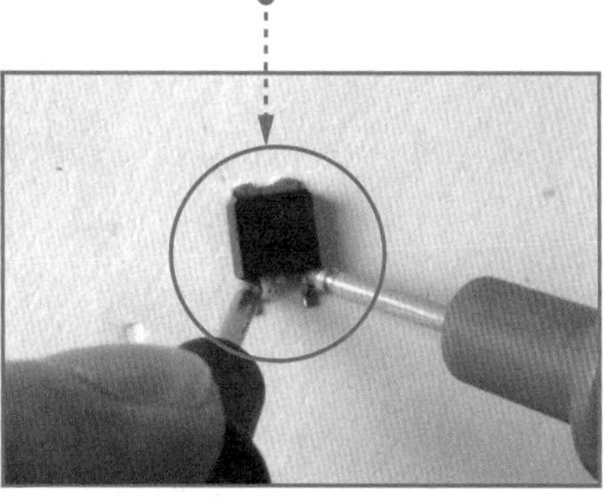

图3-32　用数字万用表检测场效应管的方法

测量分析：如果其中两组数据为1.（无穷大），另一组数据在0.3~0.8V，说明场效应管正常；如果其中有一组数据为0，则场效应管已被击穿。

3.7　变压器好坏检测方法

变压器是利用电磁感应原理来改变交流电压的装置，它可以把一种电压的交流电能转换成相同频率的另一种电压的交流电。变压器主要由初级线圈、次级线圈和铁芯（磁芯）组成。

3.7.1　常用变压器有哪些

变压器是电路中常见的元器件之一，广泛应用于电源电路中。图3-33所示为电路中的变压器。

开关电源变压器是小型电气设备电源中常用的元器件之一，它可以实现功率传送、电压变换和绝缘隔离。当交流电流流于其中之一组线圈时，于另一组线圈中将感应出具有相同频率的交流电压。

图3-33　电路中常用的变压器

升压变压器用来把低数值的交变电压变换为同频率的较高数值交变电压。升压变压器在高频领域应用较广，如逆变电源等。

音频变压器是工作在音频范围的变压器，又称低频变压器。工作频率为10～20 000Hz。音频变压器可以像电源变压器那样实现电压器转换，也可以实现音频信号耦合。

图3-33　电路中常用的变压器（续）

3.7.2　变压器图形符号和文字符号

下面我们结合电路图来识别变压器。变压器一般用字母T表示。表3-8所示为常见变压器的电路图形符号。图3-34为电路图中的变压器。

表3-8　常见变压器的电路图形符号

单二次绕组变压器	多次绕组变压器	二次绕组带中心抽头变压器

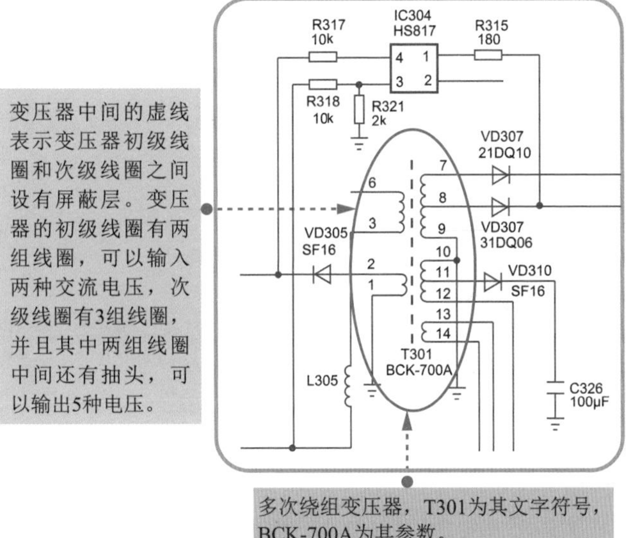

变压器中间的虚线表示变压器初级线圈和次级线圈之间设有屏蔽层。变压器的初级线圈有两组线圈，可以输入两种交流电压，次级线圈有3组线圈，并且其中两组线圈中间还有抽头，可以输出5种电压。
多次绕组变压器，T301为其文字符号，BCK-700A为其参数。
IC304
HS817
R317
10k
R315
180
R318
10k
R321
2k
VD307
21DQ10
VD307
31DQ06
VD305
SF16
VD310
SF16
T301
BCK-700A
L305
C326
100μF

该变压器的初级线圈有两组线圈，可以输入两种电压，次级线圈有一组线圈，可以输出一种电压。
电源变压器，T1为其文字符号，TRANS66为其型号。实线表示变压器中心带铁芯。

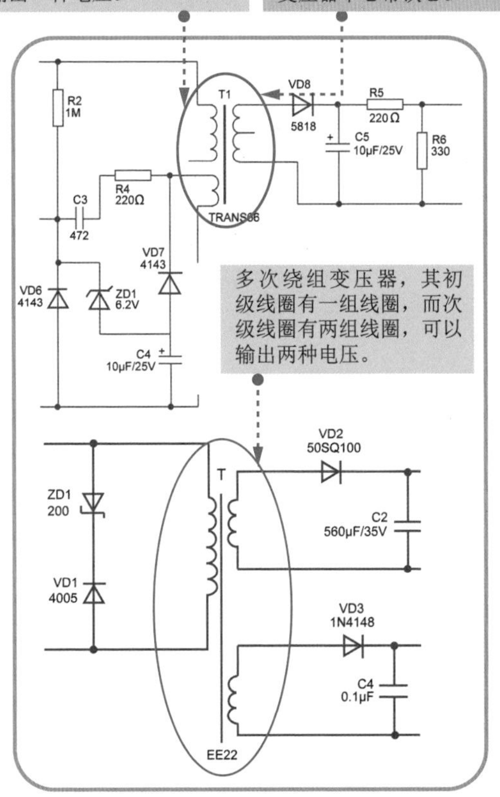

图3-34　电路图中的变压器

3.7.3 通过观察法检测变压器

通过观察法检测变压器的方法如图3-35所示。

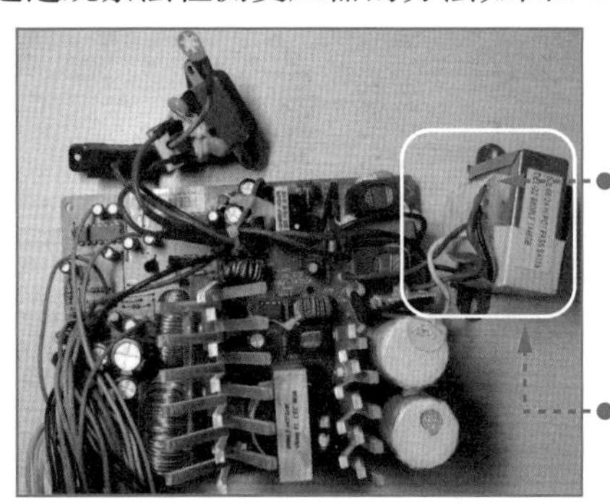

（1）首先要检查变压器外表是否有破损，观察线圈引线是否断裂、脱焊，绝缘材料是否有烧焦痕迹，铁芯紧固螺杆是否有松动，硅钢片有无锈蚀，绕组线圈是否有外露等。如果有这些现象，说明变压器有故障。

（2）空载加电后几十秒之内用手触摸变压器的铁芯，如果有烫手的感觉，说明变压器有短路点存在。

图3-35 通过观察法检测变压器

3.7.4 通过测量绝缘性判断变压器好坏

变压器的绝缘测试是判断变压器好坏的一种常用方法。通过测量绝缘性检测变压器的方法如图3-36所示。

（1）测试绝缘性时，首先将指针万用表的挡位调到R×10k挡。然后分别测量铁芯与初级、初级与各次级、铁芯与各次级、静电屏蔽层与初次级、次级各绕组间的电阻值。

（2）如果指针万用表指针均指在无穷大位置不动，说明变压器正常。否则，说明变压器绝缘性能不良。

图3-36 通过测量绝缘性判断变压器好坏

3.7.5 通过检测线圈通/断判断变压器好坏

如果变压器内部线圈发生断路，变压器就会损坏。通过检测线圈通/断判断变压器好坏的方法如图3-37所示。

检测时，将指针万用表调到R×1挡进行测试。如果测量某个绕组的电阻值为无穷大，说明此绕组有断路性故障。

图3-37 通过检测线圈通/断检测变压器的方法

3.8 继电器好坏检测方法

继电器是自动控制中常用的电子元器件，它在自动控制电路中起控制与隔离作用，实际上是一种可以用低电压、小电流来控制大电流、高电压的自动开关。

3.8.1 常用继电器有哪些

继电器是一种电子控制器件，常用的继电器主要有电磁继电器、固态继电器、热继电器、时间继电器等，如图3-38所示。

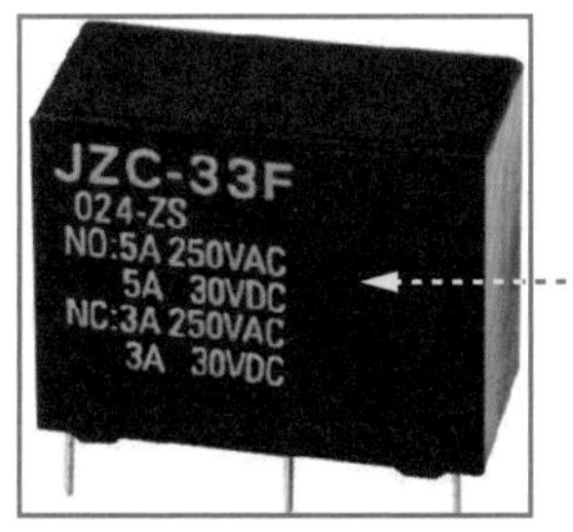

电磁继电器是由控制电流通过线圈所产生的电磁吸力驱动磁路中的可动部分而实现触点开、闭或转换功能的继电器。

固态继电器是一种能够执行开、闭线路功能，且其输入和输出的绝缘程度与电磁继电器相当的全固态器件。

利用热效应而动作的继电器称为热继电器。热继电器包括温度继电器和电热式继电器。其中，当外界温度达到规定要求时而动作的继电器称为温度继电器；而利用控制电路内的电能转变成热能，当达到规定要求时而动作的继电器称为电热式继电器。

当加上或除去输入信号时，输出部分需延时或限时到规定的时间才闭合或断开其被控电路的继电器称为时间继电器。其常用作延时元件。

图3-38　电路中常用的继电器

3.8.2 继电器图形符号和文字符号

继电器在电路中常用字母K、KT、KA等加数字表示，而不同的继电器在电路中有不同的图形符号。图3-39所示为继电器的图形符号。

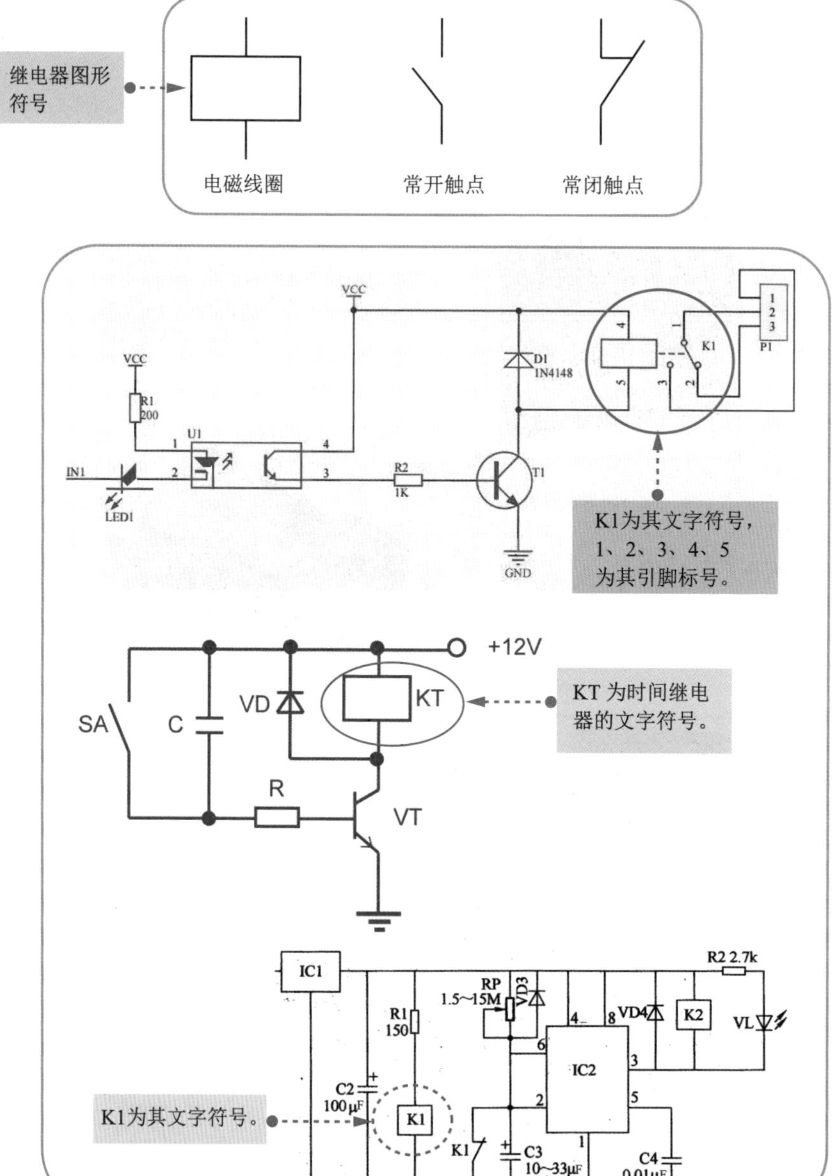

图3-39 继电器的图形符号

3.8.3　测量继电器的方法

继电器的方法如图3-40所示。

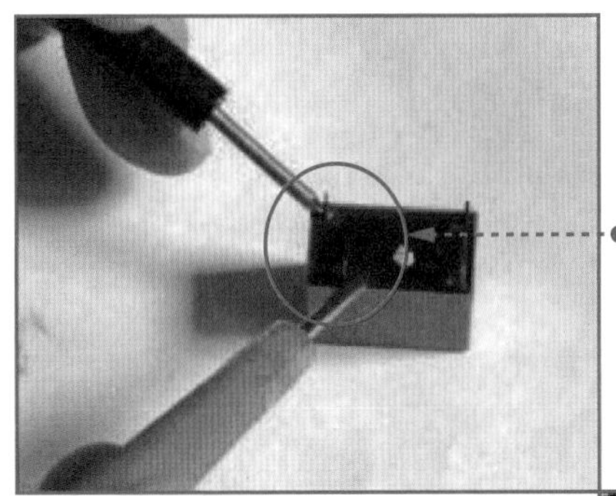

（1）将指针万用表调到R×1挡，然后将两表笔分别接固态继电器的输入端和输出端引脚，测量其正、反向电阻值。

（2）如果继电器的输入端正向电阻为一个固定值，反向电阻值为无穷大。而输出端的正、反向电阻值均为无穷大，则可以判断此继电器正常。如果反向电阻值为0，说明继电器线圈短路损坏；如果输出端阻值为0，说明继电器触点有短路故障。

图3-40　检测继电器的方法

第 4 章

开关电源电路通用检修方法

在维修开关电源电路之前，应当掌握开关电源电路的常用维修方法、易坏元器件检测方法、故障检修流程以及常见故障的检修方法等。

4.1 开关电源电路常用维修方法

设备的开关电源电路常用维修方法有很多，如观察法、串联灯泡法、测电压法、测电阻法、替换法、假负载法、短路法和清洗补焊法等，下面进行详细介绍。

4.1.1 观察法

观察法是开关电源电路板维修过程中最基本、最直接和最重要的一种方法。通过观察电路板的外观以及电路板上的元器件是否异常来判断故障，如图4-1所示。

在维修电路板时，首先观察电路板上的电容器是否有鼓包、漏液或严重损坏；电阻器、电容器引脚或焊点是否有异常，表面是否烧焦；芯片是否开裂，电路板上的铜箔是否烧断；各个接口插头、插槽、插座是否歪斜；查看是否有金属导电物掉入电路板上的缝隙中。查看电路板上各条线路是否有短路、断路现象。

图4-1　电路板中爆裂的电容器

4.1.2 串联灯泡法

串联灯泡法是指将一个60W/220V的灯泡串接在开关电源电路板的熔断电阻器两端，然后通过灯泡亮度判断电路板是否有短路故障，同时还可以防止测试时发生“炸板”现象，如图4-2所示。

当给串联灯泡的开关电源电路板通电后，由于灯泡有约500Ω的阻值，可以起到一定的限流作用，不至于立即使电路板中短路的元器件烧坏。如果灯泡很亮，说明开关电源电路板有短路现象。

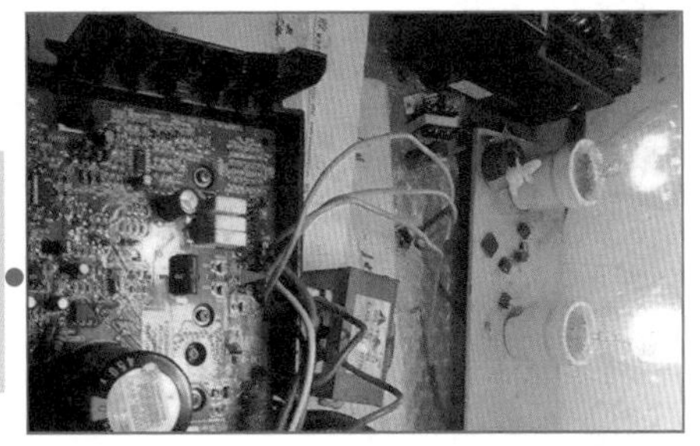

图4-2　串联灯泡法

4.1.3 测电压法

测量电压也是电路维修过程中常用且有效的方法之一。电子电路在正常工作时，电路中各点的工作电压表征了一定范围内元器件、电路工作的情况，当出现故障时电压必然发生改变。测电压法使用万用表查出电压异常情况，并根据电压的变化情况和电路的工作原理做出推断，并找出具体的故障原因。图4-3所示为使用数字万用表检测元器件电压。

电路在正常工作时，各部分的工作电压值是唯一的。当电路出现开路、短路、元器件性能变化等情况，电压值必然会有相应的变化。测电压法就是要检测到这种变化情况，然后进行分析。

图4-3　使用数字万用表检测元器件电压

4.1.4　测电阻法

测量电阻是电路维修过程中常用的方法之一，主要是通过测量阻值大小来大致判断芯片和电子元器件的好坏，以及判断电路中严重短路和断路的情况。短路时阻值异常降低，开路时阻值异常升高。图4-4所示为使用数字万用表测量元器件阻值。

对于一般小阻值元器件（如熔断电阻器、线圈等）可以通过蜂鸣挡来判断好坏，如果未发出蜂鸣声，则元器件可能出现断路故障。对于大功率三极管、MOS管等元器件，检测时，用蜂鸣挡测量元器件引脚间的阻值，如果发出蜂鸣声，则出现短路故障。同样，对于各组电源正、负之间也要测量有无短路。对于集成芯片，可以用蜂鸣挡测试各芯片引脚与电源正、负端之间有无短路。在维修检测时，这些测试工作都是顺手而为，耗不了多少功夫。

图4-4　使用数字万用表测量元器件阻值

4.1.5　替换法

替换法是指用好的元器件去替换怀疑有问题的元器件，若故障消失，说明判断正确。否则需要进行进一步检查、判断。用替换法可以检查电路板中所有元器件的好坏，并且结果都是正常无误的。

使用替换法时应重点检测故障率最高的元器件，且在替换元器件前，应先检测一下此元器件的供电电压，看是否是供电问题引起的故障，排除元器件的供电问题后再使用替换法。

4.1.6　假负载法

假负载法是指脱开负载电路，在开关电源输出端加上假负载进行测试。一方面可以区分故障在负载电路还是电源电路。另一方面，因为开关管在截止期间，储存在开关变压器初级绕组的能量要二次释放，接上假负载可以消耗释放的能量。否则，极易导致开关管被击穿。假负载一般选择30~60W/12V的灯泡，方便直观地根据灯泡的发光与否、发光的亮度判断是否有电压输出，以及输出电压的高低。

使用假负载法维修时，场效应管的控制栅极不能悬空，可以断开源极供电或干脆将其拆下，待修复后再装上，也可以用一小截导线将控制极与漏极连起来。

4.1.7　短路法

短路法主要通过短路某个元器件来判断故障范围。例如在判断开关电源电路电压过高故障时，可通过短路光电耦合器的光敏接收管的两引脚（相当于减少光敏接收管的内阻），然后测量输出电压。如果输出电压仍未变化，说明故障在光电耦合器之后的电路；如果输出电压有变化，说明故障在光电耦合器之前的电路。

4.2　开关电源电路故障测试点

在检测开关电源故障时，会发现几类电子元器件的故障率居高不下，如电容器、电阻器或开关管等。这些电子元器件便是维修实践常讲到的故障测试点。掌握了故障测试点的检测技能，对于提高维修效率大有帮助。

4.2.1　故障测试点1：熔断电阻器

熔断电阻器在开关电源电路中使用广泛，其用于保护电路，在电路中会出现短路故障，电流异常升高到一定的高度和热度时，自身熔断切断电流。在维修时，通过测量熔断电阻器是否损坏来判断电源电路板中是否有短路的故障。

正常状态下，熔断电阻器的阻值接近于0，可以通过测量其阻值来判断好坏，如图4-5所示。

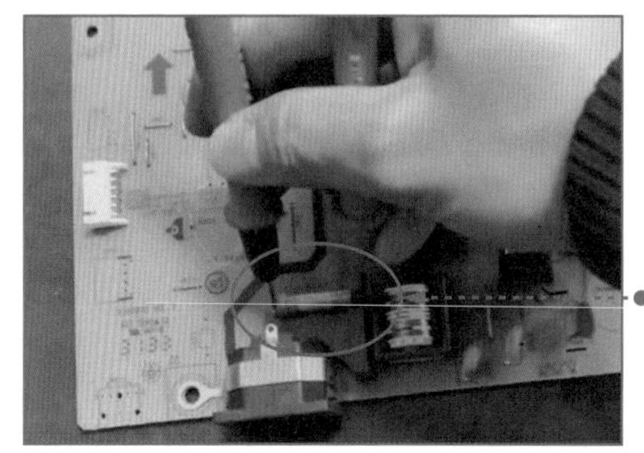

检测熔断电阻器时，可以用数字万用表蜂鸣挡或指针万用表的“R×1”挡来测量。若测得的阻值为无穷大，说明该熔断电阻器已经开路损坏。若测得的阻值接近于0，说明该熔断电阻器基本正常。如果测得的阻值较大，则需要开路进行进一步测量。

图4-5　检测熔断电阻器

4.2.2　故障测试点2：整流二极管

整流二极管主要在桥式整流电路和变压器次级输出电路中起整流滤波作用。当怀疑整流二极管有问题时，可以通过测量整流二极管的压降或电阻值来判断其好坏，如图4-6所示。

调到二极管挡后，显示屏上会出现一个二极管的符号。

（3）若测量的值为0.6V左右，说明整流二极管正常。否则，说明整流二极管已损坏。

注意：有的数字万用表二极管挡和蜂鸣挡在一个挡位，需要用“SEL/REL”按键切换。

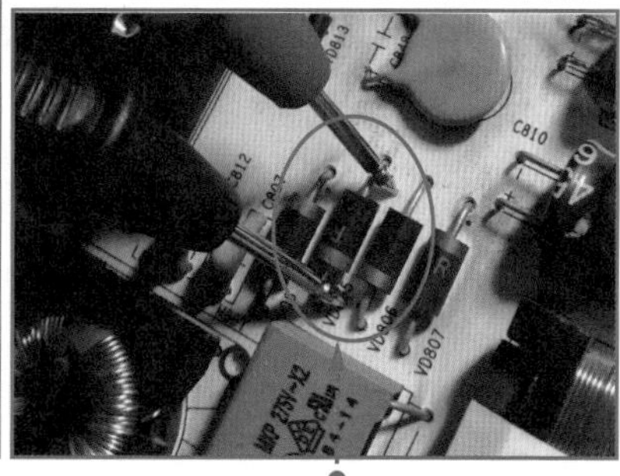

（1）将数字万用表调到二极管挡。

（2）将红表笔接二极管的正极，黑表笔接二极管的负极，测量压降。有灰白色环的一端为负极。

图4-6　检测整流二极管

测量快恢复二极管时，黑表笔接中间引脚，红表笔分别接两侧的引脚，测量压降。正常值为 0.4V 左右。

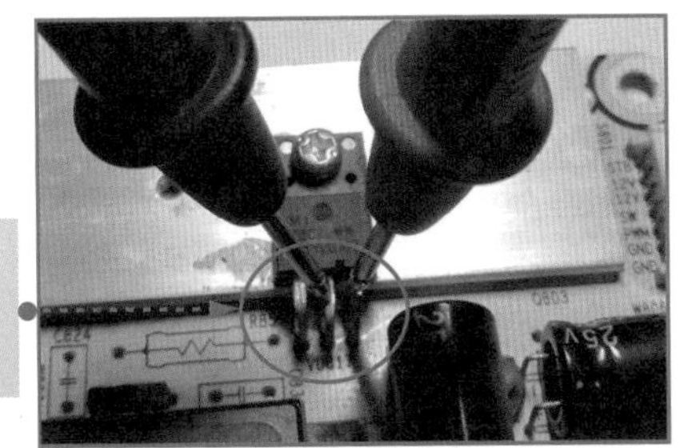

图4-6　检测整流二极管（续）

4.2.3　故障测试点3：整流堆

有些开关电源中会采用整流堆，整流堆内部包含4只整流二极管，可通过测量整流堆引脚电压或内部二极管压降来判断好坏，如图4-7所示。

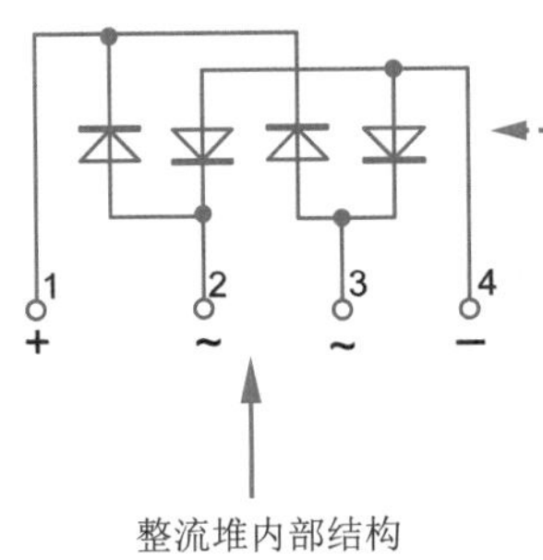

整流堆内部结构

将数字万用表调到二极管挡，将红表笔接整流堆的第4引脚，黑表笔分别接第3引脚和第2引脚，测量两个压降值；再将黑表笔接第1引脚，红表笔分别接第3引脚和第2引脚，再次测量两个压降值。如果4次测量的压降值均在0.6V左右，说明整流堆正常。如果有一组值不正常，说明整流堆已损坏。

（a）测量内部二极管的压降

（1）将数字万用表调到交流电压750V挡，黑表笔接整流堆的第2引脚。红表笔接第3引脚，测量两脚间的电压。正常为220V。如果此电压不正常，则问题通常在前级电路。

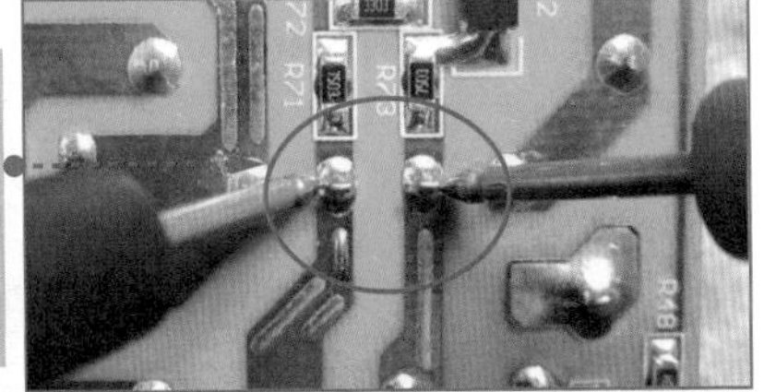

（2）继续测量电压：将数字万用表调到直流电压 1000 挡。红表笔接整流堆第1引脚（正极引脚），黑表笔接第4引脚（负极引脚），通电情况下测量电压，正常为 310V。如果第 2、3引脚的220V交流电压正常，而此处的 310V 电压不正常，说明整流堆已损坏。

（b）测量引脚电压

图4-7　检测整流堆

4.2.4　故障测试点4：开关管

在开关电源电路中，如果开关管损坏，电源就没有输出。检测开关管好坏方法如图4-8所示。

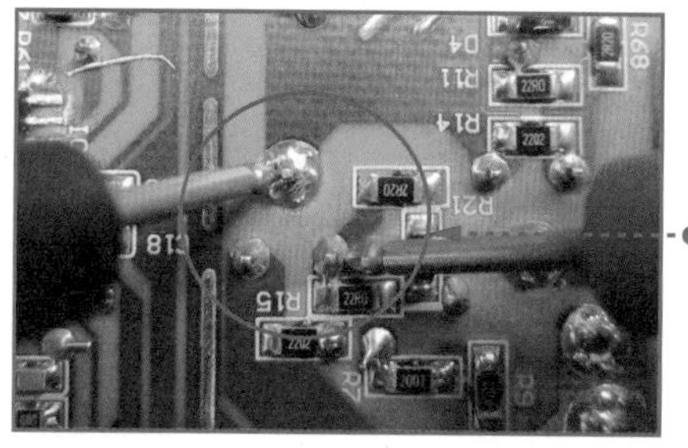

（1）测量开关管引脚间阻值。将数字万用表调到蜂鸣挡，然后用两表笔分别测量三只引脚中的任意两只，如果测量的电阻值为0，蜂鸣挡发出报警声，说明开关管有问题。

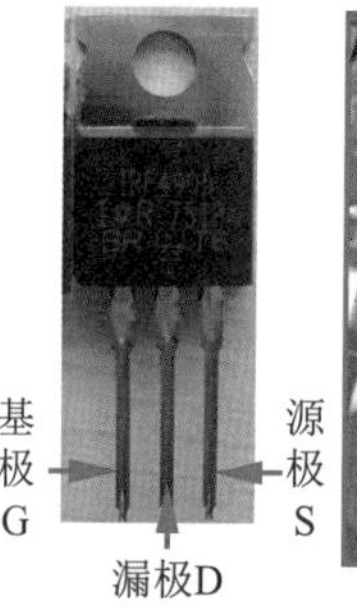

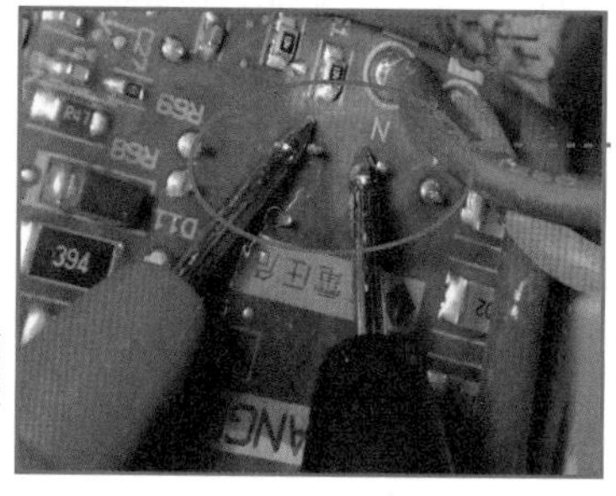

（2）测量开关管源极（S）和漏极（D）之间的压降。将数字万用表调到二极管挡，红表笔接S极，黑表笔接漏极D，测量压降。正常值为0.6V左右。如果压降不正常，则开关管损坏。

图4-8　检测开关管

4.2.5　故障测试点5：电源控制芯片

检测电源控制芯片（PWM）的方法如图4-9所示（以UC3842为例）。

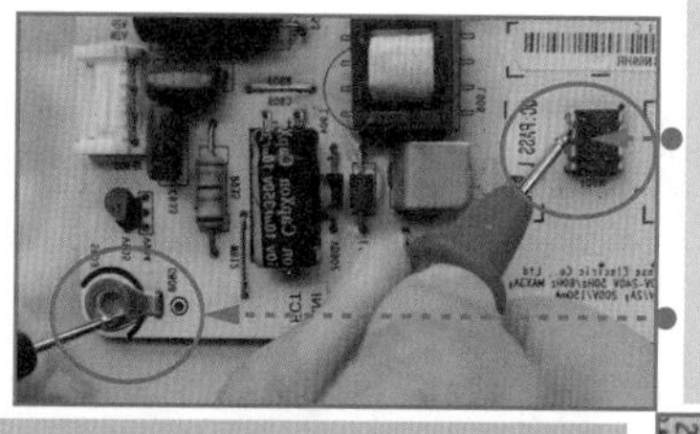

（1）首先应判断开关电源的PWM是否处在工作状态或已经损坏。判断方法为：加电测量UC3842的第7引脚（VCC工作电源）和第8引脚（VREF基准电压输出）电压，若第8引脚有+5V电压，且第1、2、4、6引脚也有不同的电压，说明PWM已起振，工作正常。

（2）若第7引脚电压低（芯片启动后，第7引脚电压由第8引脚的恒流源提供），其余引脚无电压，则芯片可能已损坏。断电的情况下，用数字万用表20k挡测量芯片第6、7引脚，第5、7引脚，第1、7引脚间的阻值（一般在10kΩ左右）。如果阻值很小（几十欧）或为0，说明芯片已损坏。

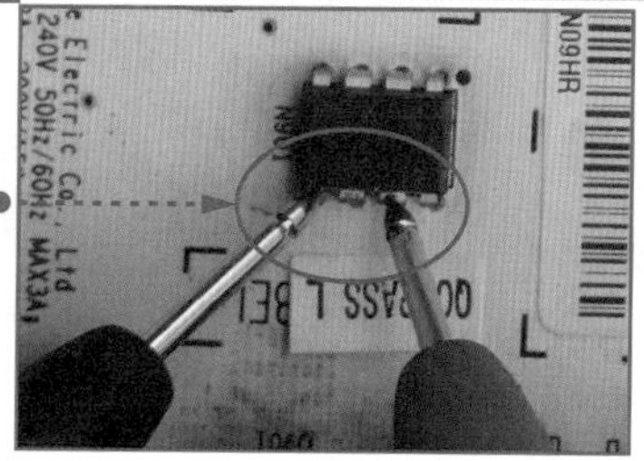

图4-9　检测电源控制芯片

4.2.6　故障测试点6：精密稳压器

在稳压电路中精密稳压器（TL431）有着非常重要的作用，如果损坏通常会造成输出电压不正常。检测精密稳压器的方法如图4-10所示。

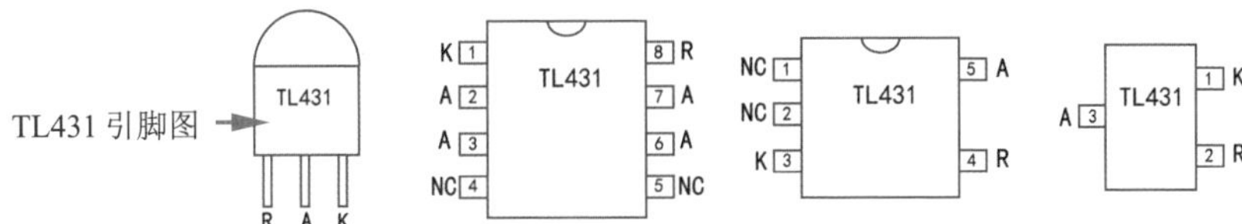

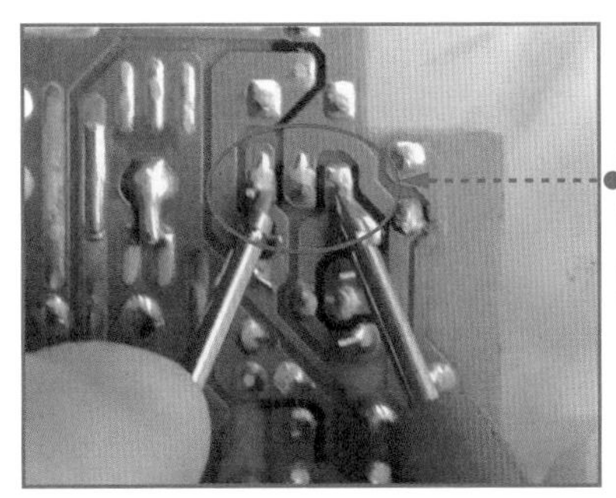

（1）将数字万用表调到20k挡，红表笔接TL431的参考极R，黑表笔接阴极K，测量阻值，正常为无穷大；互换表笔测量阻值，正常为11kΩ左右。

（2）红表笔接的阳极A，黑表笔接阴极K，测的阻值正常应为无穷大；互换表笔测得的阻值正常应为8kΩ左右。

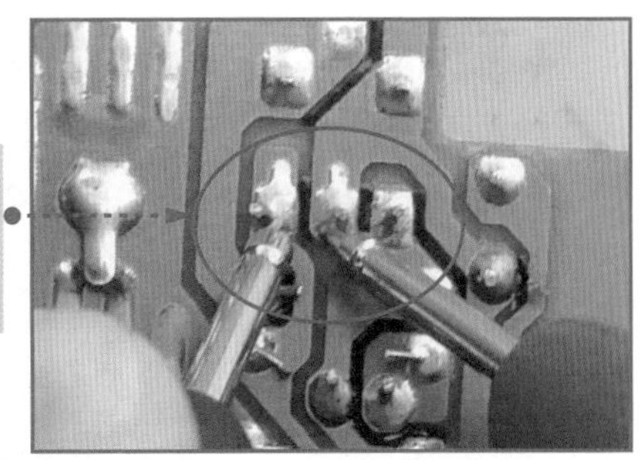

图4-10　检测精密稳压器

4.2.7　故障测试点7：光电耦合器

光电耦合器是否出现故障，可以通过检测内部二极管和三极管的正、反向电阻值来确定。图4-11所示为光电耦合器内部结构图。

测量光电耦合器时，先检测其内部的发光二极管和光电三极管是否正常，检测方法如图4-12所示。

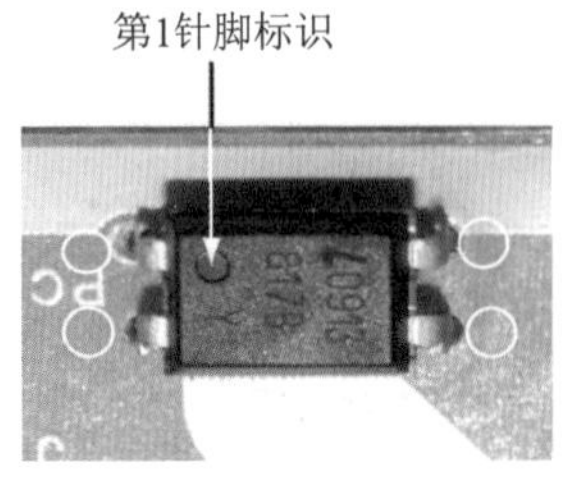

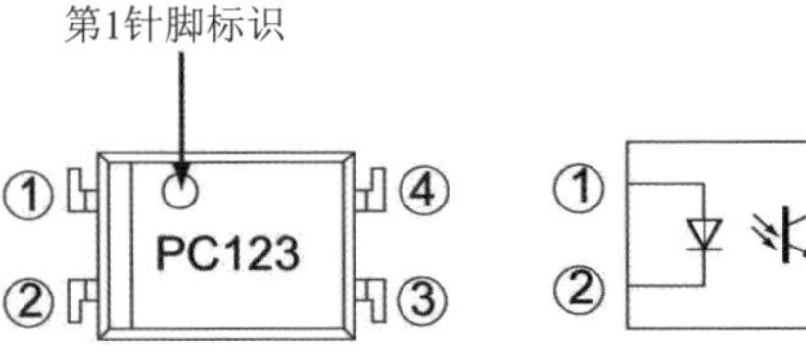

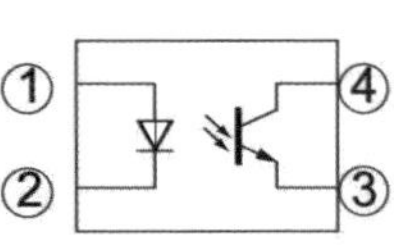

① 阳极
② 阴极
③ 发射极
④ 极电极

图4-11　光电耦合器内部结构图

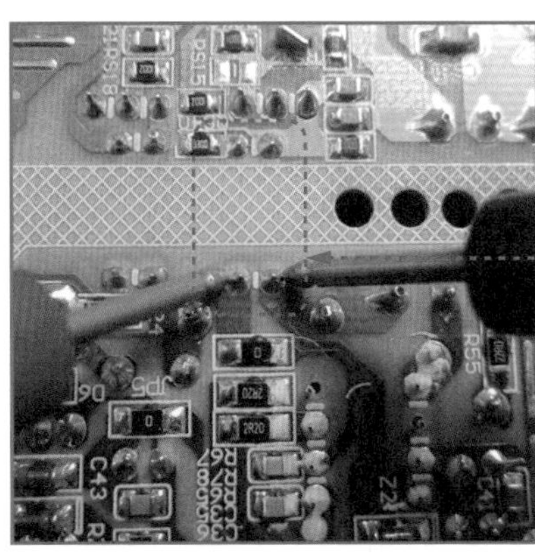

方法一：将数字万用表调到20k挡，两表笔分别接第1、2引脚，测量其阻值，之后调换表笔再次测量。如果两次测量中，有一次阻值为无穷大，另一次阻值为几至几十千欧，说明光电耦合器中发光二极管正常；如果阻值均为无穷大或为0，则发光二极管已损坏。接下来将两表笔分别接第3、4引脚，测量其阻值，之后调换表笔再次测量。如果两次测量的阻值均为无穷大，说明光电耦合器中光电三极管正常，否则光电三极管已损坏。

方法二：先将第一块指针万用表调到R×100挡，黑表笔接指针第4引脚，红表笔接第3引脚，测量的阻值应为无穷大。然后，将第二块指针万用表调到R×1挡，黑表笔接第1引脚，红表笔接第2引脚（这样可以利用万用表内部电池电压点亮光电耦合器内部的发光管）。此时，第一块万用表测得的阻值应变得很小，当把接在第1、2引脚的万用表撤掉，第3、4引脚的阻值又会恢复无穷大，这种阻值的变化说明光电耦合器是正常的。

图4-12　检测光电耦合器

4.3　开关电源电路故障检修流程

开关电源电路故障检修流程如图4-13所示。

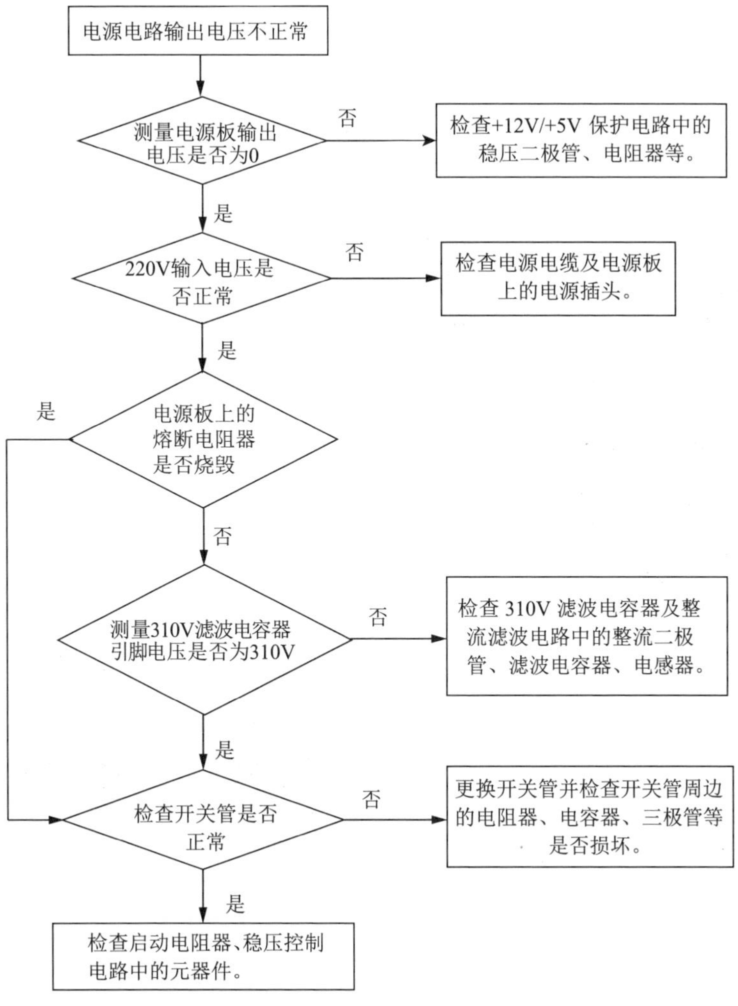

图4-13　开关电源电路故障检修流程

4.4　开关电源电路常见故障维修方法

由于开关电源通常工作在大电流、高电压、高温等环境中，因此其出现故障的概率很高。各种工业控制设备或电气设备出现故障后，通常先检查供电是否正常，如果不正常，就需要重点检查开关电源电路的各个元器件。

4.4.1 开关电源电路无输出故障维修

1. 先在断电情况下检测

断电检测开关电源电路的方法如图4-14所示。

（1）打开电源的外壳，检查保险丝是否熔断，再观察电源的内部情况，如果发现电源电路板上元件破裂，则应重点检查此元件。闻一闻电源内部是否有糊味，检查是否有烧焦的元器件；询问电源损坏的经过，是否对电源进行了违规操作。

（2）用数字万用表2M欧姆挡测量AC电源线两端的正、反向电阻，正常阻值应达到100kΩ以上；如果电阻值过低，说明电源内部存在短路，应重点检查310V电容器、开关管等。

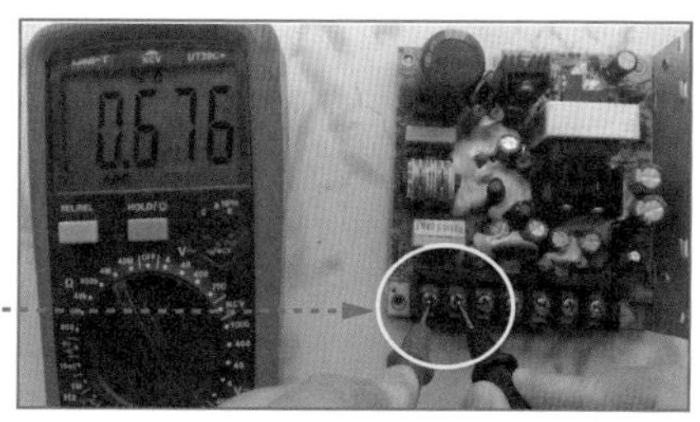

（3）拆下直流输出部分负载进行检查，分别测量各组输出端的对地电阻器（用数字万用表二极管挡，红表笔接地，黑表笔接供电引脚测量），如果阻值为0或很低，则开关电源电路中有短路的元器件。

图4-14　断电检测开关电源电路

2. 在加电情况下检测

加电检测开关电源电路的方法如图4-15所示。

（1）通电后观察电源是否有烧熔断电阻器及个别元器件冒烟等现象，若有要及时切断供电进行检修。测量高压滤波电容器两端有无310V直流电压输出，若没有应重点查整流滤波电路中的整流二极管、滤波电容器等元器件。

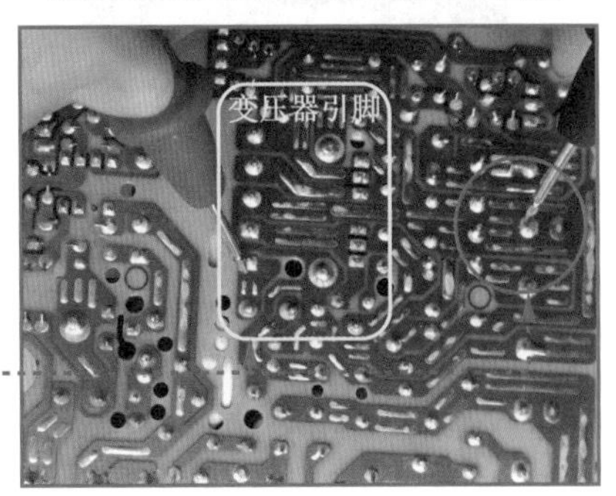

（2）测量高频变压器次级线圈有无输出电压，若没有应重点检查开关管是否损坏，是否起振，保护电路是否动作等；若有输出电压则应重点检查各输出侧的整流二极管、滤波电容器、三通稳压管等元器件。

（3）如果电源启动一下就停止，则该电源处于保护状态，可直接测量PWM控制芯片保护输入脚的电压。如果电压超出规定值，说明电源处于保护状态下，应重点检查光电耦合器、TL431、电阻器等元器件。

图4-15 加电检测开关电源电路

4.4.2 开关电源熔断电阻器烧断故障维修

一般情况下，熔断电阻器烧断说明开关电源的内部电路存在短路或过电流的故障。由于开关电源工作在高电压、大电流的状态下，直流滤波和变换振荡电路在高压状态工作时间太长，电压变化相对大。电网电压的波动、浪涌都会引起电源内电流瞬间增大而使熔断电阻器烧断。应重点检查电源输入端的整流二极管、高压滤波电解电容器、开关管、电源控制芯片本身及外围元器件等。检查这些元器件有无击穿、开路、损坏、烧焦、炸裂等现象。

开关电源熔断电阻器烧断故障维修方法如图4-16所示。

(1) 仔细查看电路板上的各个元器件，是否有烧煳或电解液溢出等现象，闻一闻是否有异味。

(2) 测量电源输入端的电阻值，若阻值只有几百欧或几千欧（正常在100kΩ以上），说明后端有局部短路现象。然后分别测量4只整流二极管正、反向电阻和两个限流电阻器的阻值，看其有无短路或烧坏。

(3) 测量电源滤波电容器是否能进行正常充、放电，开关功率管是否击穿损坏，以及电源控制芯片本身及外围元器件是否击穿、烧坏等。

图4-16　开关电源熔断电阻器烧断故障维修

需要说明的是：在路测量的结果有可能有误，会造成误判。因此，必要时可把可疑元器件焊下来再进行测量。

如果没有上述情况，则测量输入电源线及输出电源线是否内部短路。一般情况下，熔断电阻器熔断故障，整流二极管、电源滤波电容器、开关管、PWM控制芯片是易损元器件，损坏的概率可达95%，应重点检查这些元器件。

4.4.3　电源负载能力差故障维修

电源负载能力差一般出现在工作时间较长的开关电源电路中，主要原因是各元器件老化、开关管工作不稳定、未及时进行散热等。此外，稳压二极管发热漏电、整流二极管损坏也会造成电源负载能力差。

电源负载能力差故障维修方法如图4-17所示。

（1）先仔细检查电路板上的所有焊点是否开焊、虚接等。如果有，则把开焊的焊点重新焊牢。

（2）用万用表重点检查稳压二极管、高压滤波电容器、限流电阻器有无变质若有则更换变质的元器件。

图4-17　电源负载能力差故障维修

4.4.4　有直流电压输出但输出电压过高故障维修

有直流电压输出但输出电压过高故障由一般稳压取样和稳压控制电路出现故障所致。在开关电源中，直流验出、取样电阻器、误差取样放大器、光电耦合器、电源控制芯片等电路共同构成一个闭合的控制环结，任何一环出现故障都会导致输出电压升高。

故障维修方法如图4-18所示。

由于开关电源中有过压保护电路，输出电压过高会使过压保护电路动作。因此，应重点检查过压保护电路中的取样电阻器是否变质或损坏，精密稳压放大器（TL431）或光电耦合器是否性能不良、变质或损坏。

图4-18　有输出电压但输出电压过高故障维修

4.4.5 有直流电压输出但输出电压过低故障维修

根据维修经验可知，除稳压控制电路会引起输出电压过低外，电路中的电容器、电阻器等元器件性能不良也会引起该故障。此故障的维修方法如图4-19所示。

（1）确定电网电压是否过低。虽然开关电源在低压下仍然可以输出额定的电压值，但当电网电压低于开关电源的最低电压限定值时，也会使输出电压过低。

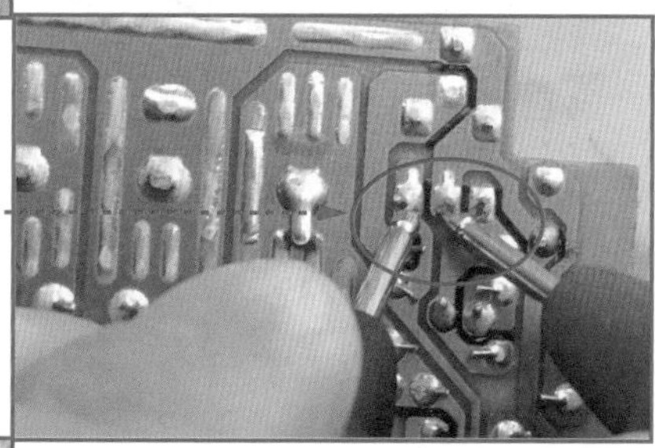

（2）测量稳压电路中的精密稳压器、光电耦合器等元器件是否性能不良或损坏。

（3）断开开关电源电路的所有负载测量输出电压，若电压输出变正常，说明负载过重；若仍不正常，说明开关电源电路有故障。

（4）开关管性能下降会使开关管导通截止不正常，使开关电源内阻增加，带负载能力下降，导致输出电压过低。可以用代换法检测开关管性能。

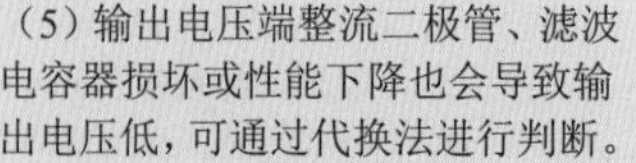

（5）输出电压端整流二极管、滤波电容器损坏或性能下降也会导致输出电压低，可通过代换法进行判断。

图4-19 有直流电压输出但电压过低故障维修

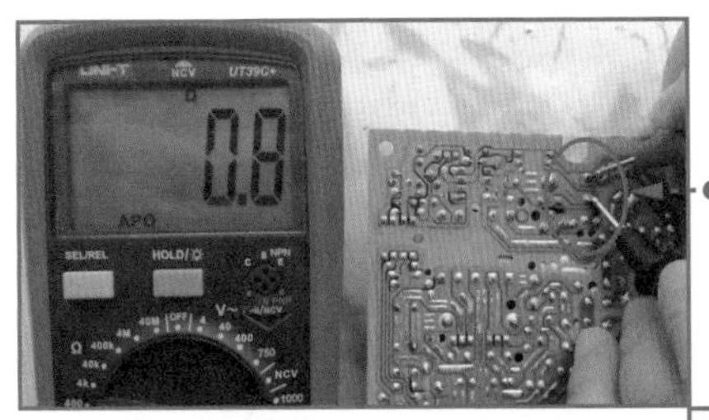

（6）开关管的源极（S极）通常接一个阻值很小但功率很大的电阻器，作为过电流保护检测电阻器，此电阻器的阻值一般在0.2～0.8Ω。此电阻器如变质、开焊、接触不良也会造成输出电压过低。测量时用数字万用表欧姆200挡测量。

（7）高频变压器出现故障不但造成输出电压下降，还会造成开关功率管激励不足，从而屡损开关管。可通过测量变压器绝缘性来判断。将数字万用表调到200k挡，两表笔接变压器两极的引脚测量。

（8）310V直流滤波电容器出现故障会造成电源带负载能力差，一接负载输出电压便下降。可通过测量滤波电容器引脚的电压值来判断其好坏。

图4-19　有直流电压但电压过低故障维修（续）

此外，电源输出线接触不良时会有一定的接触电阻，可能造成输出电压过低。注意检查一下输出线。

第 5 章

家用电器开关电源维修实战案例

在常见家用电器维修实践中，故障发生率最高的是电源电路板，如液晶电视机无法开机、没有显示，空调无法启动，冰箱不通电，电磁炉 / 微波炉通电无反应等都是由电源电路板故障引起的。本章将重点讲解常见家用电器开关电源电路故障的维修实战。

5.1 液晶电视机开关电源故障维修实战

液晶电视机的故障中有很大一部分是电源电路部分故障，通常在检测液晶电视机故障时，应首先检测其电源供电电压是否正常。本节将通过维修实战案例对液晶电视机开关电源电路故障的维修方法进行详细介绍。

5.1.1 液晶电视机通电无反应无法开机故障维修

客户送来一块液晶电视机的电源电路板，反映这台液晶电视机通电无反应，无法开机，指示灯不亮。通常这种不通电无法开机的故障是由电源电路板故障引起的，维修方法如图5-1所示。

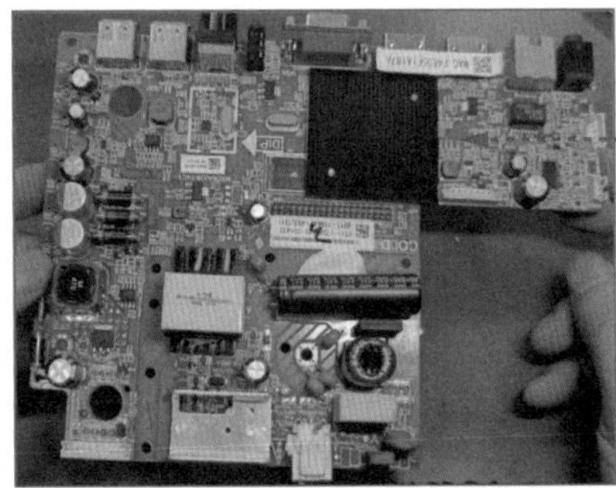

（1）检查并确认液晶电视机电源电路板中没有明显烧黑、开裂等损坏的元器件。

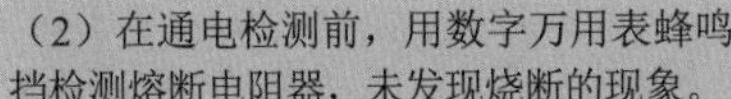

（2）在通电检测前，用数字万用表蜂鸣挡检测熔断电阻器，未发现烧断的现象。

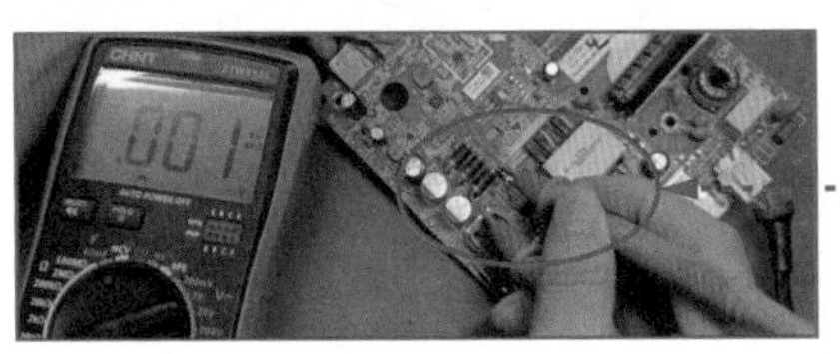

（3）用数字万用表的二极管挡检测整流电路中的几只整流二极管，发现有一只整流二极管的管电压为0.01V（正常为0.5V左右），说明该整流二极管已经损坏。

（4）用数字万用表二极管挡测量集成电源控制芯片和开关管电源芯片D引脚和S引脚的管电压。经测量管电压不正常（正常为0.5V左右），说明电源芯片已损坏。

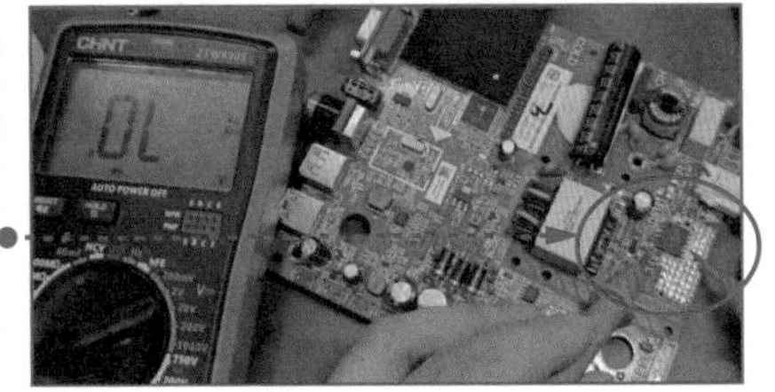

图5-1　液晶电视机通电无反应无法开机故障维修

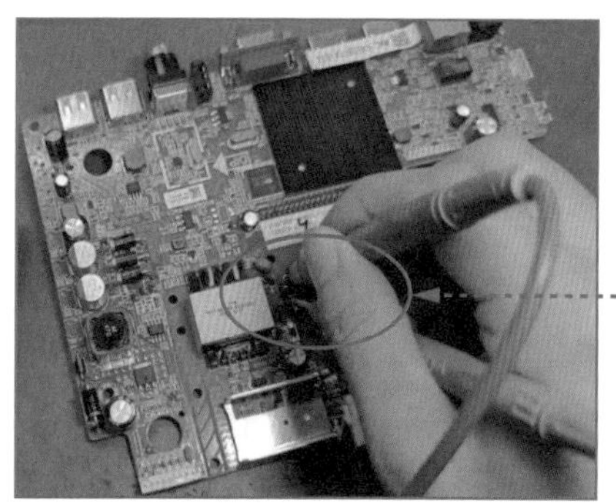

（5）测量整流滤波电路中大电容器两端阻值，未发现短路问题。

（6）更换损坏的整流二极管和电源芯片。

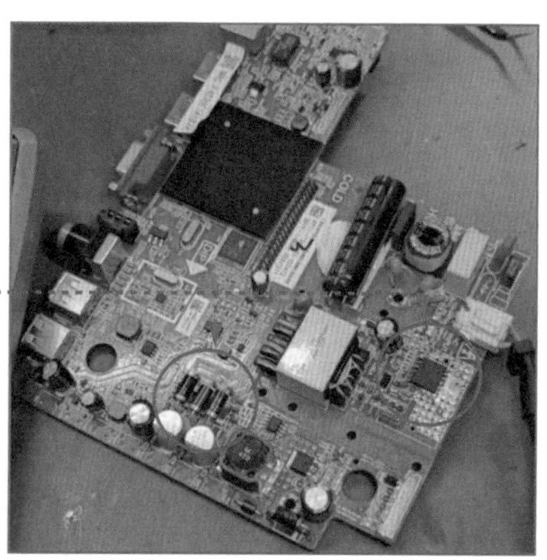

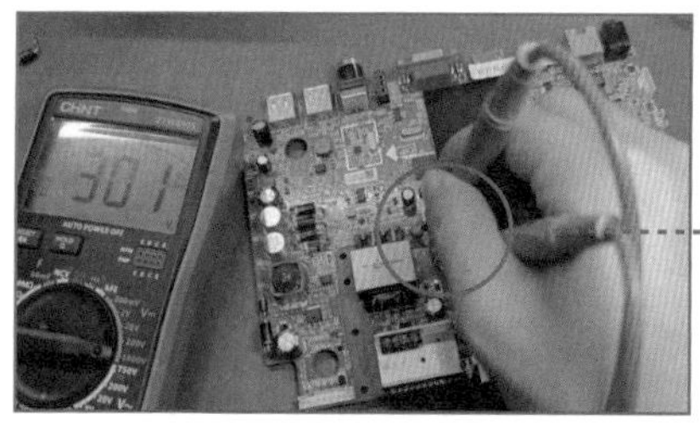

（7）给电路板接上供电电源，检测大电容器两端的电压为301V，电压正常。然后检测输出端电压，电压也正常（5V）。最后，接上负载进行测试，电路板工作正常，故障排除。

图5-1 液晶电视机通电无反应无法开机故障维修（续）

5.1.2 液晶电视机开机黑屏故障维修

一台液晶电视机通电后开机黑屏，指示灯不亮。通常这种故障都与液晶电视机的开关电源电路故障有关，维修方法如图5-2所示。

（1）首先检查液晶电视机的电源电路板中是否有明显烧黑、开裂等损坏的元器件。

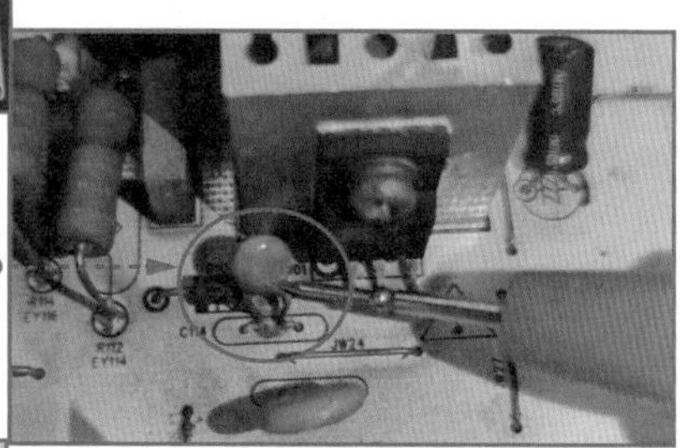

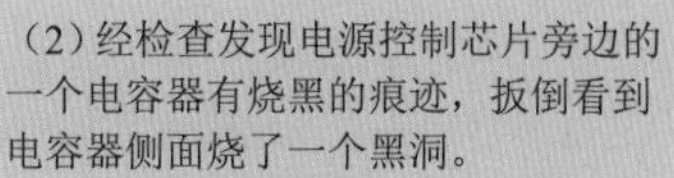

（2）经检查发现电源控制芯片旁边的一个电容器有烧黑的痕迹，扳倒看到电容器侧面烧了一个黑洞。

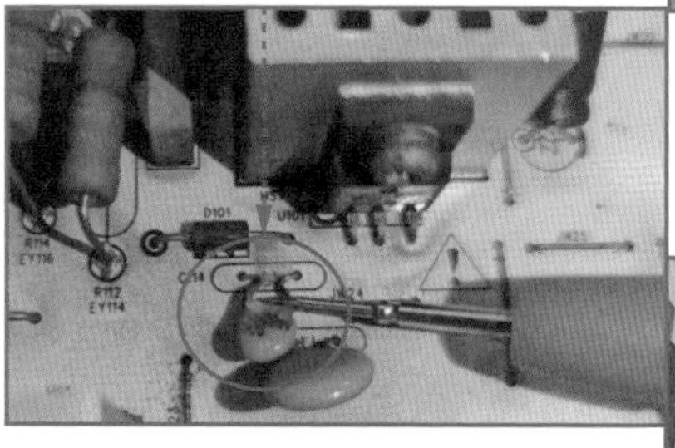

（3）检测熔断电阻器的阻值，阻值为1.2Ω，说明熔断电阻器正常。

（4）用数字万用表二极管挡测量电源芯片（集成电源控制芯片和开关管）D引脚和S引脚的管电压，测量值为0.539V，管电压正常，说明芯片正常。

（5）继续检测电路板中的电容器、电阻器、二极管等元器件。发现在整流滤波电路后面有个熔断器烧断损坏了，其他元器件正常。

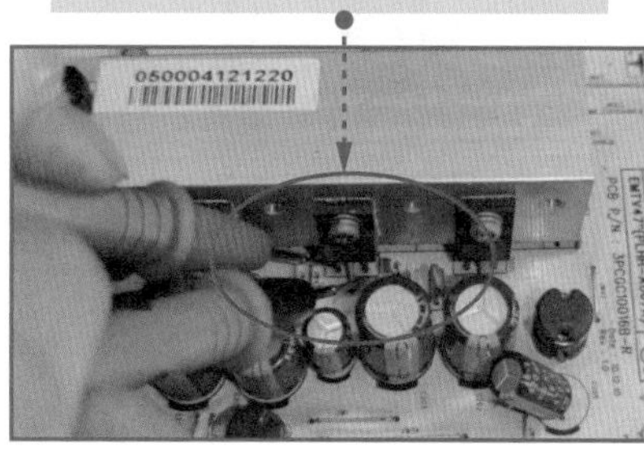

图5-2　液晶电视机开机黑屏故障维修

(6) 更换损坏的熔断器、电容器，然后给电路板供电，并用数字万用表直流电压20V挡测量电路板5V输出电压。测量值为5.171V，输出电压正常。

(7) 接上控制电路板，然后用数字万用表直流电压20V挡测量电路板12V输出电压。测量值为12.26V，电压正常。液晶电视机电源电路板故障排除。

图5-2　液晶电视机开机黑屏故障维修（续）

5.1.3　液晶电视机通电后指示灯不亮开机无反应故障维修

一台创维55英寸故障液晶电视机通电后指示灯不亮，开机无任何反应。通常液晶电视机此类主要故障主要是由电源电路存在问题引起的，具体故障维修方法如图5-3所示。

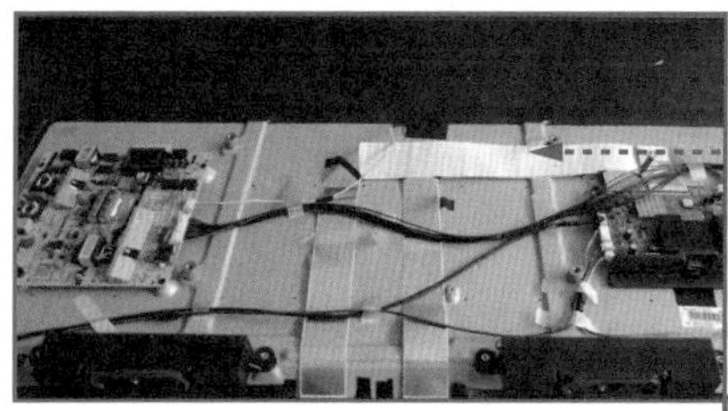

(1) 拆开液晶电视机的外壳，拆下电源电路板，准备维修。

(2) 检查电源电路板上是否有明显烧黑、开裂等损坏的元器件。经检查，未发现有明显损坏的元器件。

图5-3　液晶电视机通电后指示灯不亮开机无反应故障维修

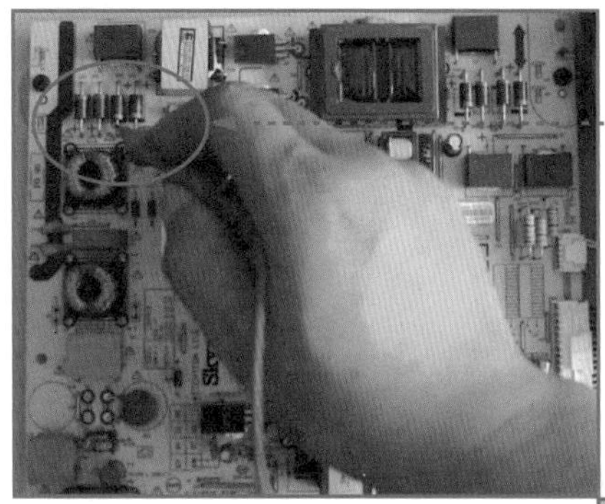

（3）将数字万用表调到蜂鸣挡，黑表笔接电源接口的正极输入端，红表笔接整流二极管的输入端，发出蜂鸣声，未发现断路情况，说明熔断电阻器是正常的。

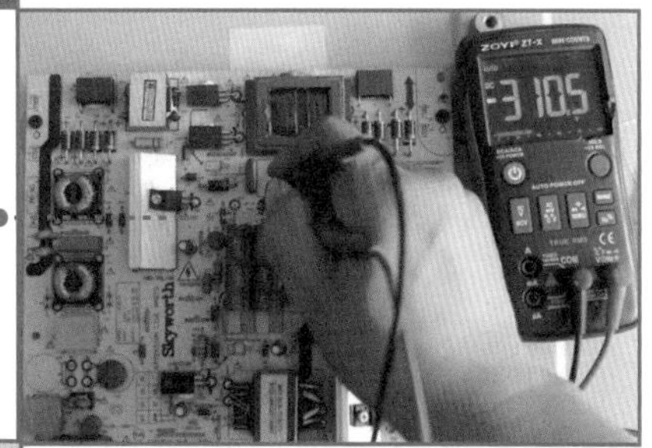

（4）给电路板接上供电电源，然后将数字万用表调到直流电压1000V挡，测量整流滤波电路中大容量电容器两只引脚间的电压。测量的电压为310.5V，电压正常，说明整流滤波电路正常。

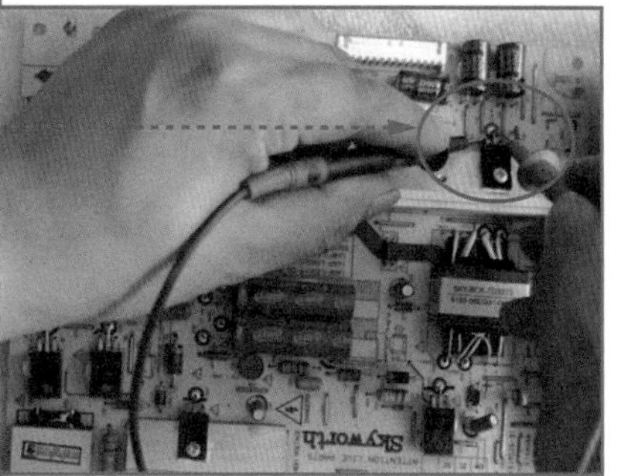

（5）测量电源输出的12V电压。测量值为0.9V，说明输出电压不正常。

（6）给电路板断电，然后用数字万用表的二极管挡测量输出电路中的二极管。管电压均正常。

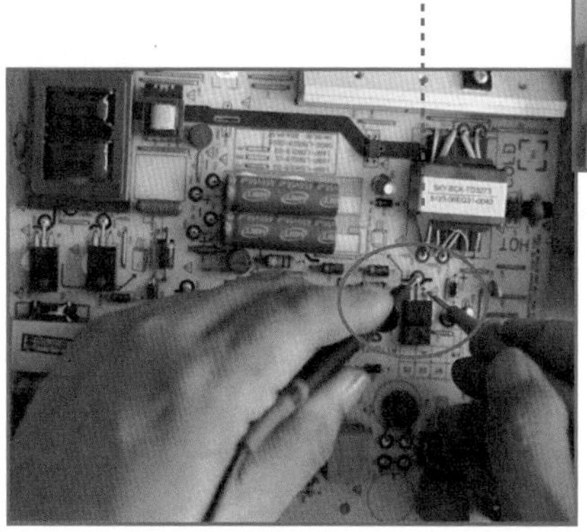

图5-3　液晶电视机通电后指示灯不亮开机无反应故障维修（续）

（7）继续测量电路板中的其他二极管、电阻器、电容器等，测量结果均正常。

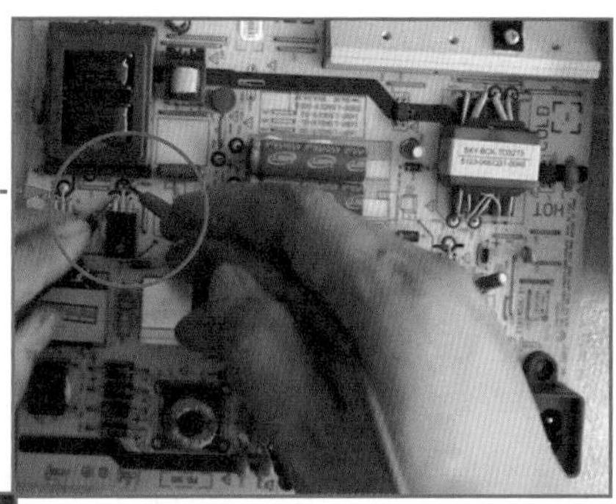

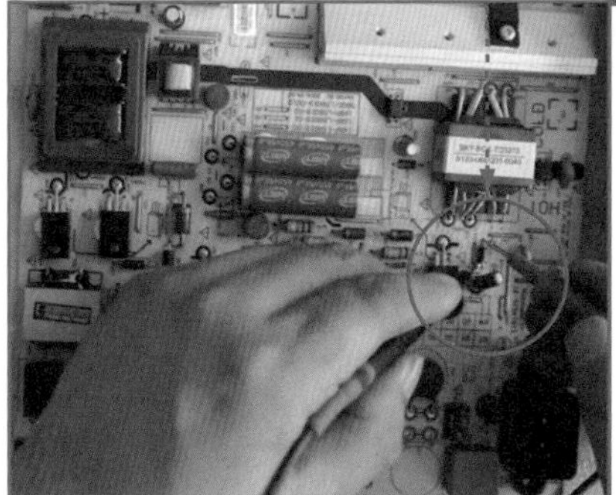

（8）当检测到开关变压器时，发现有两只引脚间阻值为无穷大，不正常。

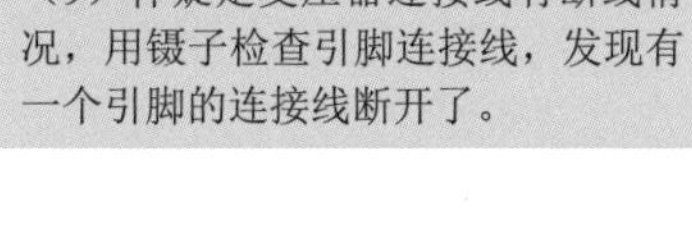

（9）怀疑是变压器连接线有断线情况，用镊子检查引脚连接线，发现有一个引脚的连接线断开了。

（10）将开关变压器断线重新焊好，然后接通电源测试。用数字万用表直流电压20V挡测量输出端的12V供电电压，测量值为10.79V。由于没有开机，此时测量的为待机电压。

图5-3　液晶电视机通电后指示灯不亮开机无反应故障维修（续）

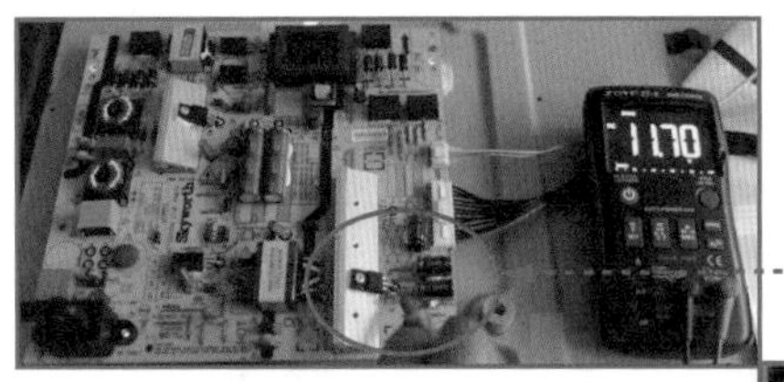

（11）将电源电路板安装回电视机，接通电源，然后按下开关键开机，同时测量输出端12V电压。测量值为11.7V，电压正常。

（12）将液晶电视机外壳安装好，开机测试，可以看到液晶电视机画面显示已经正常，故障排除。

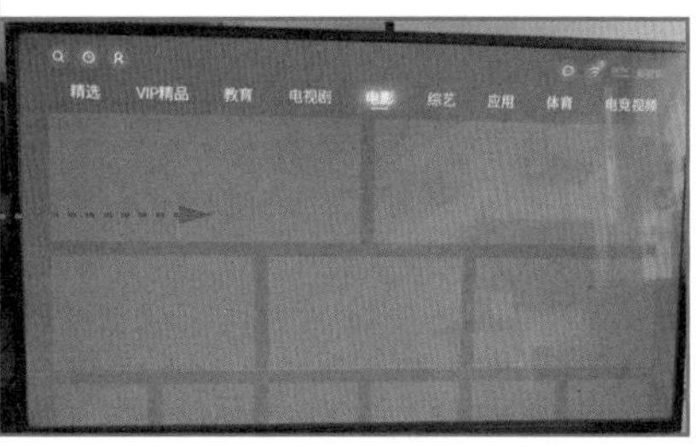

图5-3　液晶电视机通电后指示灯不亮开机无反应故障维修（续）

5.2　空调器开关电源故障维修实战

在空调器故障中，对于通电无反应、按开关无法开机、指示灯不亮、显示屏无显示等现象，一般都是由电源电路故障引起的。在检测这方面故障时，通常会先检测其电源供电电压是否正常。本节将通过一些维修实战案例对空调器开关电源电路故障的维修方法进行详细介绍。

5.2.1　空调器通电无反应遥控器打不开故障维修

客户送来一块故障空调器的电源板，反映这台空调器通电后无反应，用遥控器也无法开机。通常空调器此类故障主要是由开关电源电路存在问题引起的，具体维修方法如图5-4所示。

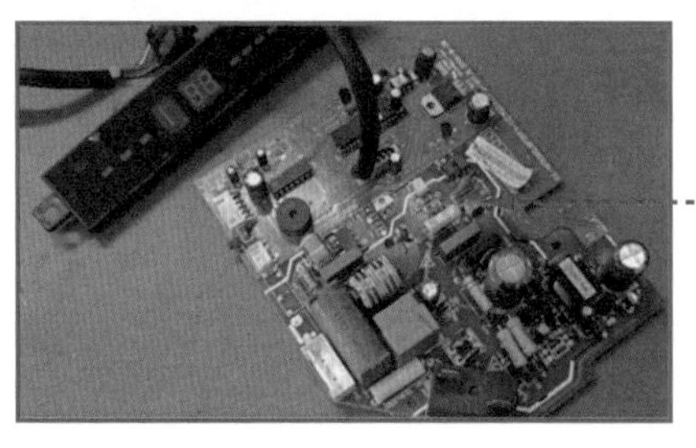

（1）检测电源电路板中有无明显烧黑、断裂、鼓包等损坏的元器件。经检查，未发现有明显损坏的元器件。

图5-4　空调器通电无反应故障维修

（2）用数字万用表测量电路板上主要元器件是否有短路故障（如熔断电阻器、整流桥、滤波电容器、电阻器、二极管、开关管等）。经检查，未发现有短路损坏的元器件。

（3）给电路板接上电源，发现显示板无显示，说明没有开机。之后按下应急启动键，依旧没有开机。

（4）用数字万用表直流电压20V挡，测量输出端电压，测量值为0V，正常为12V。

（5）用数字万用表直流电压 1000V 挡测量整流滤波电路中滤波电容器两端的电压，测量的电压值为290V。由于电路板串联了一只灯泡分了部分电压，因此测量的电压值正常。同时说明电路板中整流滤波电路正常。

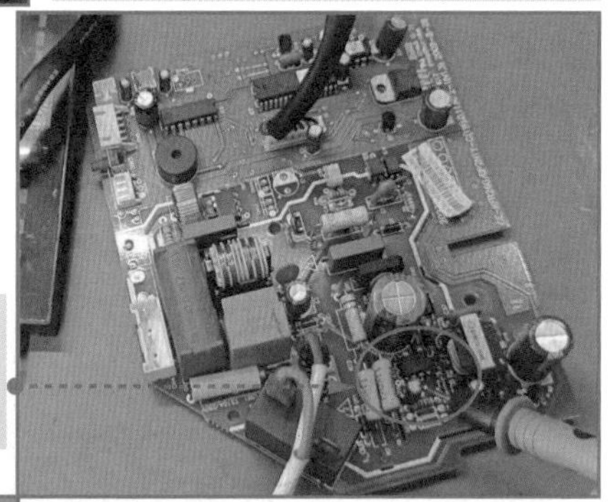

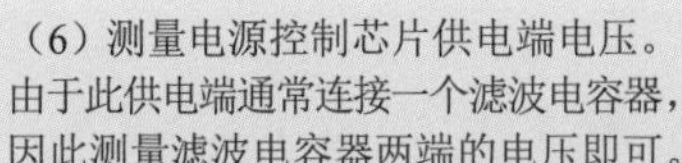

（6）测量电源控制芯片供电端电压。由于此供电端通常连接一个滤波电容器，因此测量滤波电容器两端的电压即可。

（7）测量时从电路板背面测量其引脚，经测量电压在 5~6V 跳动，说明供电电压不正常。

图5-4　空调器通电无反应故障维修（续）

（8）断开电源，用数字万用表二极管挡测量开关变压器次级整流二极管，二极管正常。由于开关变压器次级没有短路但没有输出电压，电源控制芯片的供电电压又一直在跳变，那么可以排除电源控制芯片二次供电的问题，说明电源控制芯片根本没有起振，可能是芯片本身损坏了。

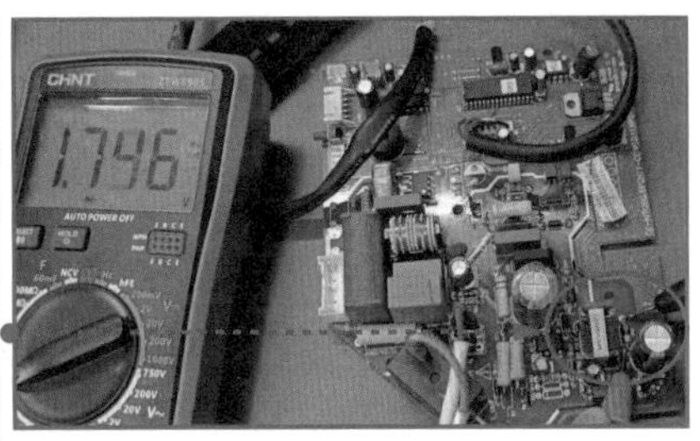

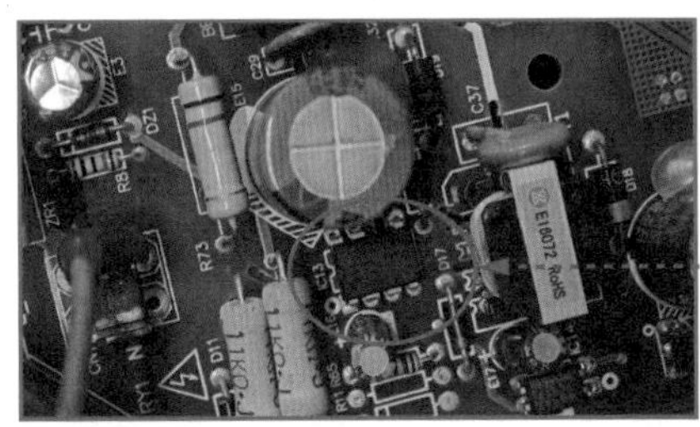

（9）用替换法将一个好的电源控制芯片替换原先的芯片。由于电路板原芯片为NCP1015，手边没有同型号的，所以用NCP1076替换，这两个芯片的引脚定义完全相同，而且功率也相符。

（10）替换芯片后，通电测试。用数字万用表直流电压20V挡测量输出端电压，测量的电压值为12.15V，说明电压已正常。

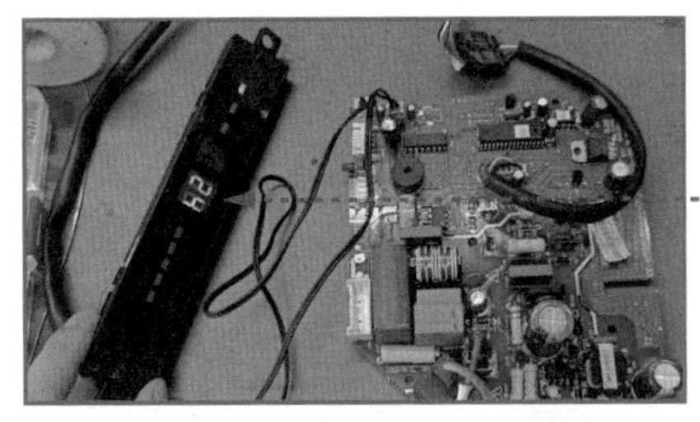

（11）接好显示板并连接两个传感器（不连接传感器可能会显示错误代码），然后开机测试，发现显示板显示正常，说明电源板工作正常，故障排除。

图5-4　空调器通电无反应故障维修（续）

5.2.2　空调器熔断电阻器烧坏故障维修

客户送来一块空调器室内机的电源电路板，反映这台空调器通电后无法开机，而且熔断电阻器已经烧断。一般空调器内机电路板中的熔断电阻器烧坏，是由空调器室外机短路故障（如室外机风扇短路或空调外机连接线短路等），或空调器室内机短路故障（如室内机风扇短路故障或室内机电源板开关电源电路元器件故障等）引起的。具体维修方法如图5-5所示。

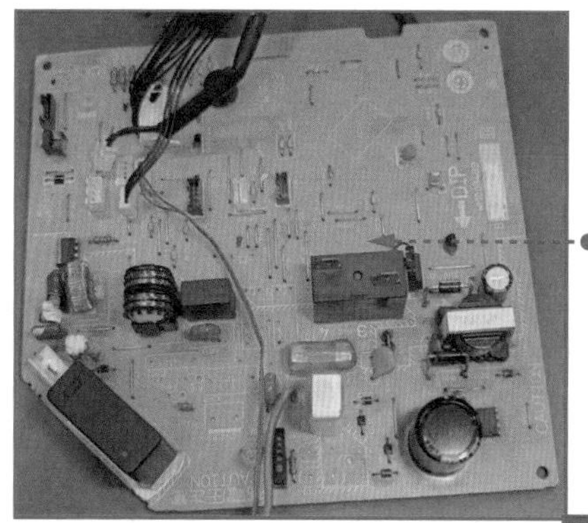

（1）检测电源电路板中有无明显烧黑、断裂、鼓包等损坏的元器件。经检查，未发现有明显损坏的元器件。

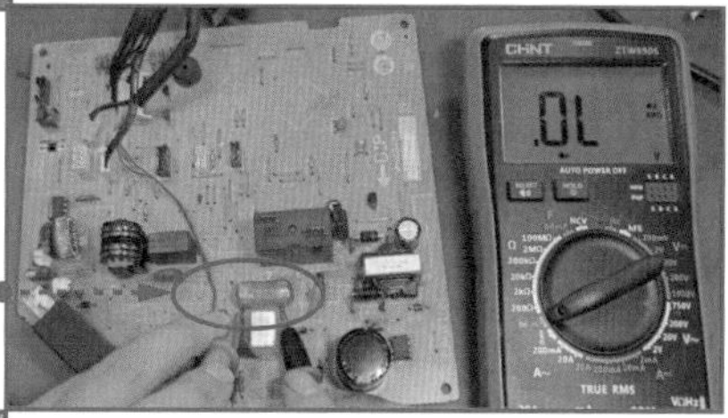

（2）用数字万用表蜂鸣挡测量故障电路板上的熔断电阻器。经检测发现熔断电阻器的阻值为无穷大，熔断电阻器已经烧断损坏。

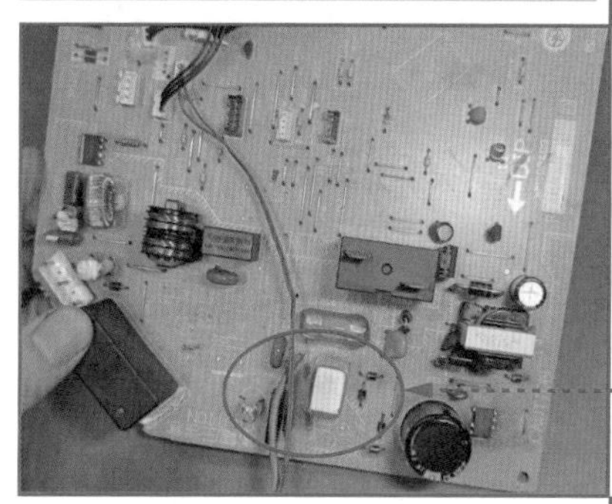

（3）检测电路板中的限流电阻器。一般来说，电源电路板中有短路故障会导致其损坏。

（4）检测时测量电路板背面限流电阻器的引脚。经检测此限流电阻器正常。

（5）用数字万用表的蜂鸣挡检测整流滤波电路中的大容量滤波电容器。

图5-5　空调器熔断电阻器烧坏故障维修

（6）同样，从电路板背面滤波电容器引脚进行检测，用数字万用表蜂鸣挡测量两只引脚，经检测此电容器正常。

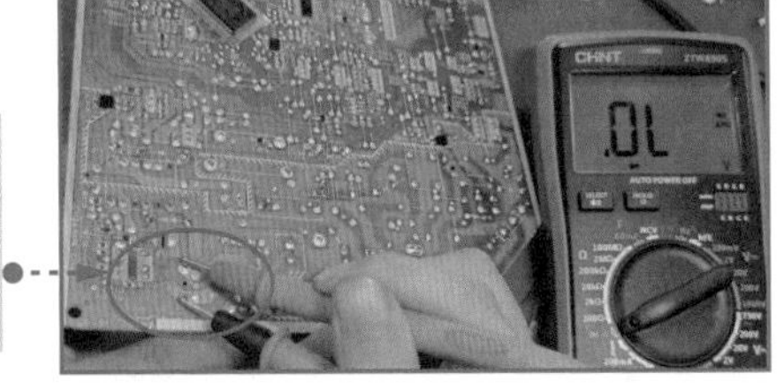

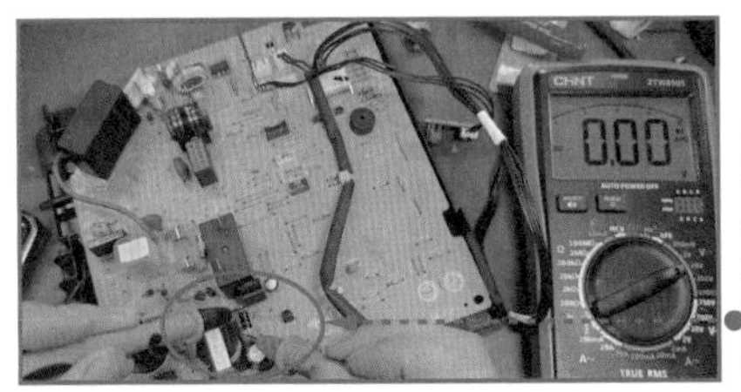

（7）给电路板接上供电，然后用万用表直流电压20V挡检测开关变压器次级侧整流二极管两端的电压，测量的电压为0V。电压不正常。

（8）断开供电，然后用万用表二极管挡检测变压器次级侧整流二极管管电压，测量值为 0.455V，说明整流二极管正常。

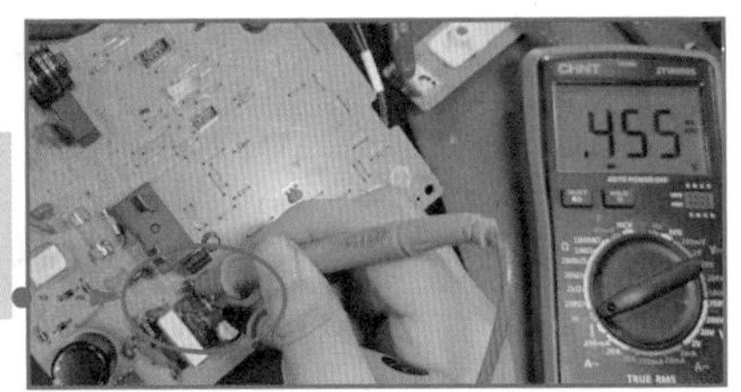

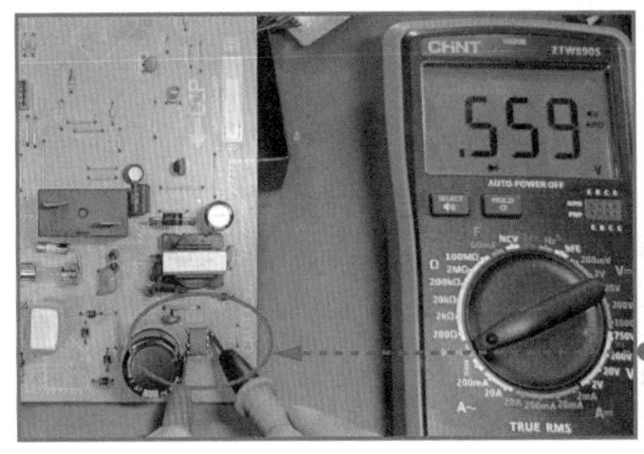

（9）开关变压器次级侧没有电压，有可能是电源控制芯片没有起振引起的，重点检测电源控制芯片。由于此电路板中的电源控制芯片为集成开关的电源控制芯片，因此用数字万用表二极管挡检测芯片VCC端与S端电压，测量值为0.559V，电压正常。

此电路板中电源芯片的引脚电路图。

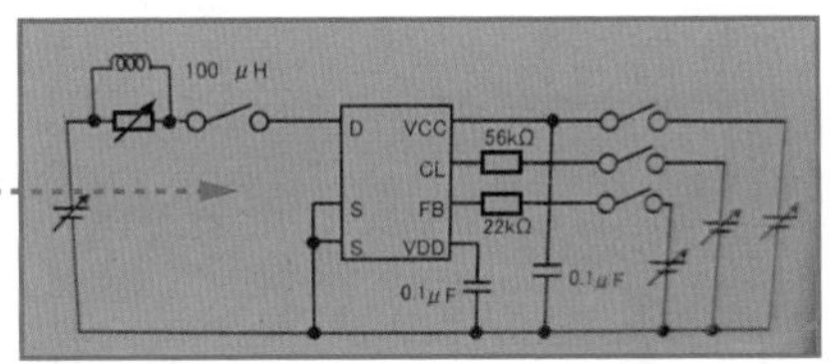

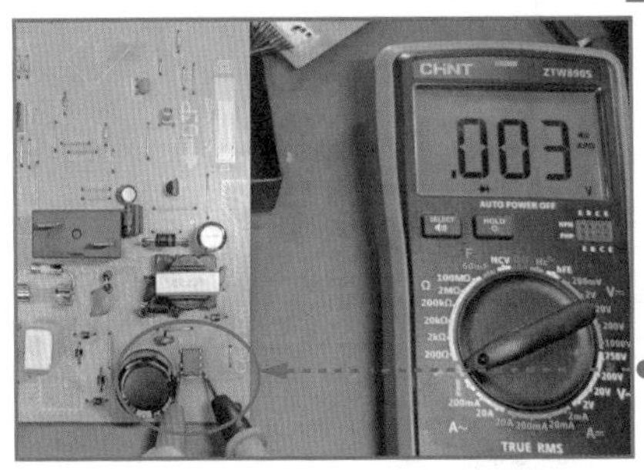

（10）同样用数字万用表二极管挡测量VDD端和S端电压，测量值为0.003V（正常为0.5V左右），说明芯片内部击穿损坏。

图5-5　空调器熔断电阻器烧坏故障维修（续）

（11）由于整流滤波电路中的大容量滤波电容器损坏会引起电源控制芯片故障，因此将大容量电容器拆下，再次测量其容量，测量值为45.2μF，容量正常。

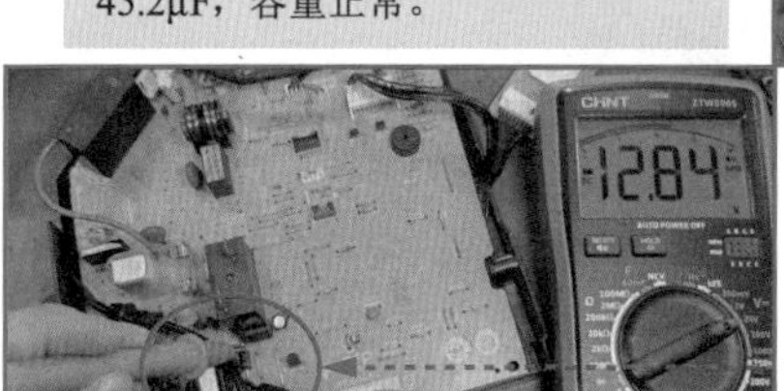

（12）更换损坏的电源控制芯片，然后给电路板接上电源，并测量开关变压器次级侧整流二极管两端的电压，测量值为12.84V，电压恢复正常。

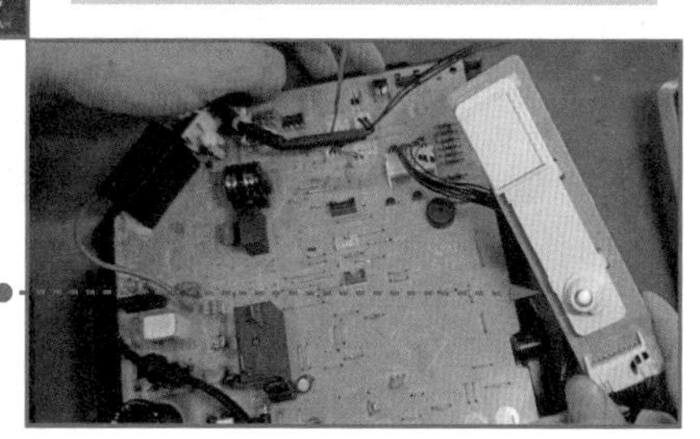

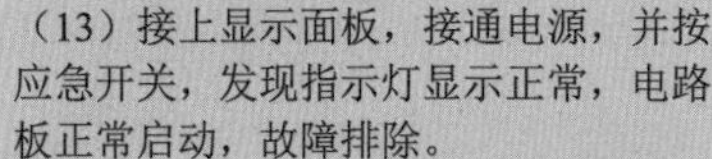
（13）接上显示面板，接通电源，并按应急开关，发现指示灯显示正常，电路板正常启动，故障排除。

图5-5　空调器熔断电阻器烧坏故障维修（续）

5.2.3　空调器通电不开机指示灯不亮故障维修

客户送来一块格力空调器内机的电路板，反映这台空调器通电无任何反应，即通电不开机，指示灯不亮。通常引起此故障的原因可能是室内机电源电路板中有烧坏元器件，也可能是由内外机风扇短路引起的。

空调器通电不开机指示灯不亮故障维修方法如图5-6所示。

（1）检测电源电路板中有无明显烧黑、断裂、鼓包等损坏的元器件。经检查，未发现有明显损坏的元器件。

（2）由于电源电路板中二极管损坏的概率较大，因此先用数字万用表二极管挡检测电路板中所有的二极管。先检测输出电路中的整流二极管，测量值为0.433V，说明整流二极管正常。

图5-6　空调器通电不开机指示灯不亮故障维修

（3）继续测量其它二极管，测量值为0.332V，说明二极管正常。

（4）测量输出电路中的快恢复二极管，测量值为0.451V，说明快恢复二极管正常。

（5）测量完所有二极管后，准备测量电源控制芯片。

（6）将数字万用表调至二极管挡，红表笔接地，黑表笔接电源控制芯片的漏极，测量值为0.932V，管电压不正常，正常为0.4~0.6V。

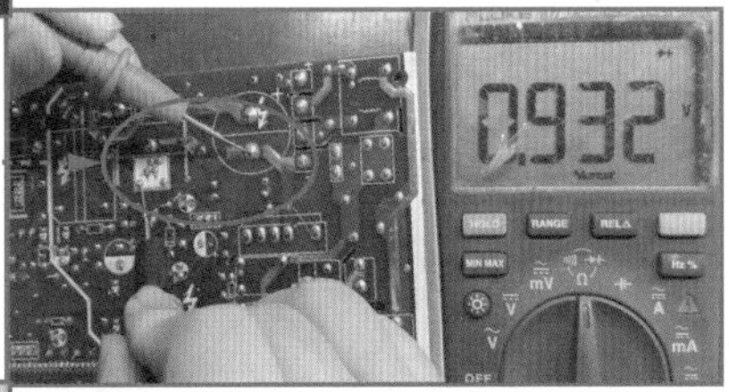

（7）继续测量其他引脚，发现稳压引脚测量值为0.007V（正常为0.5V左右），说明此电源控制芯片已损坏。

（8）电源控制芯片稳压引脚被击穿，说明稳压电路中存在短路损坏的元器件。经仔细排查，发现稳压电路中的光电耦合器损坏。更换掉损坏的电源控制芯片和光电耦合器。

图5-6　空调器通电不开机指示灯不亮故障维修（续）

（9）给电路板接上电源，用数字万用表直流电压20V挡测量输出端的15V输出电压，测量值为15V，说明输出电压正常。

（10）再次测量输出电路中整流二极管两端电压，测量值为12.06V，说明12V输出电压正常。然后在传感器接口测量5V输出电压，测量值也正常，说明电路板工作正常，故障排除。

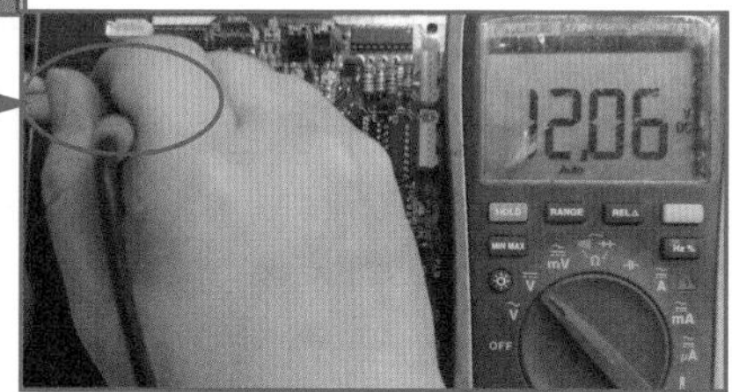

图5-6　空调器通电不开机指示灯不亮故障维修（续）

5.3　冰箱开关电源故障维修实战

对于冰箱的通电无显示、照明灯不亮、不制冷等故障，一般都是由冰箱电源电路板故障引起的。通常在检测这方面故障时，应首先检测电源电路板方面的问题。本节将通过一些维修实战案例对冰箱开关电源电路故障的维修方法进行介绍。

5.3.1　冰箱通电无显示不制冷故障维修

客户送来一台海尔冰箱，反映这台冰箱通电无显示不制冷。通常冰箱通电无显示故障可能是冰箱电源线损坏，或冰箱开关电源电路故障引起的，需重点检查电源电路板。

冰箱通电无显示不制冷故障维修方法如图5-7所示。

（1）首先检查冰箱的电源线，未发现有损坏的情况。然后拆开电源电路板挡板，看到电路板中有烧坏的痕迹，初步判定是电源电路板损坏引起的故障。

图5-7　冰箱通电无显示不制冷故障维修

（2）拆下电源电路板，经过仔细观察，发现电路板中熔断电阻器、电源控制芯片烧黑损坏，滤波电容器漏液鼓包损坏。

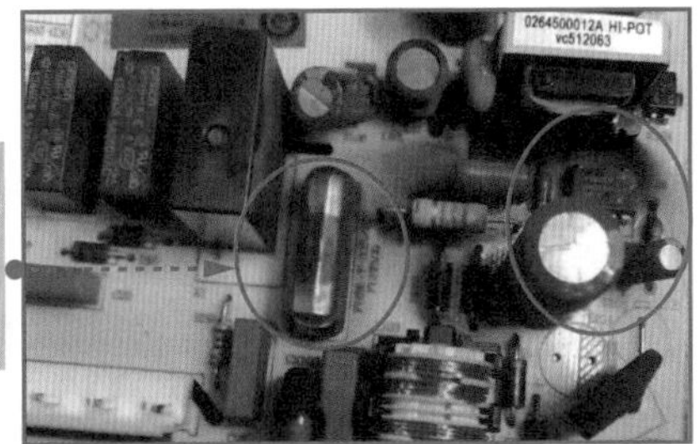

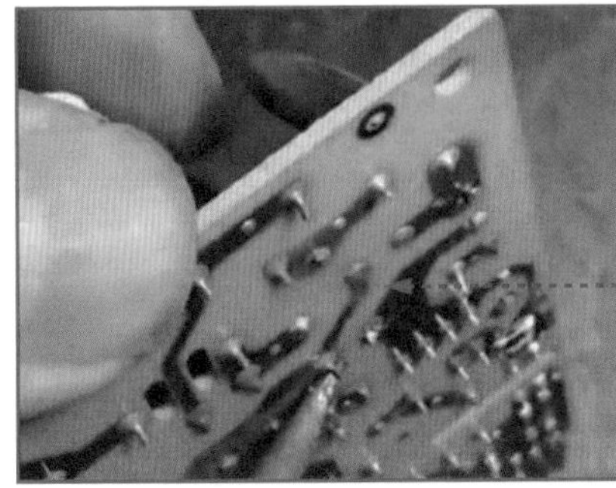

（3）将损坏的元器件拆下。

（4）用数字万用表二极管挡检测电路板中所有的二极管。经检查，未发现有损坏的二极管。

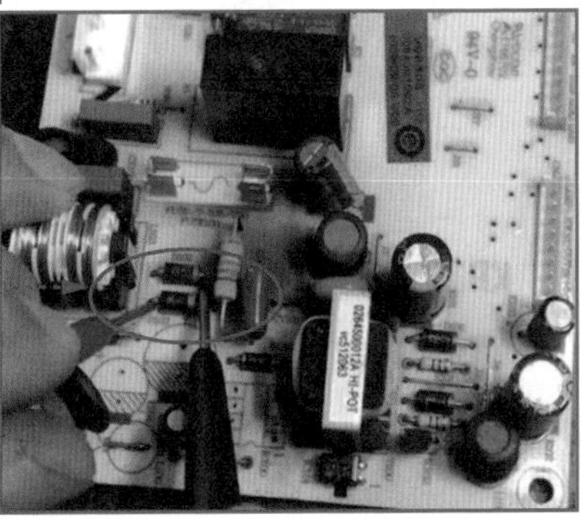

（5）检测电路板中的电阻器、电容器、光电耦合器等元器件，均正常。

（6）更换损坏的电源控制芯片、滤波电容器、熔断电阻器，准备通电测试。

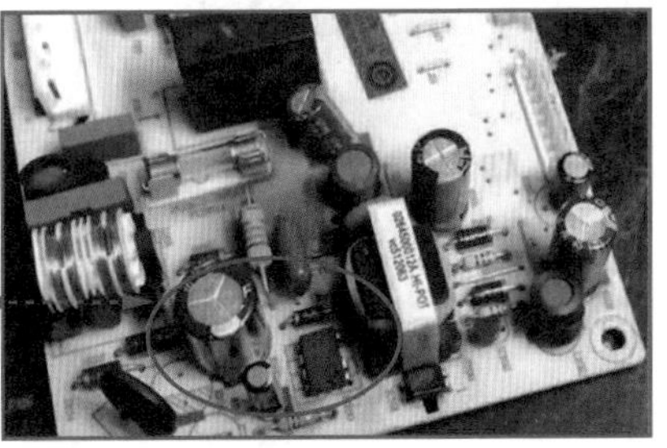

图5-7　冰箱通电无显示不制冷故障维修（续）

（7）给电路板通电，然后用数字万用表直流电压20V挡测量开关变压器次级5V输出电路中的整流二极管电压。测量的电压值为5V，电压正常。

（8）测量开关变压器次级12V输出电路中的整流二极管电压。测量的电压值为12.6V，电压正常。

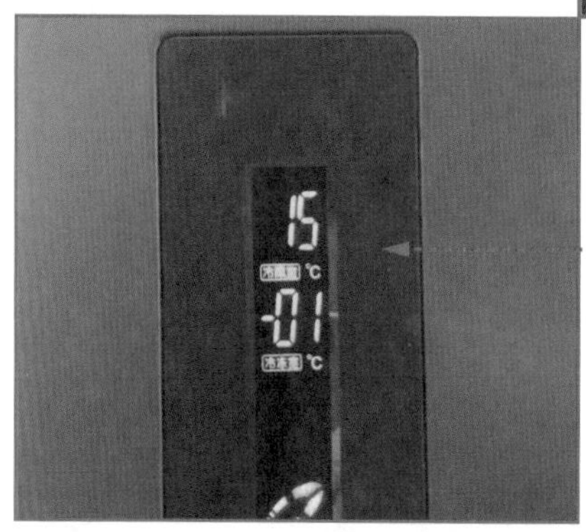

（9）将电路板安装回冰箱，然后通电测试，看到冰箱显示板可以正常显示，且制冷正常，故障排除。

图5-7　冰箱通电无显示不制冷故障维修（续）

5.3.2　冰箱通电无反应显示屏不亮故障维修

客户送来一台新飞冰箱，反映这台冰箱通电后无反应，显示屏不亮。通常冰箱此类故障可能是冰箱电源线断线，或冰箱电源板故障引起的，需重点检查电源电路板。具体维修方法如图5-8所示。

（1）首先检测并确认电路板中有无明显损坏的元器件。然后用数字万用表测量主要元器件是否有短路的故障（如熔断电阻器、整流二极管、滤波电容器、电阻器、开关管等）。经检查、未发现有短路损坏的元器件。

图5-8　冰箱通电无反应显示屏不亮故障维修

（2）给电路板通电，用数字万用表直流电压1000V挡测量整流滤波电路中大电容器两端的电压。测量的电压为331.4V，电压正常。

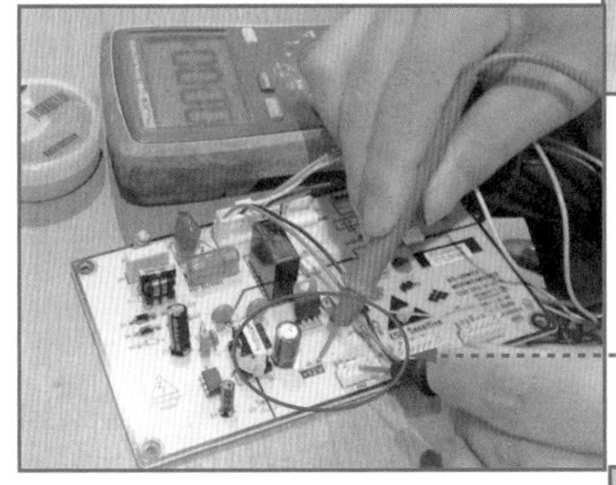

（3）测量输出端的5V输出电压，测量值为0V，说明没有5V输出电压。

（4）再测量输出端的12V输出电压，测量值为0V，说明没有12V输出电压。

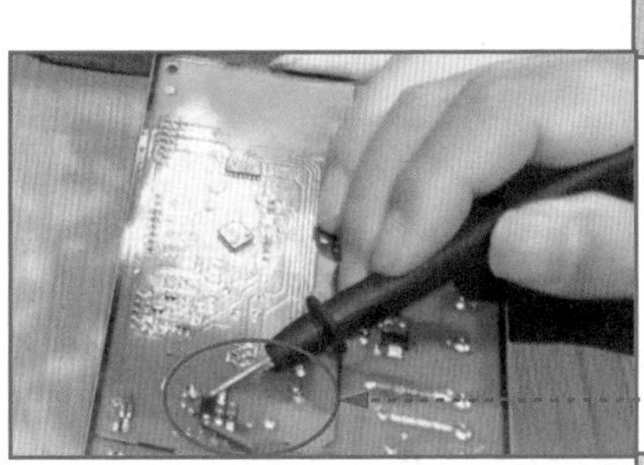

（5）怀疑是输出电路有问题，用数字万用表二极管挡测量输出电路中的二极管、电容器等元器件。发现一只整流二极管管电压为无穷大（正常为0.4~0.6V），说明该二极管已损坏。

（6）用热风枪将损坏的整流二极管拆下，更换一个质量正常的整流二极管。

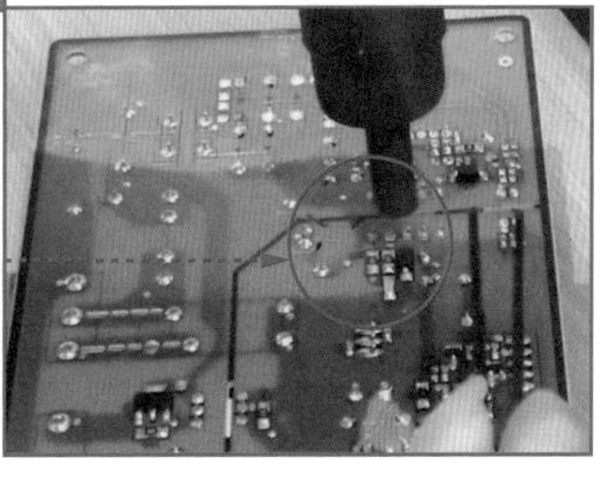

图5-8　冰箱通电无反应显示屏不亮故障维修（续）

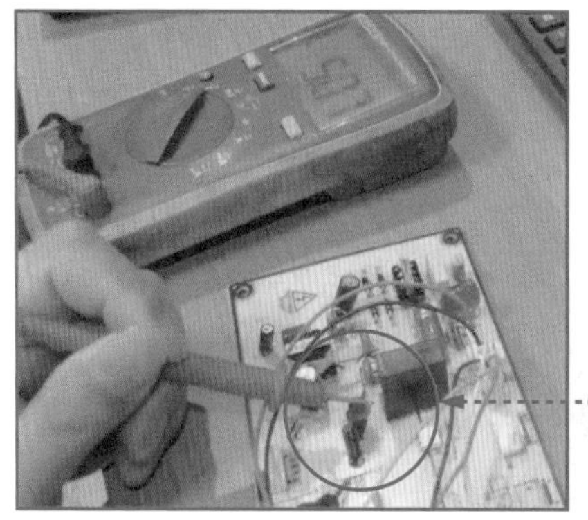

（7）更换后，给电路板接上电源，用数字万用表直流电压20V挡，测量输出端的5V电压，测量值为5.07V电压正常。然后测量输出端12V电压，测量值为12.07V，电压正常。电路板故障排除。

图5-8　冰箱通电无反应显示屏不亮故障维修（续）

5.3.3　变频冰箱通电显示屏无显示且不制冷故障维修

客户送来一块变频冰箱的电源电路板，反映这台变频冰箱通电显示屏无显示，并且不制冷。通常冰箱通电显示屏无显示故障可能是冰箱电源线断线，或冰箱电源电路板故障引起的，需重点检查电源电路板。

变频冰箱通电显示屏无显示且不制冷故障维修方法如图5-9所示。

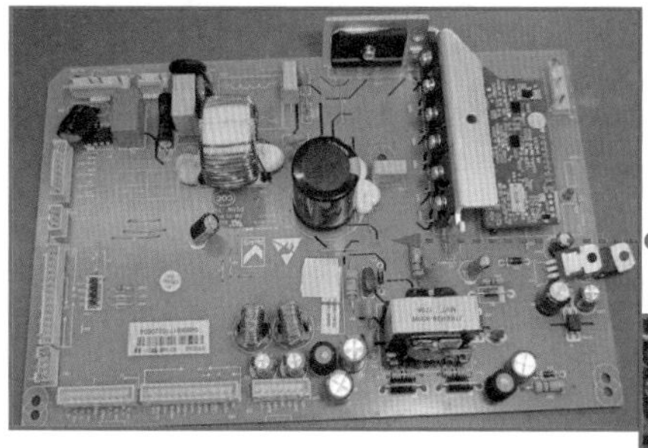

（1）首先检查电路板中有无明显烧黑、断裂、鼓包等损坏的元器件。

（2）经检查发现保护电路中的一个电阻器烧坏了。

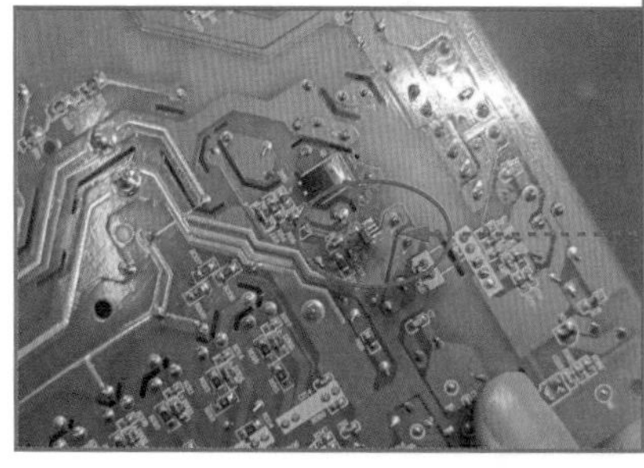

（3）电路板背面的电源控制芯片也烧坏了。

图5-9　变频冰箱通电显示屏无显示且不制冷故障维修

（4）通常情况下，电源控制芯片烧坏，会使开关管同时烧坏。用数字万用表二极管挡测量开关管的任意两只引脚，测量的值为无穷大，说明开关管内部已断路，且其连接的电阻器也已经损坏。

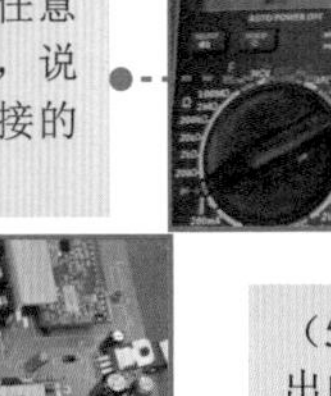

（5）用数字万用表二极管挡检测输出电路中的整流二极管，先测量 5V 输出电路中的整流二极管，测量的管电压为 0.577V，电压正常。

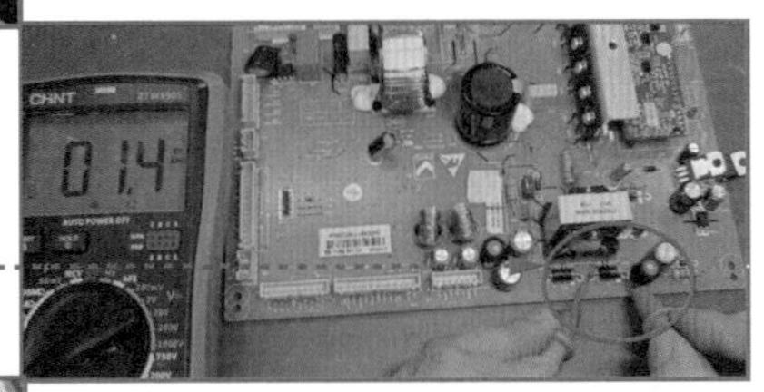

（6）测量12V输出电路中的整流二极管，测量值显示二极管内阻只有1.4Ω，说明此整流二极管已经击穿。

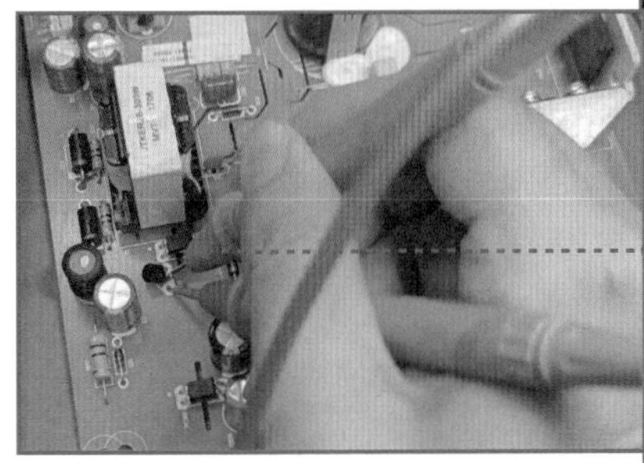

（7）接着检测其他元器件，未发现损坏的元器件。

（8）更换损坏的电阻器、电源控制芯片、开关管及其连接的电阻器

（9）更换后，给电路板连接供电电源，然后用数字万用表直流电压1000V挡测量整流滤波电路中大容量电容器两端的电压，测量值为303V，电压正常。

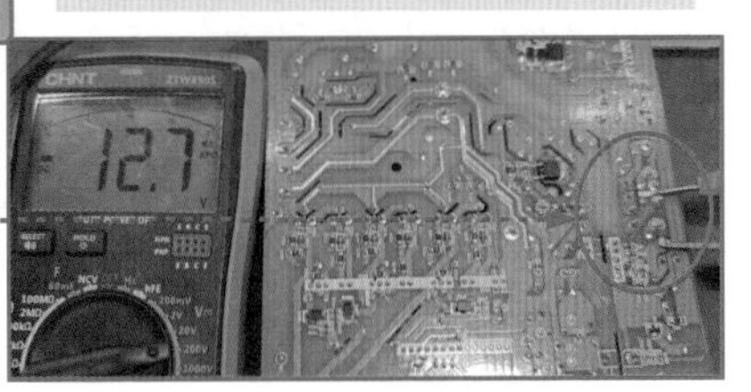

（10）测量12V输出电压，测量值为12.7V，输出电压正常。

图5-9　变频冰箱通电显示屏无显示且不制冷故障维修（续）

（11）测量5V输出电压，测量值为5V，输出电压正常。电路板故障排除。

图5-9　变频冰箱通电显示屏无显示且不制冷故障维修（续）

5.4 小家电开关电源故障维修实战

对于微波炉、电磁炉、电压力锅等小家电设备出现的通电无显示、指示灯不亮或显示屏无显示等现象，一般也是由电源电路方面故障引起的。通常在维修这方面故障时，应先从检测电源电路开始。本节将通过一些维修实战案例对小家电开关电源电路故障的维修方法进行介绍。

5.4.1　微波炉开机无显示无反应故障维修

客户送来一台微波炉，反映这台微波炉通电后无反应，显示屏也无显示。通常微波炉没有反应无显示故障可能是电源电路故障引起的，但也可能是熔丝烧了引起的，需要重点检查电源电路故障。

微波炉开机无显示无反应故障维修方法如图5-10所示。

（1）首先检查熔断电阻器，然后检查电容器、变压器、门开关。

（2）打开微波炉的外壳，检查有无明显损坏的元器件。经检查，发现熔断电阻器被烧黑。

图5-10　微波炉开机无显示无反应故障维修

（3）熔断电阻器烧断说明电路中有短路故障，一般引起短路的元器件主要包括门开关、主变压器、变压器后级电路等。

（4）将数字万用表调至三极管挡，红表笔接微波炉外壳，黑表笔接电容器的一只引脚，测量电容器是否短路损坏。测量值为无穷大，阻值正常，说明所测引脚没有短接地。

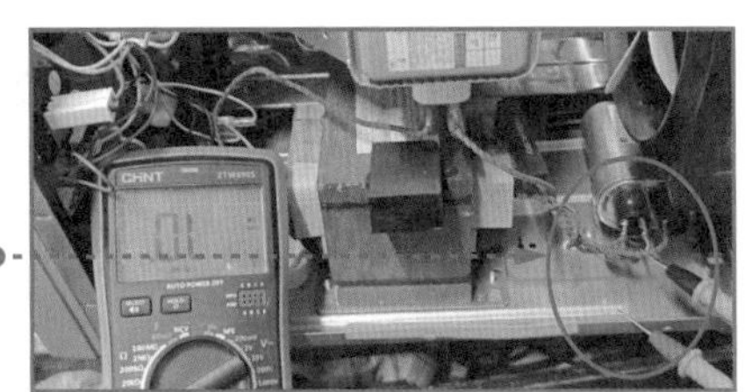

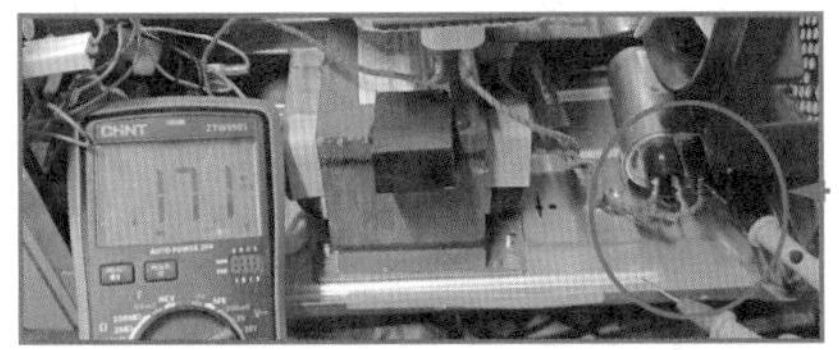

（5）用同样的方法检测电容器另一只引脚、测量值为0.171V（正常为无穷大）。由于电容器连接变压器次级线圈，此值实际上是测量变压器电路的压降。

（6）将变压器初级线圈与电路断开，再次测量电容器引脚与外壳的阻值，测量值为无穷大，阻值正常。

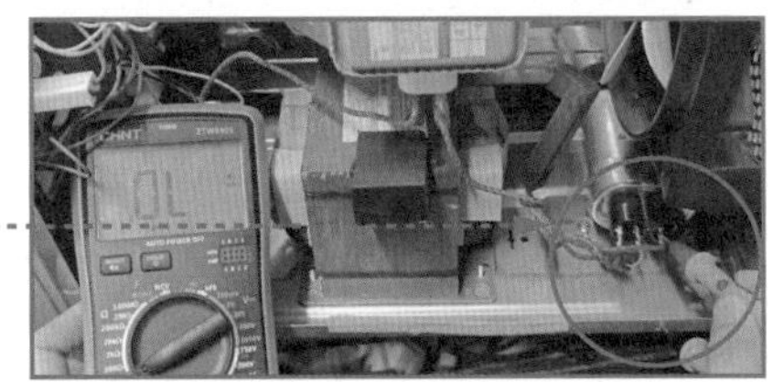

（7）将数字万用表两支表笔接电容器的两只引脚，测量的阻值为无穷大，阻值正常。

（8）测量磁控管。将数字万用表黑表笔接磁控管其中一只引脚，红表笔接磁控管外壳，测量的阻值为无穷大，阻值正常。

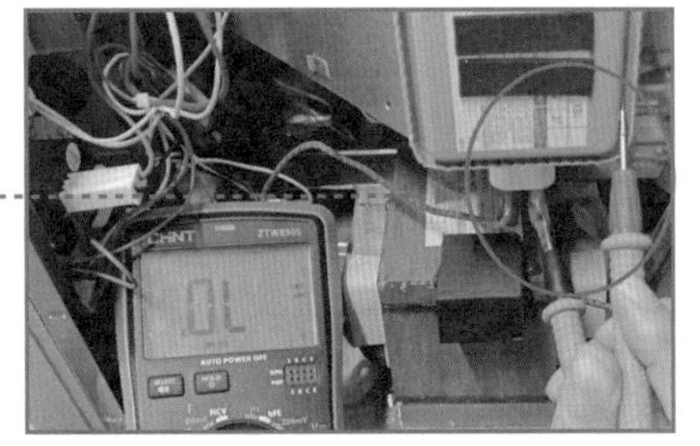

图5-10 微波炉开机无显示无反应故障维修（续）

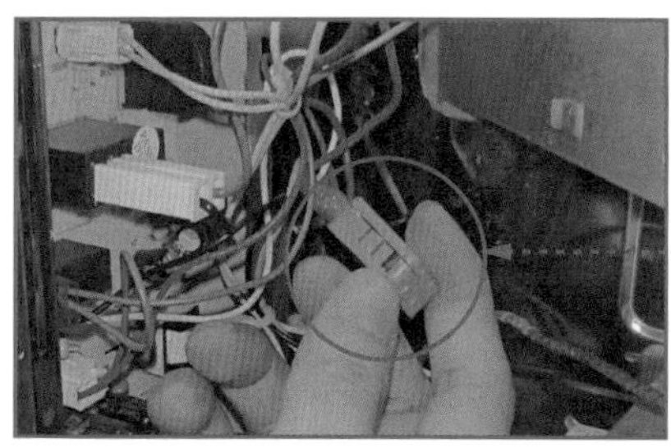

（9）检查门开关。发现门开关已经损坏，按钮无法弹起。

（10）用一个质量正常的门开关替换损坏门开关。更换时，最好一根一根地换，拔下一根线直接插到新开关上，别插错线，否则会烧熔断电阻器。

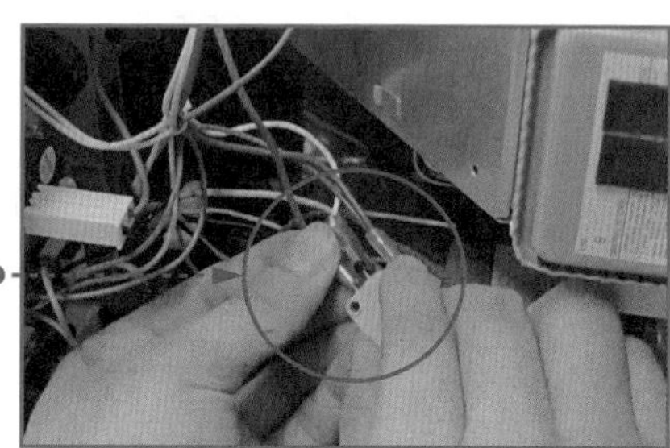

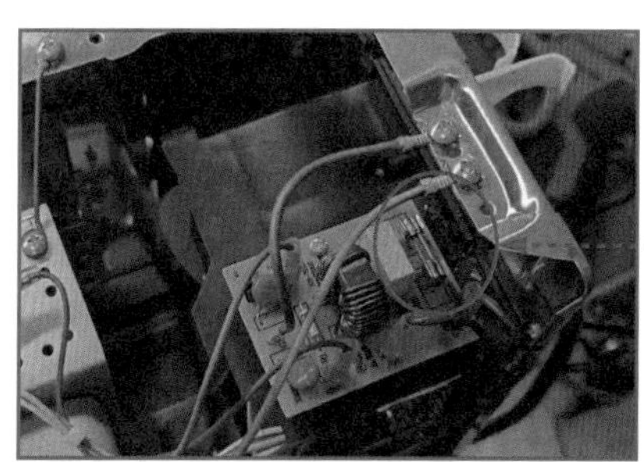

（11）更换烧坏的熔断电阻器。

（12）通电试机，微波炉显示屏显示正常。然后在微波炉里放一盘水，运行微波炉，可以正常加热，故障排除。

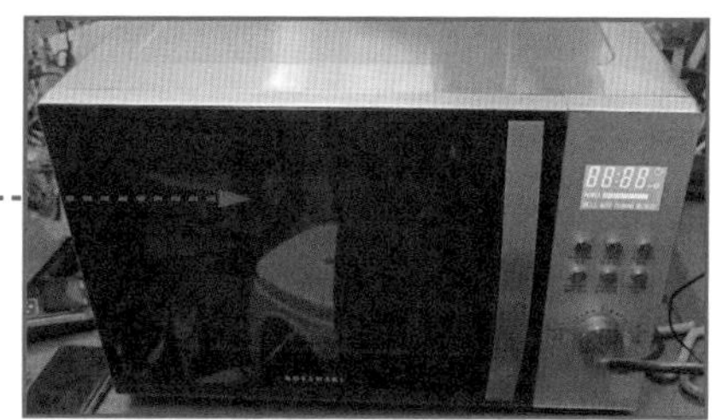

图5-10　微波炉开机无显示无反应故障维修（续）

5.4.2　电磁炉通电无反应指示灯不亮故障维修

一台电磁炉接电后无任何反应，指示灯也不亮。通常此类故障可能是电源电路中存在问题而引起的，维修方法如图5-11所示。

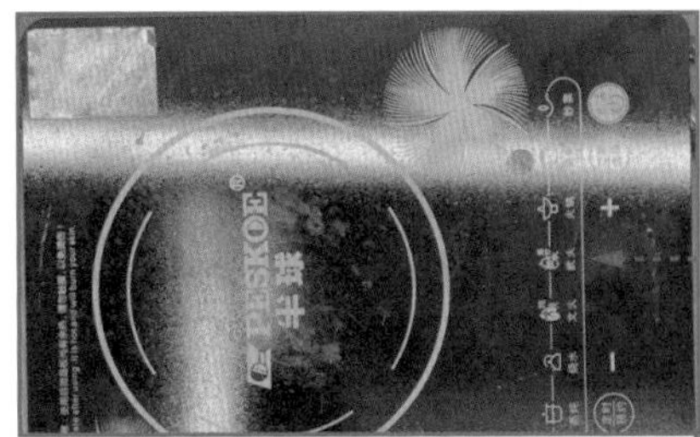

（1）检修顺序是先检查开关电路板的熔断电阻器及其他元器件，然后检查加热盘。

（2）打开电磁炉的外壳，经检查未发现有明显损坏的元器件。

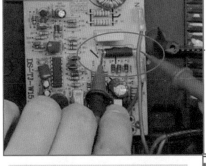

（3）拆下加热盘，检测电源电路板中的熔断电阻器。经测量发现熔断电阻器的阻值为无穷大，说明已经烧断损坏。一般来说，烧断熔断电阻器说明后级电路中有较大的短路故障，因此需要先检测后级电路中容易短路损坏的元器件，如整流桥、IGBT管、电容器、驱动三极管等。

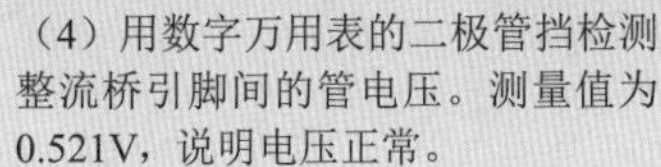

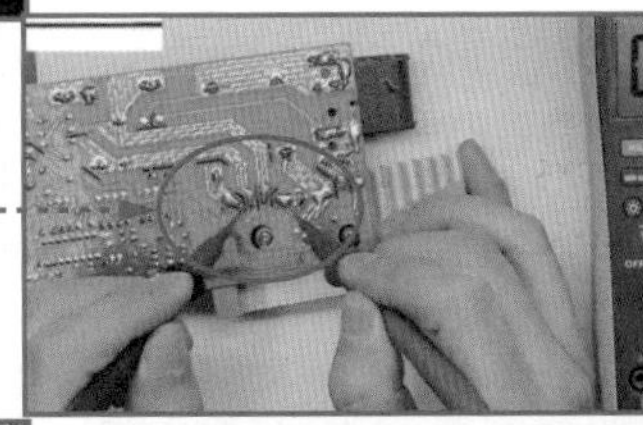

（4）用数字万用表的二极管挡检测整流桥引脚间的管电压。测量值为0.521V，说明电压正常。

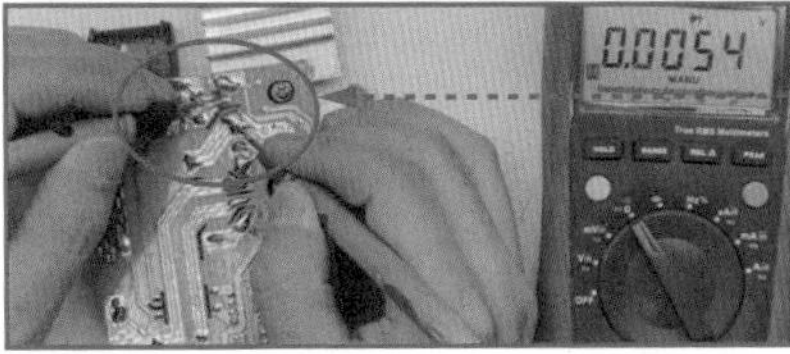

（5）用数字万用表二极管挡检测IGBT管两引脚间的管电压。测量值为0.0054V（正常为0.5V左右），说明IGBT管击穿损坏。

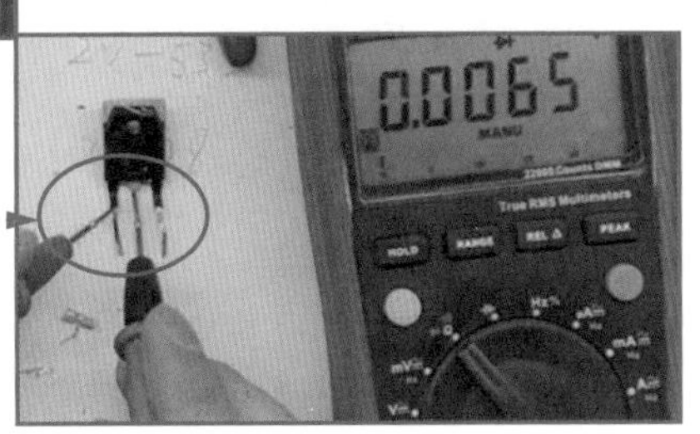

（6）将IGBT管拆下，再次测量其引脚间的管电压。测量值为0.0065V，确定击穿损坏。

图5-11　电磁炉通电无反应指示灯不亮故障维修

（7）准备检测电路板中主滤波电容器和谐振电容器的容量是否正常。

（8）用数字万用表的电容挡测量主滤波电容器的容量。测量值为3.939μF，容量正常。

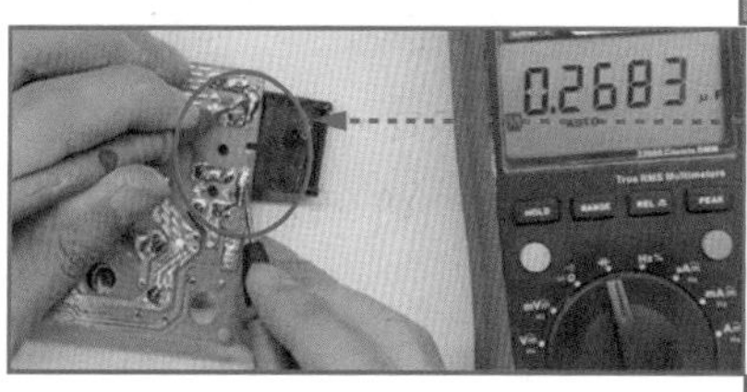

（9）用数字万用表的电容挡测量谐振电容器的容量。测量值为0.268 3μF，容量正常。

（10）观察加热盘的铜线，未发现断线的问题。

（11）准备测量驱动IGBT管的驱动三极管。先将其从电路板焊下，这样测量比较准确。

（12）用数字万用表二极管挡测量驱动三极管任意两脚的管电压。测量值未发现为0的情况，且其中一次测量值在0.4~0.8V，说明三极管正常。

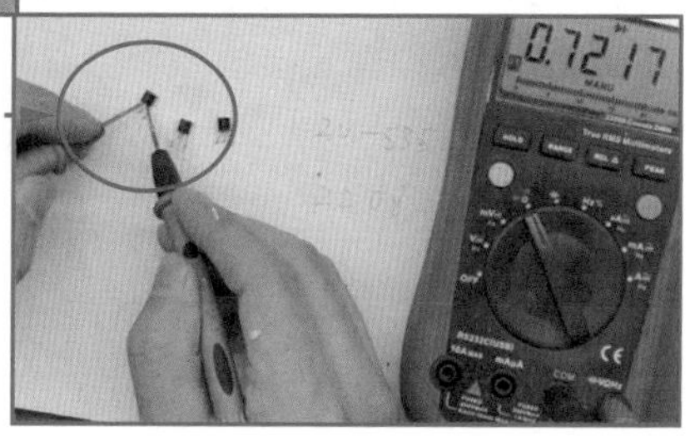

图5-11　电磁炉通电无反应指示灯不亮故障维修（续）

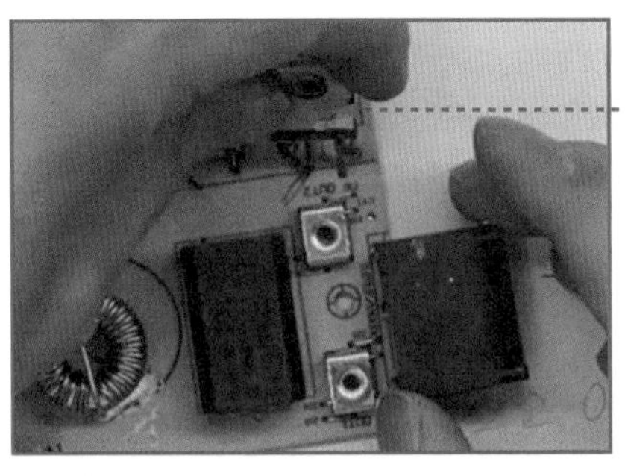

（13）用一个同型号的IGBT管替换损坏的IGBT管。

（14）更换损坏的熔断电阻器，然后将电路板连接好并接电，之后按开关按钮，可以观察到电源指示灯点亮。

（15）将电路板、加热盘、外壳安装好，并放一个加水的盆，然后通电测试。观察到水被加热，故障排除。

图5-11　电磁炉通电无反应指示灯不亮故障维修（续）

5.4.3　电压力锅通电无反应显示板不亮故障维修

一台故障电压力锅接电后无任何反应，显示板也不亮。通常电压力锅此类故障可能是温度熔断器损坏，或电源电路存在问题而引起的，具体维修方法如图5-12所示。

（1）检修顺序是先检查温度熔断器，然后检查电源电路板。

图5-12　电压力锅通电无反应显示板不亮故障维修

（2）打开电压力锅的外壳，经检查未发现有明显损坏的元器件。

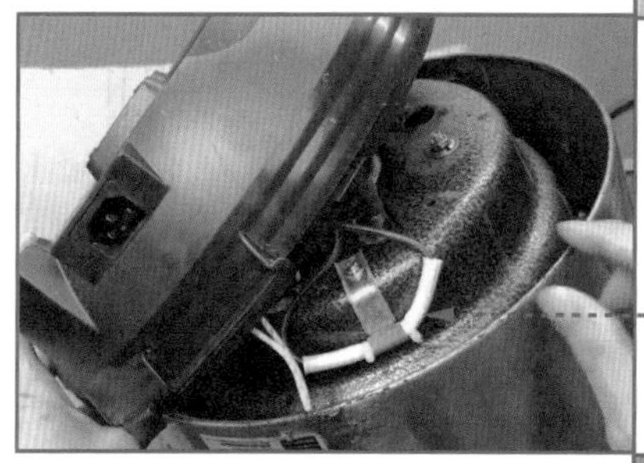

（3）然后找到紧贴着锅体的温度熔断器。

（4）用数字万用表蜂鸣挡测量温度熔断器的连接端子。测量显示温度熔断器正常，没有断路问题。

（5）拆下电源电路板，准备检查。

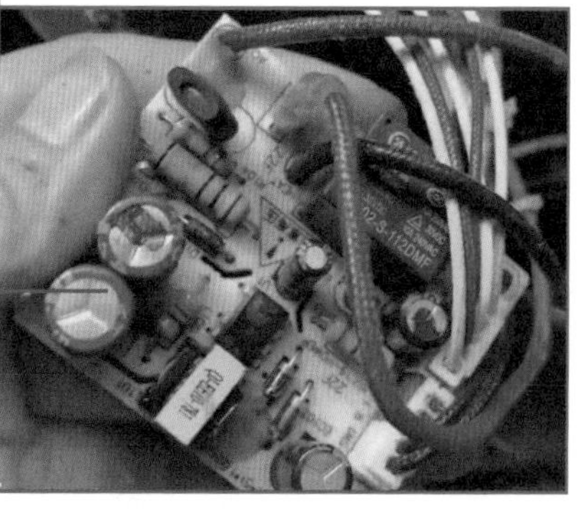

（6）检查电源电路板中有无明显损坏的元器件。经检查未发现烧坏、鼓包的元器件。

图5-12　电压力锅通电无反应显示板不亮故障维修（续）

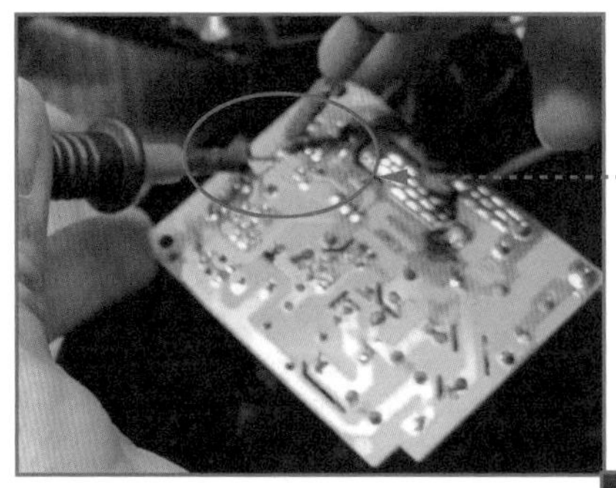

（7）给电路板接上电源，然后用数字万用表直流电压20V挡测量输出端的5V输出电压，测量值为0，说明没有电压输出。

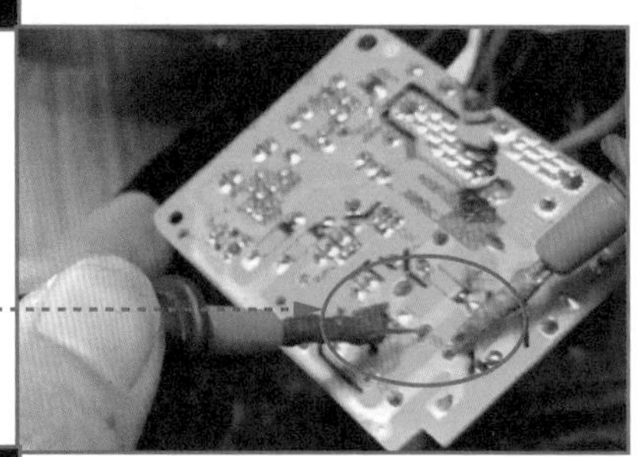

（8）用数字万用表直流电压1000V挡测量整流滤波电路中大电容器两端的电压，测量值为333V，直流电压正常，说明整流滤波电路正常。

（9）断开电路板的供电电源，用数字万用表直流电压挡再次测量整流滤波电路中大电容器两端的电压。发现该电压在非常慢地减小，这说明电源控制芯片并未起振，故障应在电源控制芯片及其外围元器件。

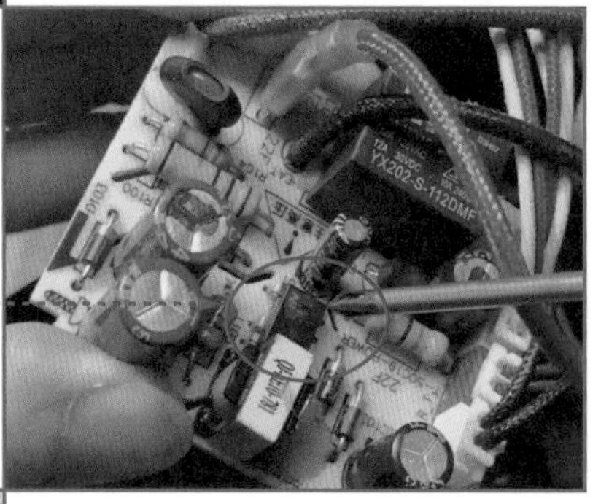

（10）用数字万用表测量电源控制芯片周围的电容器、电阻器等元器件，未发现有损坏的元器件。由于电源控制芯片外围元器件正常，说明故障是电源控制芯片引起的。

（11）将电源控制芯片拆下，并更换一个新的同型号电源控制芯片。

图5-12　电压力锅通电无反应显示板不亮故障维修（续）

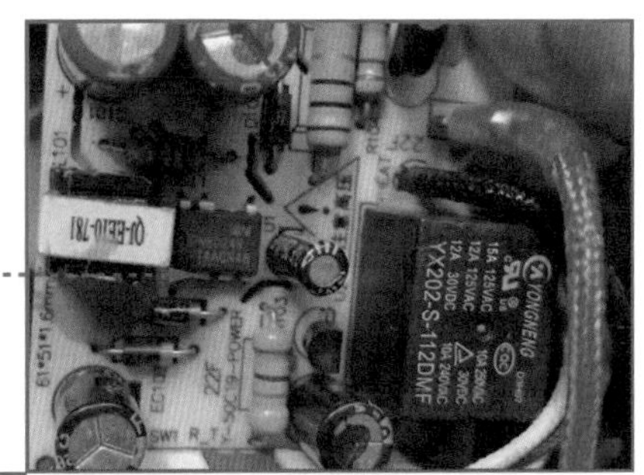

（12）更换完毕后，将电源电路板安装回电压力锅，准备测试。

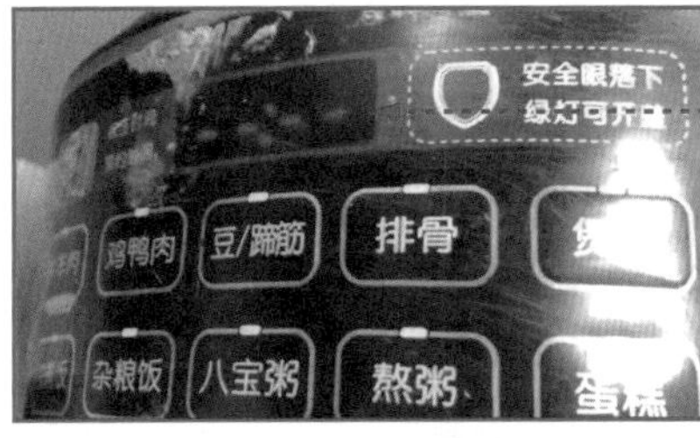

（13）装好外壳，然后接通电源。发现电高压力的显示板显示正常，之后用电压力锅烧水，水可正常加热说明电压力锅可以正常使用，故障排除。

图5-12　电压力锅通电无反应显示板不亮故障维修（续）

第 6 章

计算机及外围设备开关电源维修实战案例

计算机及外围设备的常见故障（如笔记本电脑无法开机、液晶显示器通电无显示、打印机无法开机等）都与电源供电电路息息相关。本章将重点讲解计算机及外围设备开关电源电路故障的维修实战。

6.1 笔记本电脑开关电源故障维修实战

笔记本电脑的故障有很大一部分都是由开关电源故障引起的，这些故障会导致笔记本电脑无法开机，或启动不正常。通常在检测笔记本电脑故障时，应先检测其启动电流、电源供电电压是否正常。本节将通过一些维修实战案例对笔记本电脑电源电路故障的维修方法进行介绍。

6.1.1 笔记本电脑开机花屏后显示故障维修

一台笔记本电脑接电启动出现花屏，过了一段时间后，出现开机无显示的故障。通常笔记本电脑的此类故障主要是主板供电电路（如CPU供电电路、芯片组供电电路、内存供电电路等）出现问题引起的，具体维修方法如图6-1所示。

（1）检修思路是通电，通过开机电流看是否有短路问题，然后重点检测主板中的3V、5V、1.2V等关键供电电压是否正常，之后检查CPU供电是否正常。

（2）用可调直流稳压电源给笔记本电脑供电，然后按开机键，观察可调直流稳压电源的电流变化。观察到电流为0.37A，说明没有短路的问题。如果有短路，则电流会变成0。

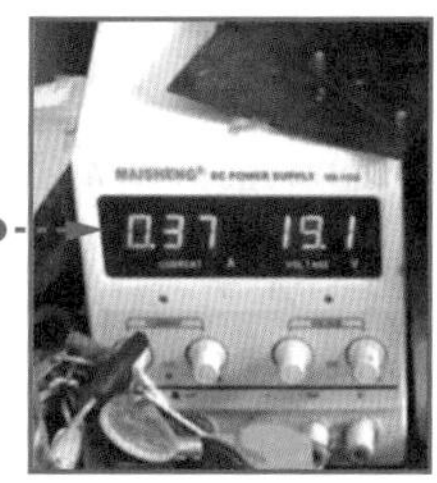

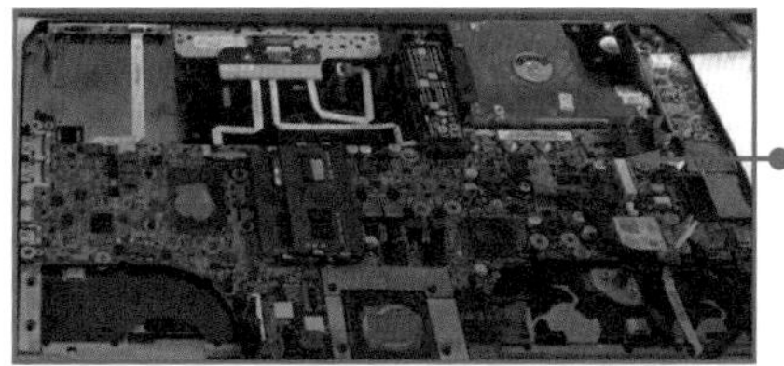

（3）拆开笔记本电脑外壳，然后拆下主板，准备检测。

图6-1　笔记本电脑开机无显示故障维修

（4）用数字万用表直流电压20V挡测量主板中的3V、5V、1.2V等关键供电电压，经检测，电压值均正常。

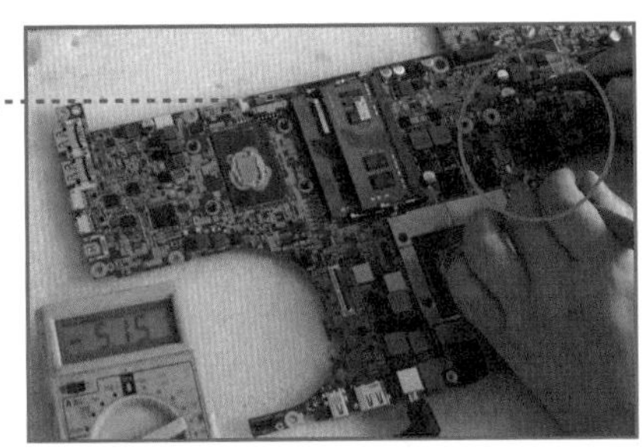

（5）测量CPU供电电压，发现CPU的供电电压为0，且CPU芯片摸起来是凉的，没有工作。

（6）找到该款笔记本电脑CPU供电电路电路图，看到供电电路中的电源控制芯片有3个关键电压，即第2引脚供电电压为3.3V，第7引脚供电电压为5V，第9引脚供电电压为19V。

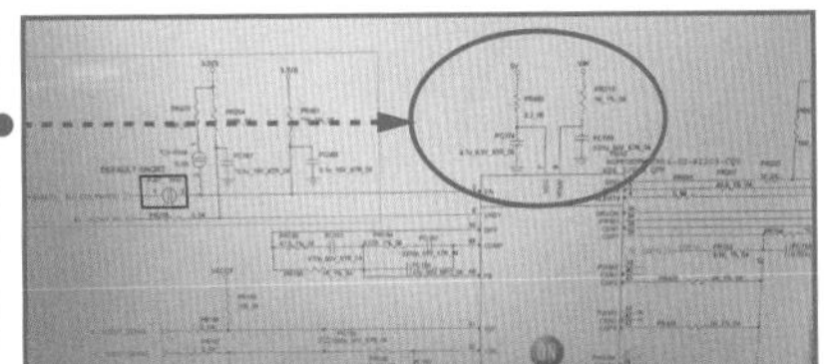

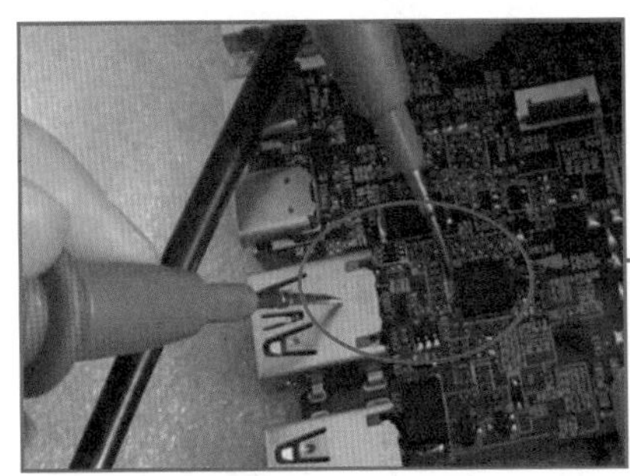

（7）先用数字万用表直流电压20V挡测量第2引脚的电压，测量值为3.36V，电压正常。

（8）再测量第7引脚的电压，测量值为4.1V，电压偏低，不正常。

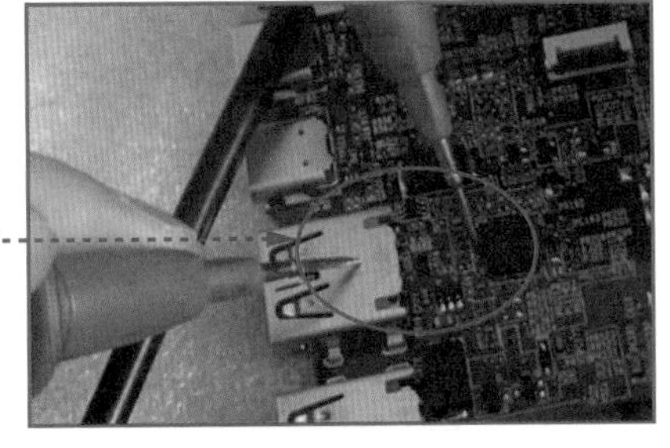

图6-1　笔记本电脑开机无显示故障维修（续）

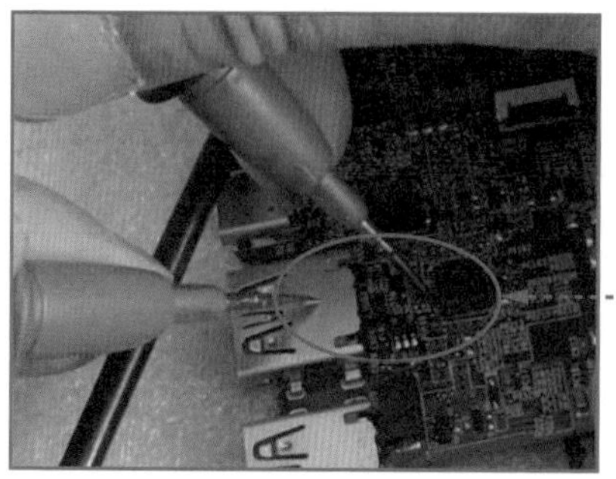

（9）测量第9引脚电压，测量值为18.4V，电压基本正常。

（10）再次查看电路图，发现第7引脚连接一个2.2Ω 的电阻器和一个电容器。重点测量这两个元器件。

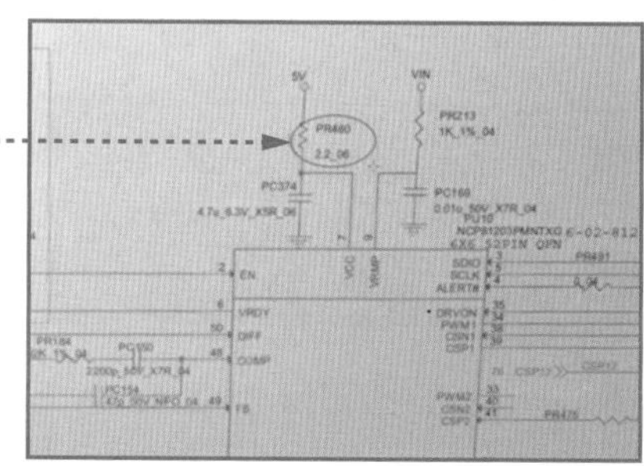

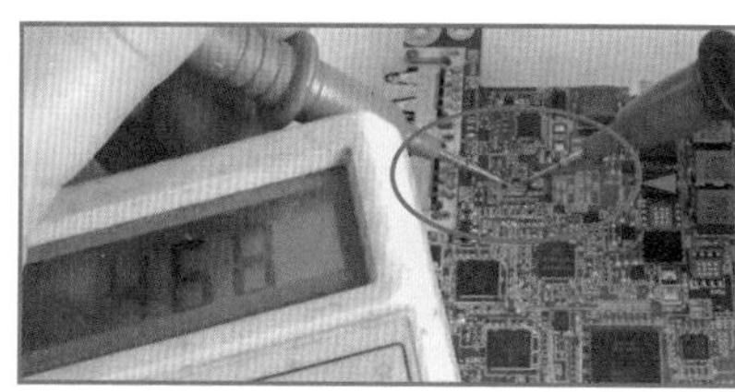

（11）用数字万用表蜂鸣挡测量第7引脚连接的电阻器阻值，测量值为4.68Ω，高于标称阻值2.2Ω，说明电阻器已损坏。

（12）用一个相同阻值的正常贴片电阻器更换损坏的电阻器。

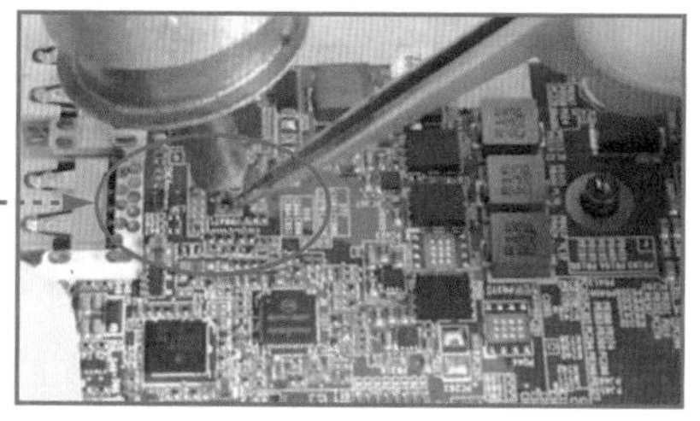

（13）给电路板接可调直流稳压电源，然后开机查看可调直流稳压电源中电流的变化，发现开机后电流为1.52A，说明主板已经正常运行了。

图6-1　笔记本电脑开机无显示故障维修（续）

（14）将主板安装回笔记本电脑，然后开机测试，发现电流达到 1.77A，笔记本电脑出现开机画面，主板正常开机了。

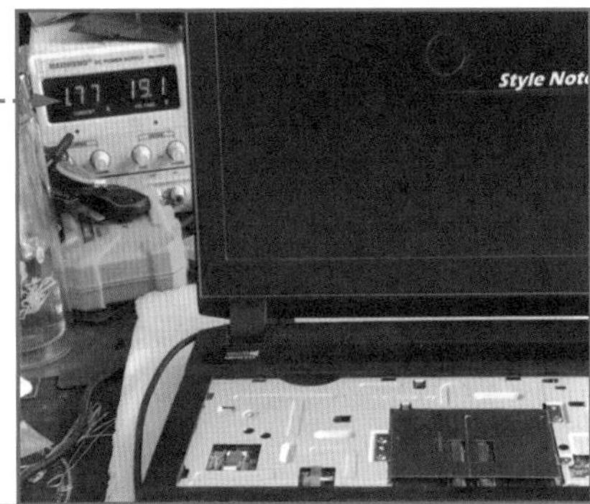

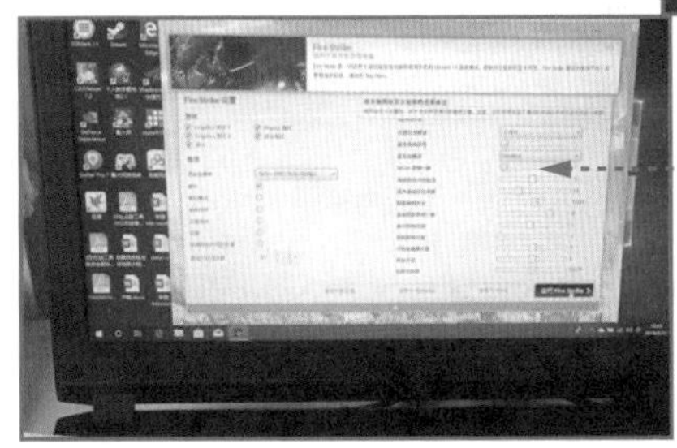

（15）进入桌面后，运行程序软件进行测试，笔记本电脑运行正常，未出现死机、花屏等问题，故障排除。

图6-1 笔记本电脑开机无显示故障维修（续）

6.1.2 惠普笔记本电脑无法开机故障维修

一台惠普笔记本电脑的故障现象为通电启动后无反应，无法开机。通常笔记本电脑此类故障主要是主板CPU供电电路存在问题引起的，具体维修方法如图6-2所示。

（1）检修思路是通电后先通过开机电流判断是否有短路问题，然后重点检测主板中的3V、5V、1.2V、CPU等关键供电电压。

（2）用可调直流稳压电源给笔记本电脑供电，在待机状态下观察可调直流稳压电源的电流变化。观察到待机电流为0.007A，说明没有短路的问题。

图6-2 笔记本电脑无法开机故障维修

（3）按开机键，并观察可调直流稳压电源的电流变化。观察到开机电流为0.5A，公众电压正常。

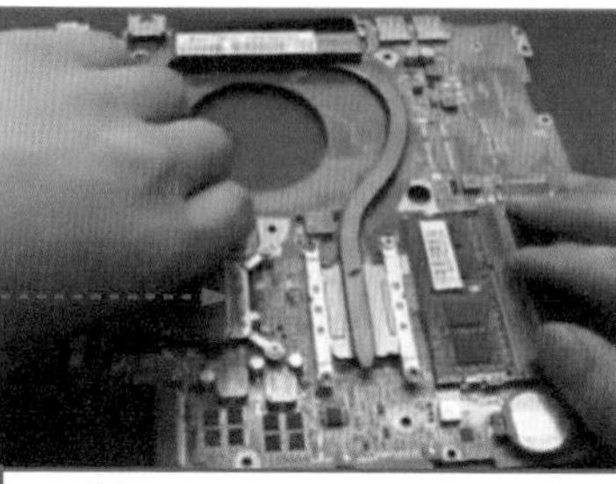

（4）拆开笔记本电脑外壳，然后拆下主板，准备检测。

（5）将数字万用表调至直流电压20V挡，黑表笔接地，红表笔接CPU供电电路中的电感器引脚，测量值为0，说明无CPU供电电压。

（6）重点检查 CPU供电电路中的易损部件（电源控制芯片、场效应管、滤波电容器、电感器等）。先检测电源控制芯片其编号为PU8，型号为NCP8110。

（7）查看此主板电路图，电源控制芯片第7引脚为主供电引脚，此引脚应该有19V 的供电电压。

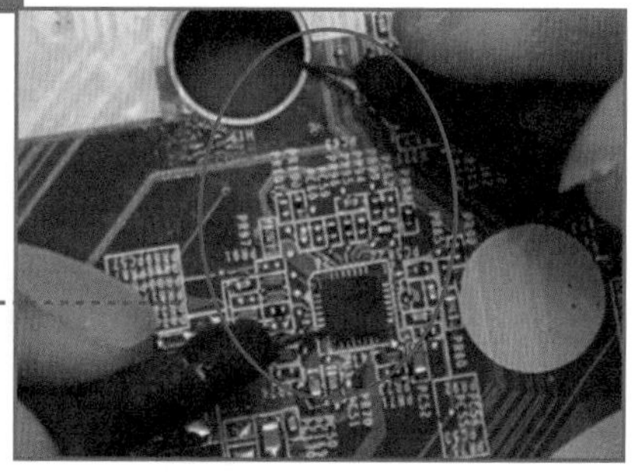

（8）将数字万用表调至直流电压20V挡，黑表笔接地，红表笔接电源控制芯片第 7 引脚。测量的值为0，说明没有供电电压。

图6-2　笔记本电脑无法开机故障维修（续）

（9）通过观察电路图发现电源控制芯片第 7 引脚电压通过共同点19V 电压，经过电阻器 PR74、电容器 PC174 后给电源控制芯片供电。由于开机检测到了0.5A电流，说明公共电压正常，故障应该出在 PR74 或 PC174。用数字万用表测量 PR74 的电阻值为无穷大，说明该电阻器损坏。

（10）将损坏的电阻器拆下，更换一个好的同阻值电阻器（通过电路图看到此电阻器标称阻值为1kΩ）。

（11）将主板CPU 散热器装好，准备测试。

（12）将主板连接线接好，然后按电源开关试机。发现笔记本电脑正常开机并启动。之后将笔记本电脑安装好，再开机测试，可以正常开机启动到系统，运行程序，正常运行，没有出现死机、蓝屏等问题，故障排除。

图6-2　笔记本电脑无法开机故障维修（续）

6.1.3　笔记本电脑不开机指示灯不亮故障维修

一台故障笔记本电脑的故障为通后不开机，电源指示灯不亮。通常笔记本电脑此类故障可能是主板CPU供电电路存在问题引起的，具体维修方法如图6-3所示。

（1）检修思路为先通电，通过开机电流判断是否有短路问题，然后重点检测主板中的3V、5V、1.2V、CPU等关键供电电压是否正常。

（2）拆开笔记本电脑外壳，拆下主板，准备检测。

（3）用可调直流稳压电源给笔记本电脑供电，然后按开机键，并观察可调直流稳压电源的电流变化。观察到开机电流为0.23A，说明没有短路的问题。

（4）用数字万用表直流电压 20V 挡测量 5V 供电电压，测量值为 5.12V，电压正常。

（5）测量 3.3V 供电电压，测量值为 3.37V，电压正常。

图6-3　笔记本电脑不开机指示灯不亮故障维修

（6）测量CPU总线供电电压，测量值为1.12V，电压正常。

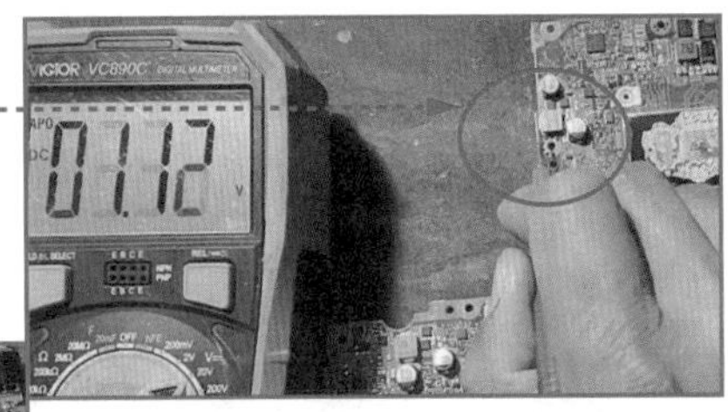

（7）测量内存供电电压，测量值为1.21V，电压正常。

（8）测量显存的供电电压，测量值为1.37V，电压正常。

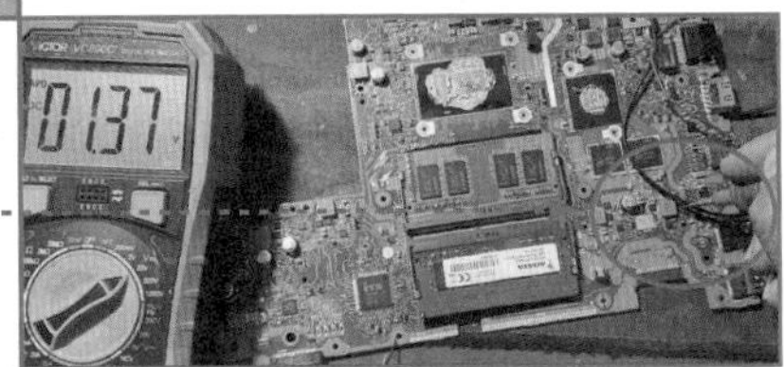

（9）测量显卡的总供电电压，测量值为0.81V，电压正常。

（10）测量CPU的供电电压，测量值为0，电压不正常。

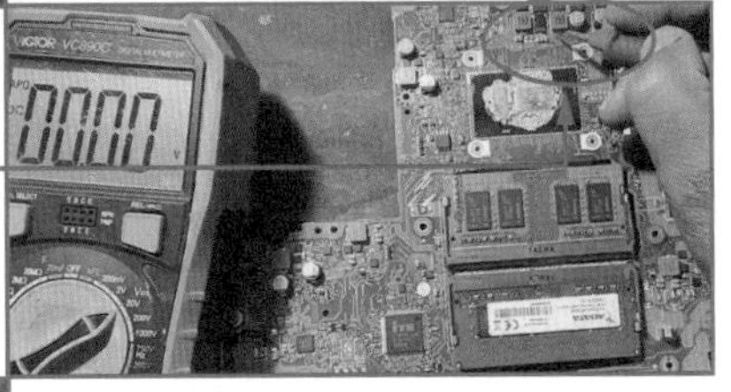

（11）针对CPU供电电压不正常，重点检测CPU供电电路。先测量电源控制芯片的开机信号电压，测量值为3.36V，电压正常。

（12）测量电源控制芯片的工作电压，测量值为4.21V，该电压不正常，正常为5V。

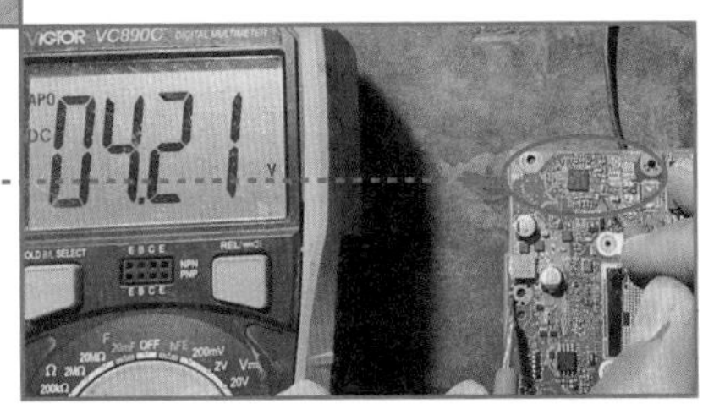

图6-3　笔记本电脑不开机指示灯不亮故障维修（续）

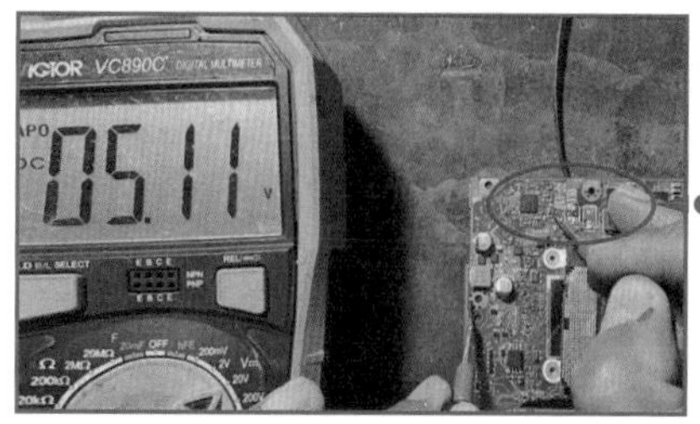

（13）测量电源控制芯片供电电路中电阻器引脚电压（通常供电电路中包括电阻器和电容器等元器件），测量值为5.11V，电压正常。说明此测试点到电源控制芯片之间有故障元器件，导致供电电压变为4.21V。

（14）测量此测试点与电源控制芯片之间的电阻器，发现此电阻器损坏，导致供电电压不正常。更换此电阻器。

（15）给主板通电，然后按开机键，并观察可调直流稳压电源中电流的变化。发现开机电流正常，主板故障排除。

（16）将主板安装回笔记本电脑，然后接上电源并开机测试。发现笔记本电脑可以正常开机并启动系统，故障排除。

图6-3　笔记本电脑不开机指示灯不亮故障维修（续）

6.2　液晶显示器开关电源故障维修实战

液晶显示器常见故障中有很大一部分属于电源电路故障，通常在检测液晶显示器故障时，应首先检测其电源供电电压是否正常。本节将通过一些维修实战案例对液晶显示器开关电源电路故障的维修方法进行介绍。

6.2.1 液晶显示器通电后指示灯不亮无显示故障维修

一台华硕电脑的液晶显示器通电后指示灯不亮屏幕无显示。通常液晶显示器此类故障可能是电源电路板或控制电路板存在问题而引起的，具体维修方法如图6-4所示。

（1）检测思路是重点测量300V输入电压、输出端19V电压等关键电压是否正常；如不正常，再判断故障出现在哪部分电路。

（2）拆开液晶显示器外壳，准备检测。

（3）给电源电路板接电，然后用数字万用表交流电压1000V挡测量输入接口电压。测量值为223V，输入电压正常。

（4）用数字万用表直流电压1000V挡测量整流滤波电路中大容量电容器两端的电压，测量值为297.9V，电压正常。

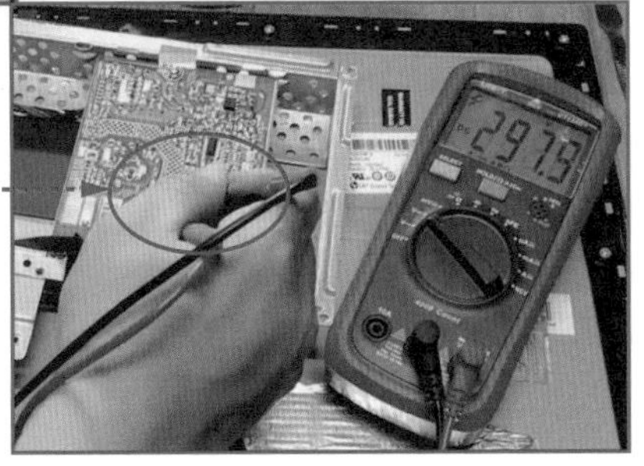

图6-4 液晶显示器通电无显示故障维修

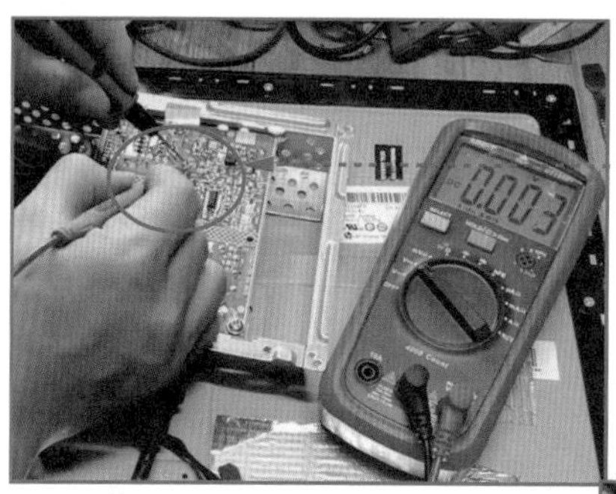

（5）测量输出端的5V输出电压，测量值为0，说明无输出电压。

（6）测量输出给驱动板的电压，测量值为0，电压不正常。

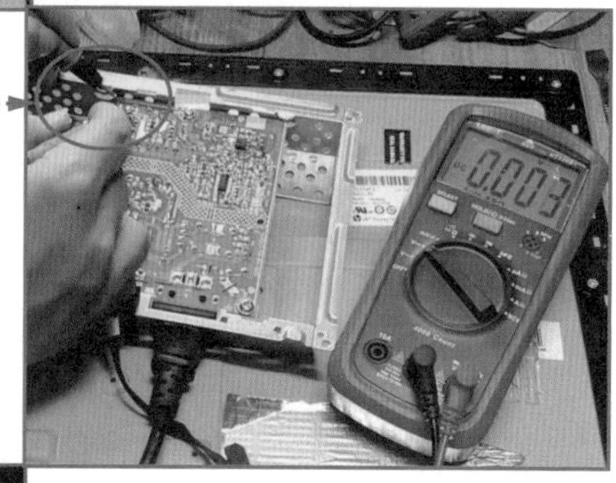

（7）用灯泡的连接线接电容器的两只引脚，给电容器放电。

（8）将数字万用表调至蜂鸣挡，先测量输出电路中的几只整流二极管。测量第一只整流二极管，阻值为无穷大，没有短路。

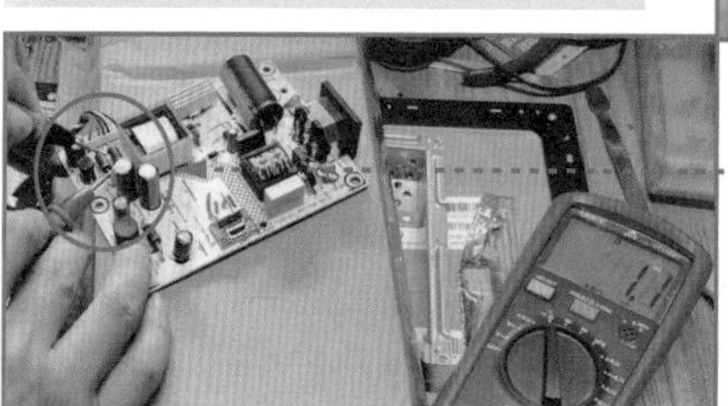

（9）测量5V输出电路中的整流二极管，发现阻值为1.1Ω（正常应为无效），说明该二极管已经击穿损坏。

图6-4　液晶显示器通电无显示故障维修（续）

（10）继续测量其他整流二极管，未发现短路。

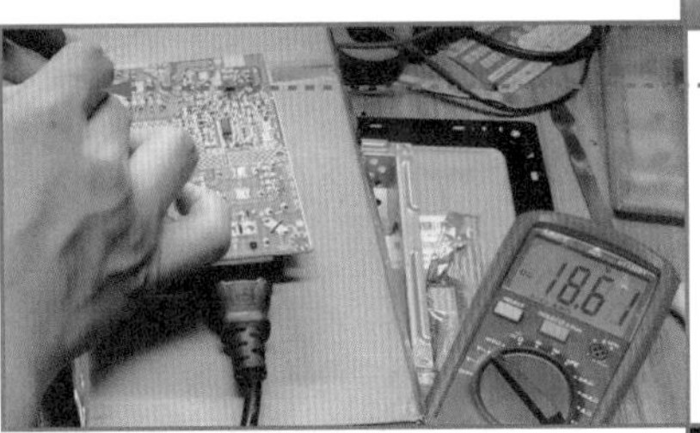

（11）更换损坏的整流二极管，然后给电路板通电，测量输出端电压，测量值为18.61V，电压正常。

（12）将电源电路板安装好，然后将显示器接到电脑主机，开机测试，显示器可以正常显示，故障排除。

图6-4　液晶显示器通电无显示故障维修（续）

6.2.2　液晶显示器不通电无显示故障维修

客户寄来一块液晶显示器的电源电路板，反映这台液晶显示器不通电无显示。通常液晶显示器此类故障一般都是电源电路板故障引起的，具体维修方法如图6-5所示。

（1）检测思路是先检查电路板中有无明显损坏的元器件，然后测量主要部件是否有短路问题（如开关管、电源控制芯片、整流二极管、电阻器等），最后通电检测输出电压。

（2）通过检查，发现电路板中的一个电阻器被烧黑了。

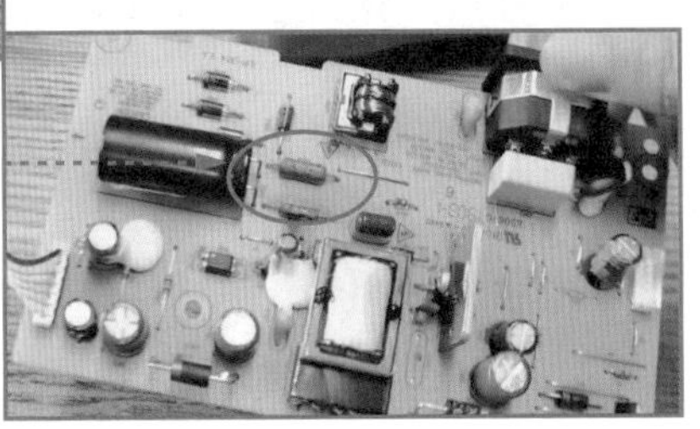

图6-5　液晶显示器不通电无显示故障维修

（3）电路板有烧坏的元器件，一般都会导致相关器件短路。用数字万用表二极管挡测量开关管任意两只引脚，发现有短路问题，说明开关管已经被击穿。

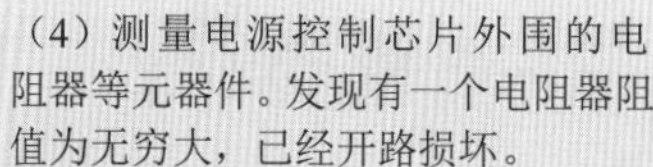

（4）测量电源控制芯片外围的电阻器等元器件。发现有一个电阻器阻值为无穷大，已经开路损坏。

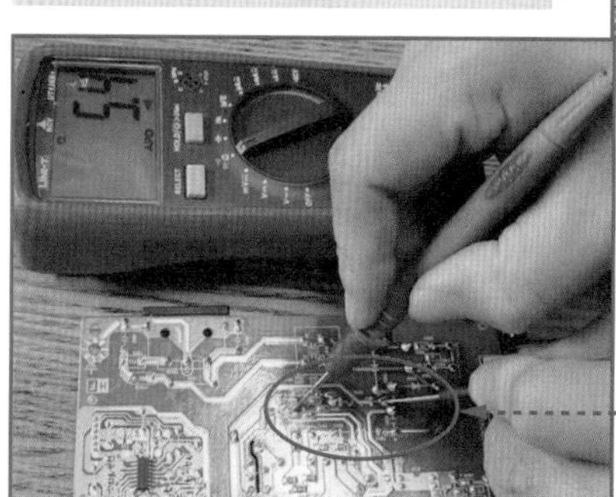

（5）测量电源控制芯片信号输出引脚的对地阻值，发现阻值非常小，说明电源控制芯片已经损坏。

（6）用数字万用表二极管挡测量开关变压器次级输出电路中的整流二极管，发现18V电压输出电路中的整流二极管击穿损坏。

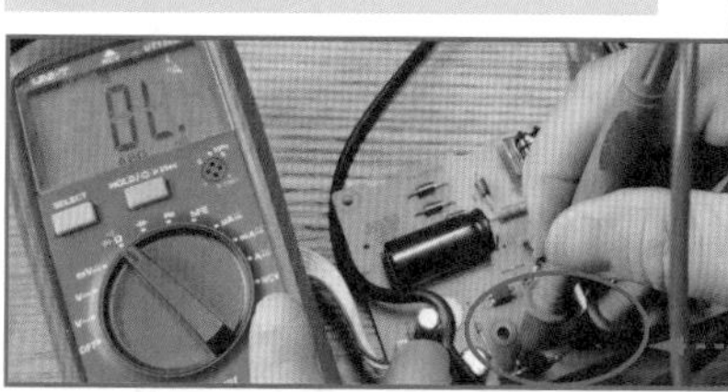

（7）测量5V电压输出电路中的整流二极管，结果正常，说明整流二极管未被击穿。

（8）更换损坏的元器件，然后给电路板通电，并在电源输入端串接一个灯泡，防止烧坏电路板。然后用数字万用表直流电压200V挡测量输出端电压。测量值为21.12V，电压偏高。

图6-5　液晶显示器不通电无显示故障维修（续）

（9）再测量输出端5V电压。测量的电压在4~6V不断跳变，输出电压不正常。

（10）输出电压不稳，一般都是由电源控制芯片的供电电压不正常引起的。接下来检查芯片供电电路中的元器件，发现有个电阻器开路损坏。

（11）更换损坏的电阻器后，给电路板通电，然后检测5V输出电压，测量值为5V，很稳定，电压正常。

（12）再次测量驱动电路供电电压，测量值为17.47V，电压正常。电源电路板故障排除。

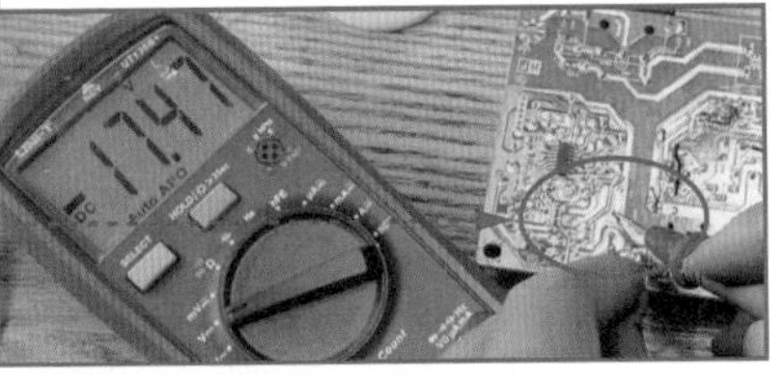

图6-5 液晶显示器不通电无显示故障维修（续）

6.2.3 液晶显示器通电指示灯不亮故障维修

客户一台明基液晶显示器通电指示灯不亮，客户反映此液晶显示器不通电无法显示。通常液晶显示器通电指示灯不亮故障一般都是电源电路板故障引起的，重点检查电源电路板方面的故障。

液晶显示器通电指示灯不亮故障维修方法如图6-6所示。

（1）对于液晶显示器不通电故障，重点检查电源电路板故障。

（2）拆开液晶显示器外壳，准备检测。

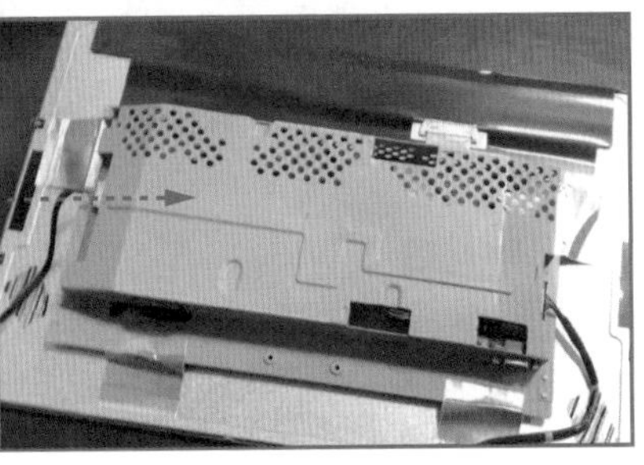

图6-6 液晶显示器通电指示灯不亮故障维修

（3）检查电路板中有无明显烧黑、鼓包漏液、炸裂等损坏的元器件。

（4）经检查，发现电路板背面的电源控制芯片炸裂损坏。

（5）电源控制芯片炸裂故障通常是由电路中其他元器件短路引起的。用数字万用表蜂鸣挡检测熔断电阻器。经检测，熔断电阻器正常。

（6）用数字万用表二极管挡检测开关变压器次级输出电路中的整流二极管。经检测，整流二极管正常。

（7）检测滤波电容器、电阻器等元器件，未发现短路损坏。

（8）更换损坏的电源控制芯片，准备测试。

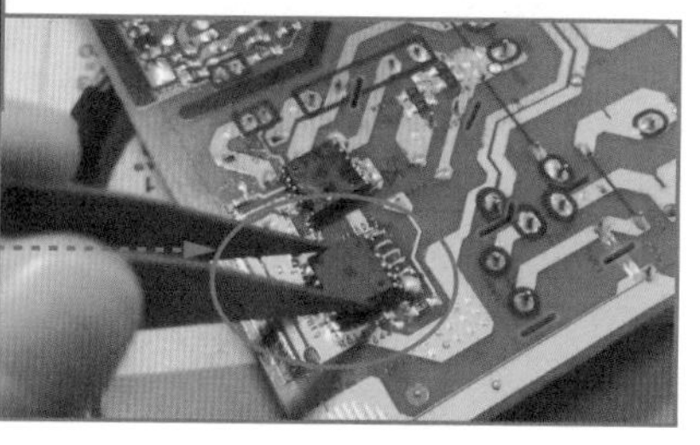

图6-6　液晶显示器通电指示灯不亮故障维修（续）

（9）给电路板接上电源供电，并在熔断电阻器上串接一个灯泡，防止短路烧坏电路板。

（10）通电后，用数字万用表直流电压200V挡测量输出端5V电压，测量值为9.94V，电压偏高。

（11）测量背光电路中的输入电压，测量值为32.3V，电压偏高。

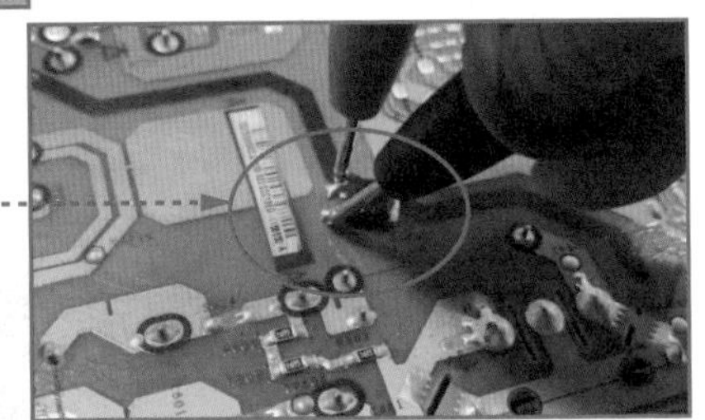

（12）背光电路输入电压偏高通常是电压检测电路有问题。重点检测光电耦合器，发现光电耦合器损坏。继续检测，发现有一个5V转3.3V的稳压器损坏。

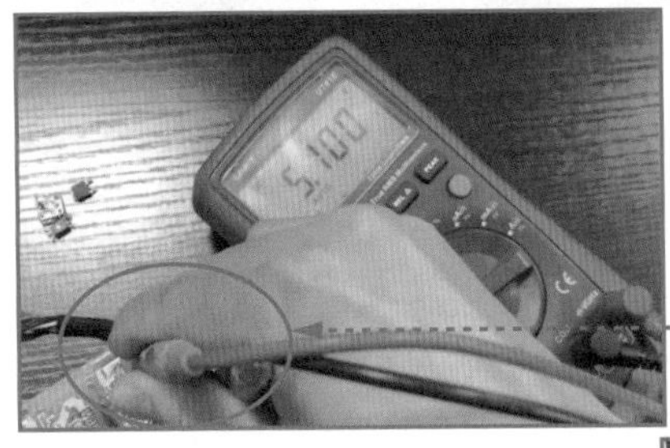

（13）更换损坏的元器件后，通电测量输出端电压，测量的电压为5.1V，电压正常。测量其他输出电压，均正常。

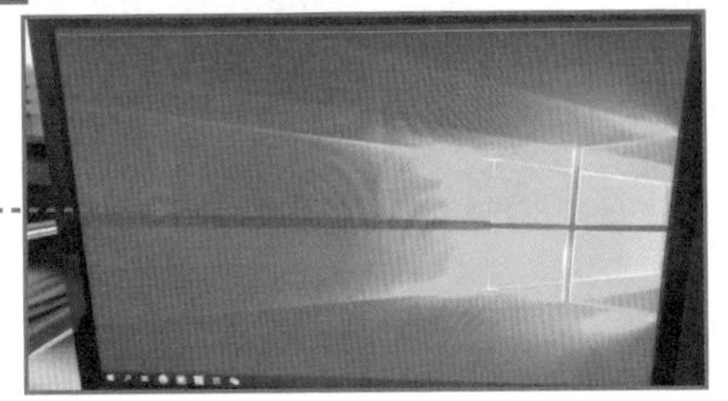

（14）将电路板装回液晶显示器，通电测试，液晶显示器可以正常显示了，故障排除。

图6-6　液晶显示器通电指示灯不亮故障维修（续）

6.3 打印机开关电源故障维修实战

对于打印机开机无反应，通电指示灯不亮等故障，一般都是打印机电源板故障引起的。通常在检测这方面故障时，应首先检测电源板方面的问题。本节将通过一些维修实战案例对打印机开关电源电路故障的维修方法进行介绍。

6.3.1 惠普打印机开机无显示故障维修

一台HP1005激光打印机打开电源后按开关面板无显示，无法打印。通常打印机此类故障主要是开关电源电路存在问题而引起的，具体维修方法如图6-7所示。

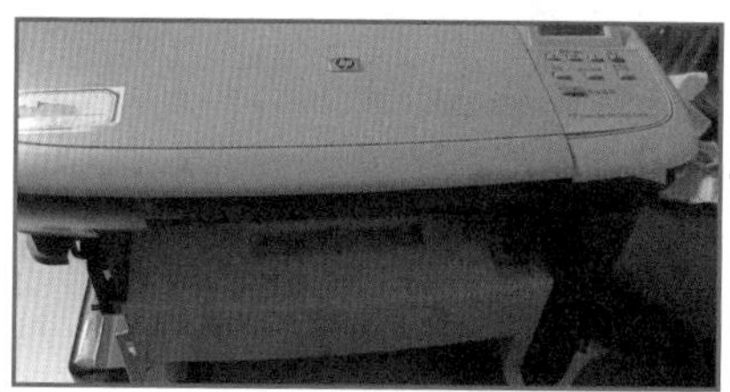

（1）用数字万用表检测电路板中是否有损坏的元器件，防止通电后造成二次损坏。

（2）拆下激光打印机的电源电路板。

（3）仔细检查电源电路板中是否有烧黑、炸裂、鼓包漏液等明显损坏的元器件。

图6-7　HP打印机无法开机故障维修

（4）经检查，发现开关管侧边一个电阻器开裂损坏。

（5）用数字万用表二极管挡测量开关管任意两只引脚，发现其中两只引脚的测量值为0，说明开关管已经击穿损坏。

（6）拆下开关管，再次测量，其测量值为0.006V，确定损坏。

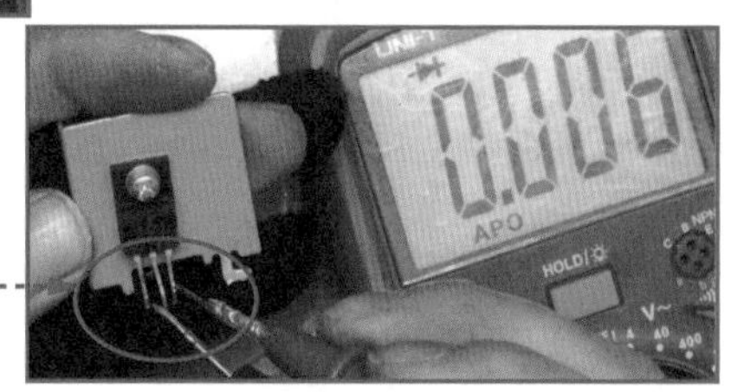

（7）测量电路板中的大容量电容器、保险管、整流堆、电源控制芯片等器件，发现均短路损坏。

（8）用数字万用表二极管挡测量开关管周围的二极管，测量值为0.633V，说明二极管正常。

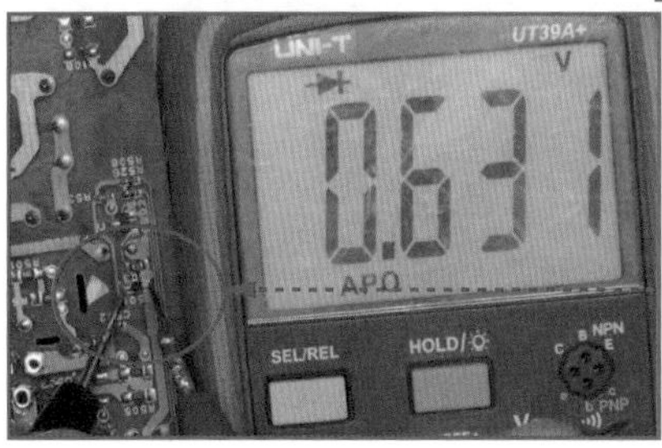

（9）测量其他二极管，测量值也均正常。

图6-7　HP打印机无法开机故障维修（续）

（10）用数字万用表二极管挡测量开关管周围的三极管，未发现短路问题。

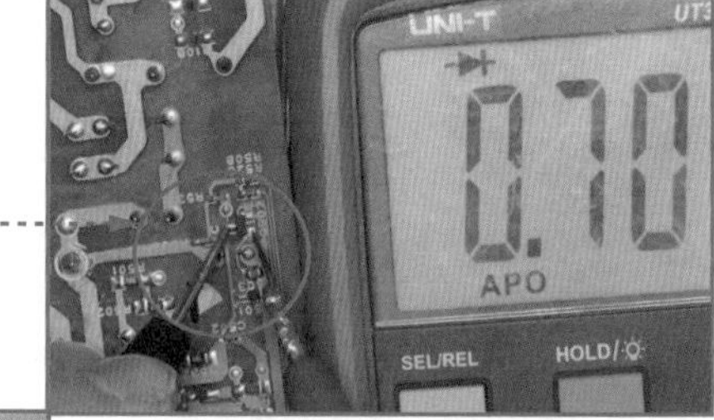

（11）测量输出电路中的整流二极管，结果显示正常。接着用同型号的开关管更换损坏的开关管，同时更换损坏的电阻器，准备通电测试。

（12）给熔断电阻器串接一只灯泡，防止电路板短路烧坏开关管。接着给电路板接上电源，用数字万用表直流电压1000V挡测量整流滤波电路中300V电容器两只引脚间的电压，测量值为335V，电压正常。

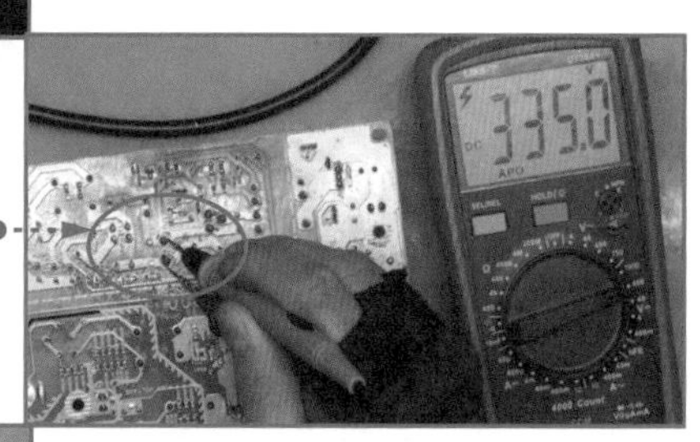

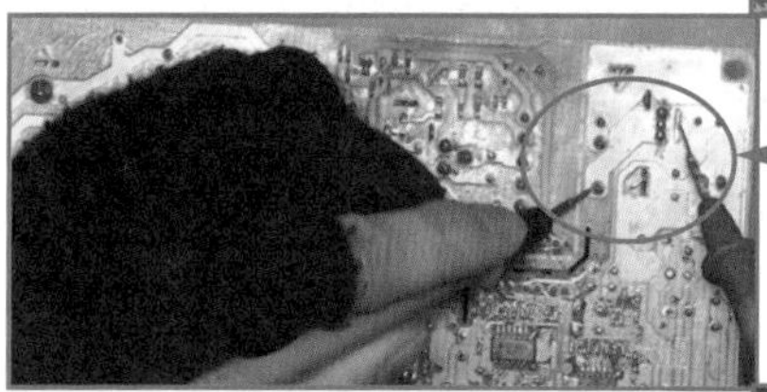

（13）测量输出端电压，测量值为24.16V，电压正常。

（14）将电源电路板安装回打印机，然后通电测试。

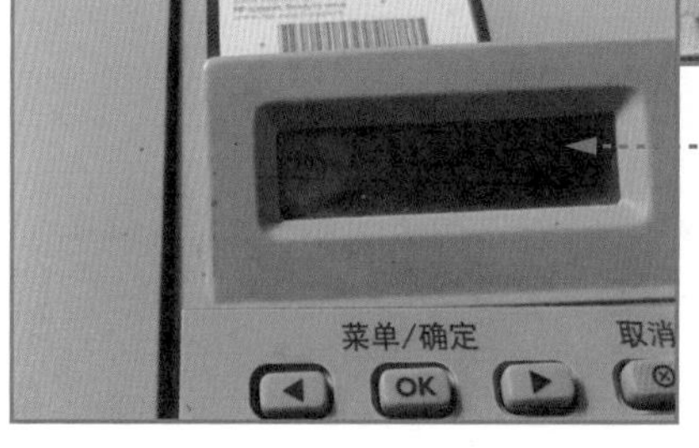

（15）给打印机通电，打印机显示屏有信息显示，打印测试页，也正常，故障排除。

图6-7　HP打印机无法开机故障维修（续）

6.3.2　打印机无法开机故障维修

客户寄来一块打印机的电源电路板，反映这台打印机通电后无法开机。通常打印机此类故障主要是由电源电路板存在问题而引起的。具体维修方法如图6-8所示。

（1）仔细检查电源电路板中是否有烧黑、炸裂、鼓包漏液等明显损坏的元器件。

（2）经检查，发现该电路板背面有一块烧黑的地方。

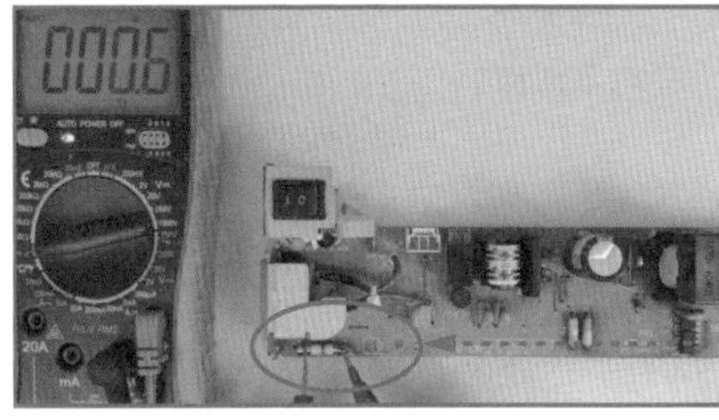

（3）用数字万用表蜂鸣挡测量熔断电阻器，测量值接近于0，说明熔断电阻器正常。

（4）观察发现电路板中还有一个熔断电阻器。

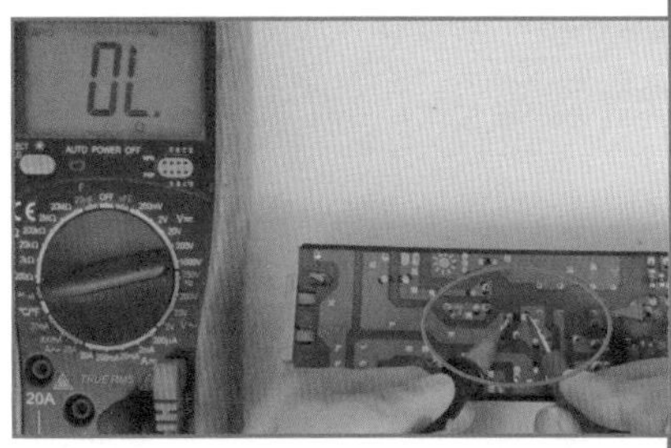

（5）在电路板背面测量熔断电阻器的两只引脚，测量值为无穷大，说明该熔断电阻器已经烧断损坏。

（6）熔断电阻器烧断说明电路中有短路的元器件。先用数字万用表蜂鸣挡测量烧黑位置的几个二极管，发现有两个二极管正、反向阻值均为0，已经击穿损坏。

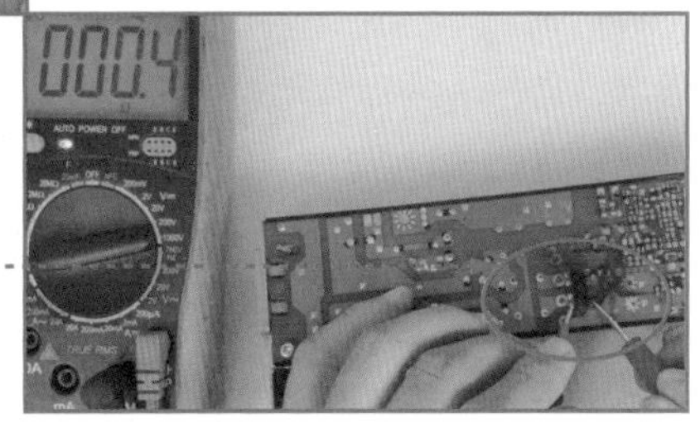

图6-8　打印机无法开机故障维修

（7）用数字万用表二极管挡测量电路板中的开关管、电源控制芯片、输出电路中的整流二极管、光电耦合器、电容器、电阻器等器件，均正常。

（8）更换损坏的二极管、熔断电阻器，准备通电测试。

（9）给电路板的熔断电阻器串接一个灯泡，然后通电。用数字万用表直流电压挡200V挡测量输出电压，测量值为24.3V，电压正常，故障排除。

图6-8　打印机无法开机故障维修（续）

6.3.3　打印机通电后指示灯不亮故障维修

客户寄来一块打印机的电源电路板，反映这台打印机通电后电源指示灯不亮，无法打印。通常打印机通电后电源指示灯不亮故障主要是由电源电路板存在问题而引起的。具体维修方法如图6-9所示。

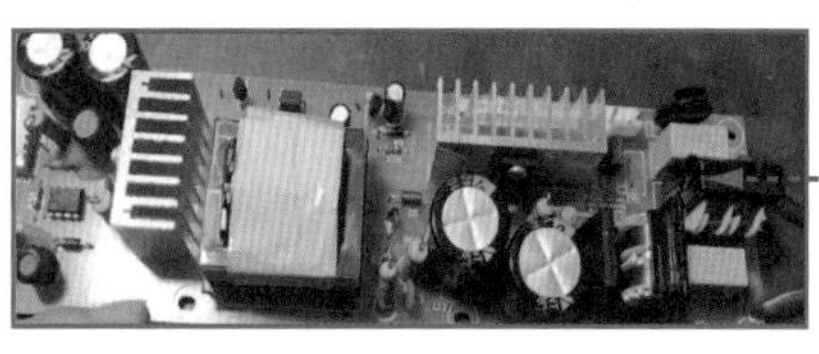

（1）先用万用表检测电路板中是否有损坏的元器件，防止通电后造成电路二次损坏。

（2）仔细检查电源电路板中是否有烧黑、炸裂、鼓包漏液等明显损坏的元器件。

图6-9　打印机通电指示灯不亮故障维修

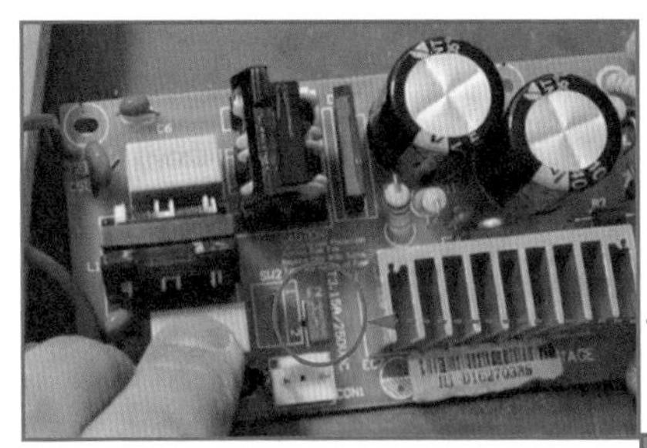

（3）接下来检查电路板中的熔断电阻器是否烧断。

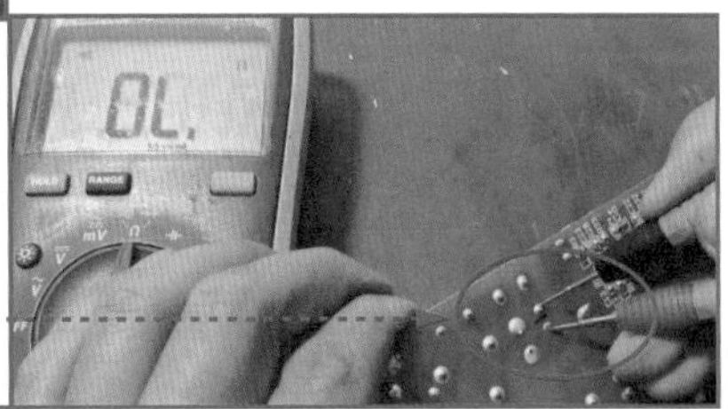

（4）用数字万用表蜂鸣挡测量熔断电阻器，测量值为无穷大，已经烧断损坏。

（5）用数字万用表蜂鸣挡测量整流滤波电路中的大容量电容器两只引脚，未发现电容器有短路问题。

（6）用数字万用表二极管挡测量整流堆的引脚，测量值正常

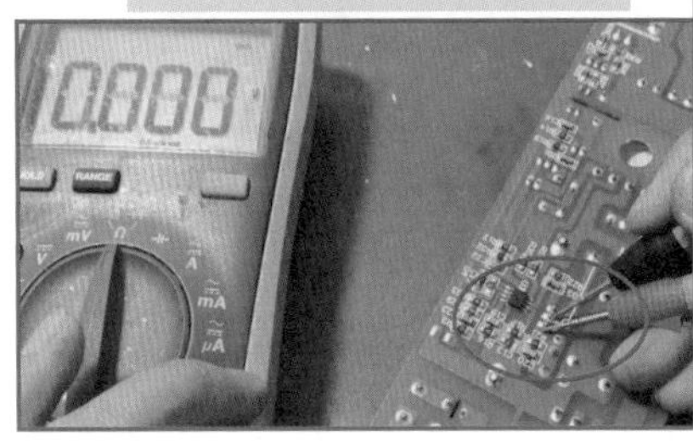

（7）测量开关管的任意两只引脚，测量为0，开关管已经短路击穿。

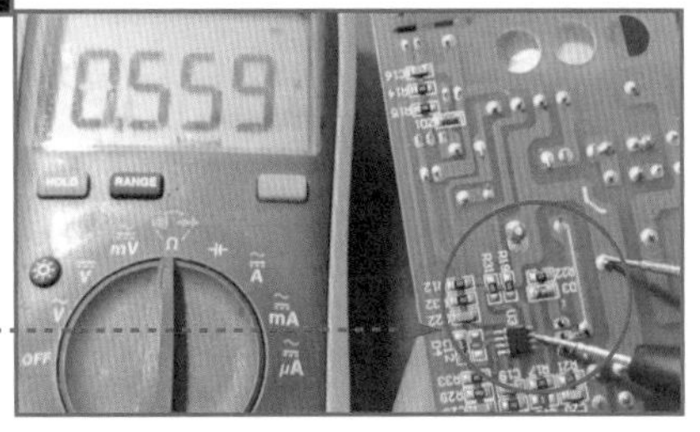

（8）检测电源控制芯片。将数字万用表调至二极管挡，两表笔分别接电源控制芯片的驱动信号输出引脚和接地脚，测量值为0.559V。

图6-9 打印机通电指示灯不亮故障维修（续）

（9）调换表笔，再次测量，测量值为0.907V，两只测量值不一样，且不为 0 或无穷大，说明电源控制芯片基本正常。

（10）将数字万用表的两表笔分别接电源控制芯片输出引脚和电源控制芯片供电电路输入端，测量值为0.646V，说明电源控制芯片没有短路损坏。

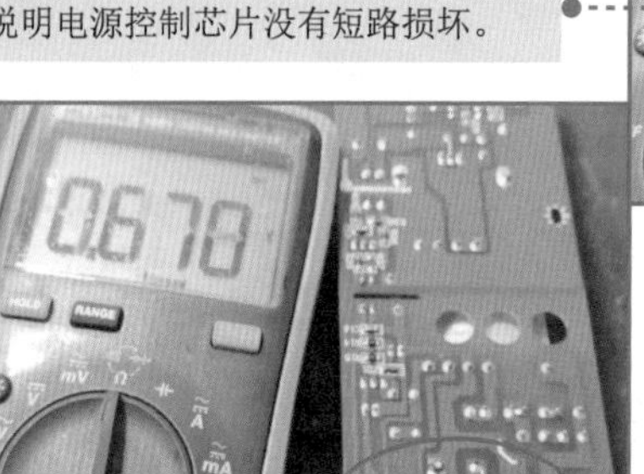

（11）测量所有引脚的对地阻值。将数字万用表调到二极管挡，红表笔接地，黑表笔依次接每个引脚，测量值均正常。如果测量值为0，则说明电源控制芯片已损坏。

（12）测量开关管外围的电阻器、电容器、二极管等元器件，未发现有短路问题。更换损坏的开关管，准备通电测试。

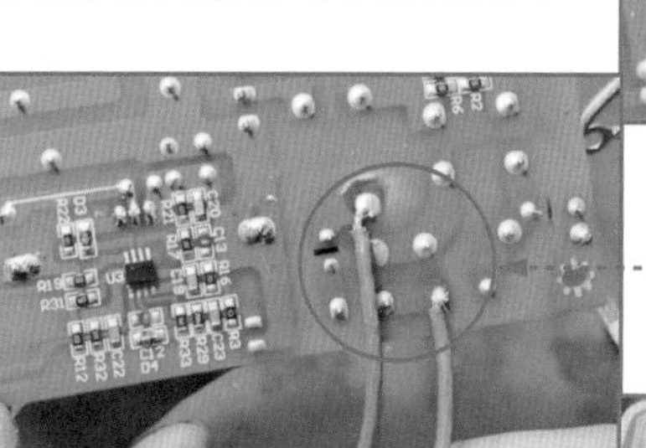

（13）在电路板的熔断电阻器引脚上串联一只灯泡，防止电路板短路导致二次损坏。

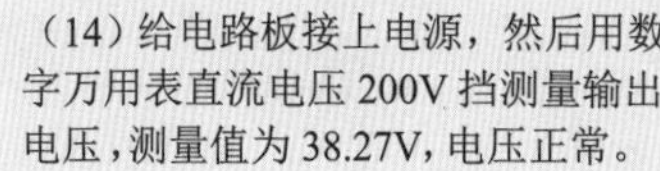
（14）给电路板接上电源，然后用数字万用表直流电压 200V 挡测量输出电压，测量值为 38.27V，电压正常。

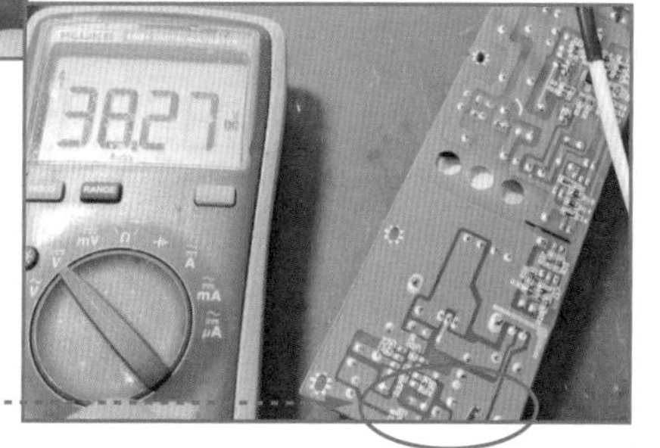

图6-9　打印机通电指示灯不亮故障维修（续）

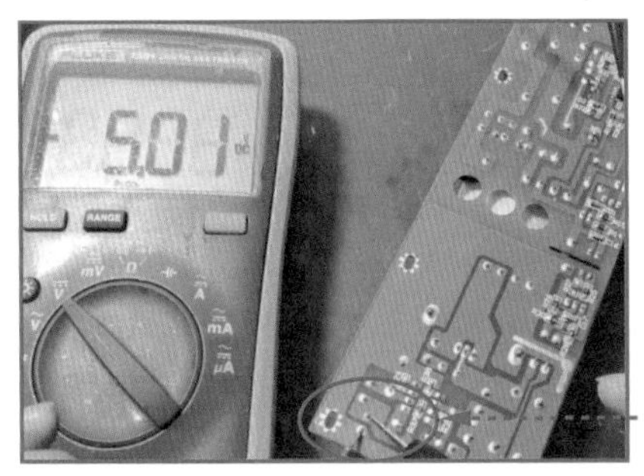

（15）测量5V输出电压，测量值为5.01V，输出电压正常。故障排除。

图6-9　打印机通电指示灯不亮故障维修（续）

第 7 章

工业控制设备开关电源维修实战

在各种工业控制设备中，都会采用开关电源电路为工业控制设备的控制电路提供工作电压，这部分电路很重要，如果出现故障会导致工业控制设备无法正常工作（如显示屏无法显示、指示灯不亮、设备不启动等）。本章将重点讲解工业控制设备开关电源电路故障的维修实战。

7.1 变频设备开关电源电路故障检修方法

变频器、伺服器等变频设备的开关电源通常工作在大电流、高电压、高温等环境中，因此出现故障的概率很高。变频设备出现通电无显示或显示异常的故障后，通常重点检查开关电源电路。本节将重点讲解维修变频设备开关电源电路故障的方法。

7.1.1 变频器整流电路故障维修方法

测量变频器主电路中的整流电路时，先给变频器通电，然后用数字万用表测量直流母线接线柱（P端子和N端子）的电压是否正常。如果直流电压正常，说明整流电路工作正常。测量时应测量两次，一次带负载测量，另一次空载测量。变频器主电路中的整流电路故障维修方法如图7-1所示。

（1）将数字万用表调至直流电压750V挡，红表笔接P（+）端子，黑表笔接N（－）端子，测量母线电压。正常应为530V左右。

（2）如果空载测量电压正常，带负载时测量的电压明显下降（低于450V），说明整流电路有问题，检测整流电路中的整流二极管是否性能下降。

（3）如果空载时测量的电压较低，而负载电动机不转，电压下降到十几伏，则可能是继电器（接触器）损坏。如果直流母线无电压，则充电电阻器可能出现断路故障。

图7-1　整流电路维修方法

7.1.2 变频器通电无反应，显示面板无显示故障维修方法

当变频器出现通电后无反应，显示面板无显示，且24V和10V控制端子的电压为0故障时，可以按照下面的方法步骤进行检测。

（1）由于24V和10V控制端子的电压为0，所以应先检查开关电源电路。首先检查主电路中整流电路和逆变电路是否损坏，然后通电检查变频器开关电源电路中的输入电压是否正常（正常为530V左右），具体方法如图7-2所示。

（2）检测开关电源电路。先用数字万用表的欧姆挡测量开关管有无击穿短路现象，具体方法如图7-3所示。如果开关管击穿损坏，除了更换开关管外，还要检测开关管S极连接的电流取样电阻器是否开路，因为开关管损坏后，电流取样电阻器会因受冲击而阻值变大或开路。另外，开关管G极串联的电阻器、PWM控制芯片受强电冲击也容易损坏，必须同时进行检测。除此之外，还要检查负载回路有无短路现象。

将数字万用表挡位调至750V直流电压挡，红表笔接P端子，黑表笔接N端子，测量整流电路整流后的直流电压。如果输入电压为三相380V，测量的电压正常应为530V左右；如果输入电压为两相220V，测量的电压正常应为310V左右。注意，测量完母线电压后，在检测开关电源电路中的元器件前，要对电容器进行放电处理。

图7-2　测量直流母线电压

通过测量开关管引脚间阻值来判断其好坏。将数字万用表调至蜂鸣挡，两表笔分别测量三只引脚中的任意两只，如果测量的电阻值为0，蜂鸣挡发出报警声，则说明开关管有问题。

图7-3　检测开关管好坏

（3）如果开关管没有损坏，并且其G极串联的电阻器、S极连接的电流取样电阻器等均正常，则进一步检查开关电源电路中的振荡电路。在通电的情况下，检测PWM控制芯片（以3844为例）的第7引脚启动电压是否正常，如图7-4所示。

（1）将数字万用表调至直流电压20V挡，红表笔接PWM控制芯片第7引脚，黑表笔接第5引脚（接地脚），测量启动电压（正常应为16V）。

（2）如果启动电压不正常，则检查启动电阻器有无断路，启动电阻器连接的滤波电容器是否损坏（击穿或电容量下降）。一般来说，滤波电容器容量下降会导致PWM控制芯片启动电压下降。

图7-4　测量PWM芯片启动电压

（4）如果PWM控制芯片第7引脚启动电压正常，则继续测量PWM芯片第8引脚的基准电压，正常应有5V直流电压，如图7-5所示。

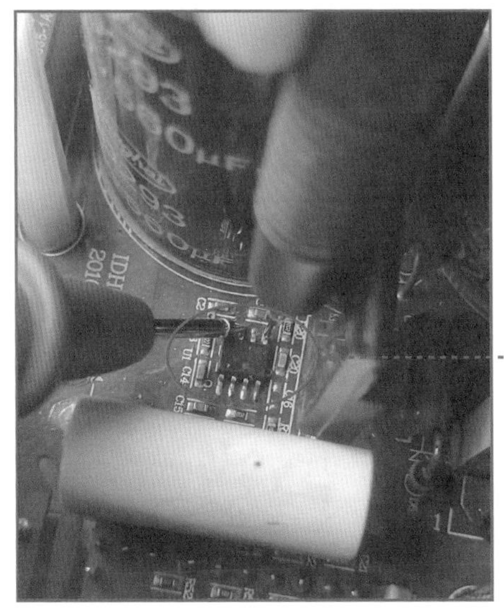

（1）将数字万用表调至直流电压20V挡，红表笔接PWM控制芯片第8引脚，黑表笔接第5引脚（接地脚）进行测量。

（2）如果第8引脚电压正常，说明PWM控制芯片开始工作了。

（3）如果第8引脚电压为0，而第7引脚电压正常，说明PWM控制芯片没有工作，可能损坏了。

图7-5　测量PWM芯片的基准电压

（5）如果PWM芯片基准电压正常，则继续测量PWM芯片第6引脚的输出电压，正常应该有几伏电压输出，如图7-6所示。

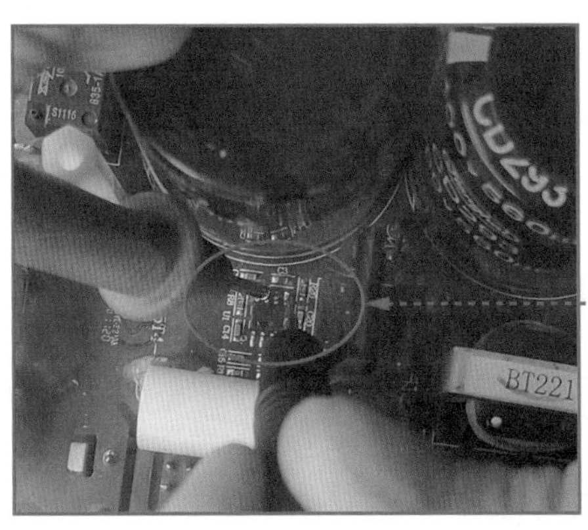

（1）如果PWM芯片第8引脚和第6引脚输出电压正常，说明振荡电路基本正常，故障可能在稳压电路。

（2）如果第6引脚输出电压为0V，则先检查第8、4引脚外接的电阻器和电容器等定时元器件，以及第6引脚外围电路中的元器件。

图7-6　测量PWM控制芯片输出电压

（6）如果基准电压和第6引脚输出电压均为0，但启动电压正常，PWM控制芯片外围定时元器件也正常，则PWM控制芯片损坏，直接更换一个PWM控制芯片即可。

（7）检查稳压电路时，首先对PWM控制芯片单独上电（将16V可调电源的红、黑接线柱接到第7、5引脚），然后短接稳压电路中光电耦合器的输入侧，如图7-7所示。

（1）如果振荡电路起振，说明故障在光电耦合器输入侧外围电路，重点检查该电路中的精密稳压器、取样电阻器等元器件。
（2）如果振荡电路仍不起振，则故障可能在稳压电路中光电耦合器的输出侧电路，重点检查光电耦合器输出侧连接的电阻器等元器件。

图7-7　短接光电耦合器输入侧引脚

7.1.3　变频器开机听到打嗝声或“吱吱”声故障维修方法

如果变频器的负载电路出现异常，导致电源过载时（过电流故障），会引发过电流保护电路动作，从而引起变频器的开关电源出现间歇振荡，发出打嗝声或“吱吱”声，或显示面板时亮时熄（闪烁）。

当变频器的输出电流异常上升时，会引起电源变压器的一次绕组励磁电流大幅上升，同时在开关管S极连接的电流采样电阻器上形成1V以上的电压信号，促使PWM芯片内部电流检测保护电路开始工作，第6引脚停止输出电压信号，振荡电路停止振荡，达到保护电路的目的。当开关管S极电流采样电阻器上过电流信号消失后，PWM芯片又开始输出电压信号，振荡电路又重新开始工作，如此循环往复，开关电源就会出现间歇振荡现象。

变频器开始听到打嗝声或“吱吱”声故障维修方法如下：

（1）观察开关电源输出电路中大滤波电容器的外观有无鼓包、漏液等明显损坏的现象，如图7-8所示。

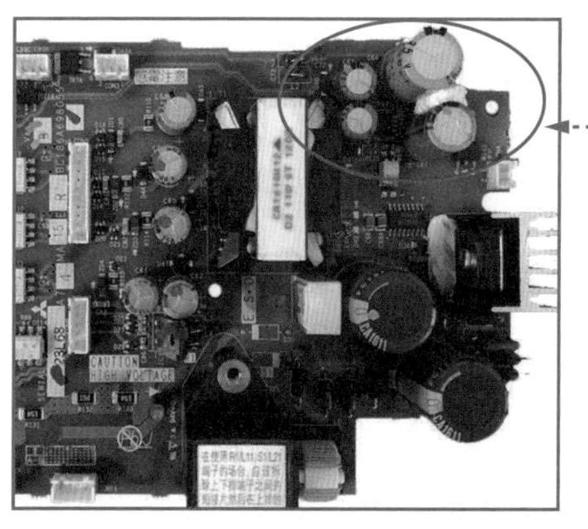

如果滤波电容器有损坏，
直接更换同型号的电容器。
CAUTION

图7-8　检查明显损坏的元器件

（2）用数字万用表的蜂鸣挡测量开关电源输出电路中的滤波电容器两端电阻值，如图7-9所示。

（1）如果电阻值为0或很小，说明电容器有短路直通现象，则可能输出电路中的整流二极管有短路。
（2）滤液电容器容易老化（特别是那些使用时间较长的变频器），最好拆下这些电容器，测量一下电容量是否减少。

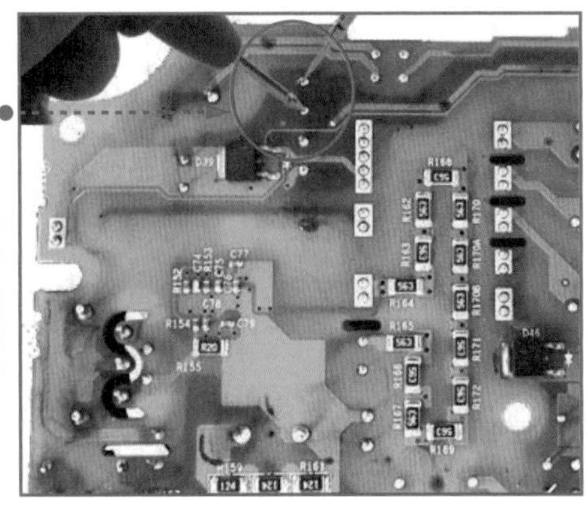

图7-9　测量滤波电容器

（3）用数字万用表的二极管挡测量输出电路中整流二极管的管电压，来判断整流二极管的好坏，如图7-10所示。

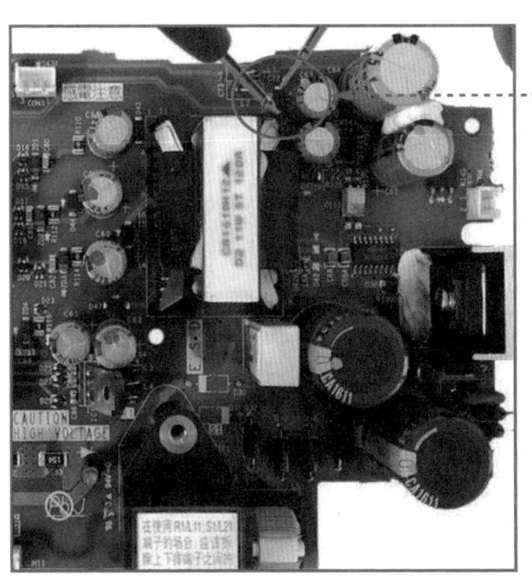

整流二极管的正常管压降为0.6V左右。如果管电压为0或较低，或为无穷大，则整流二极管损坏，更换同型号的整流二极管即可。

图7-10　检测整流二极管

（4）如果开关电源电路的输出电路无异常，则可能负载电路有短路故障元件。可逐一排查各路负载供电，如拔下风扇供电端子后变频器工作变正常，则可判定24V散热风扇出现故障。

7.1.4　变频器输出直流电压过高故障维修方法

变频器输出电压过高或过低通常是由稳压电路故障引起的，一般稳压电路的取样电阻器、光电耦合器、精密稳压器等元器件损坏或性能下降，会导致反馈电压幅度不足，造成输出电压过高或过低。

变频器输出直流电压过高故障维修方法如下：

（1）首先在稳压电路中光电耦合器的输出端（图7-11中RC3的第3、4引脚）并联一只10kΩ电阻器，然后开机测量输出电压。具体方法如图7-11所示。

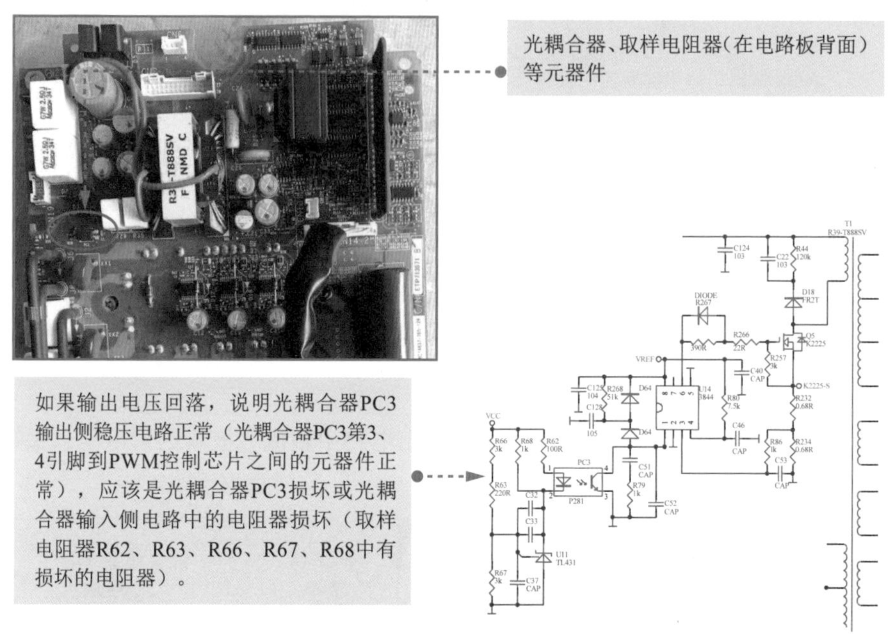

光耦合器、取样电阻器(在电路板背面)等元器件
如果输出电压回落，说明光耦合器PC3输出侧稳压电路正常（光耦合器PC3第3、4引脚到PWM控制芯片之间的元器件正常），应该是光耦合器PC3损坏或光耦合器输入侧电路中的电阻器损坏（取样电阻器R62、R63、R66、R67、R68中有损坏的电阻器）。

图7-11　判断稳压电路故障点

（2）在光电耦合器第1引脚连接的取样电阻器（图7-12中的R62）上并联一只500Ω电阻器，然后测量变频器的输出电压，如图7-12所示。

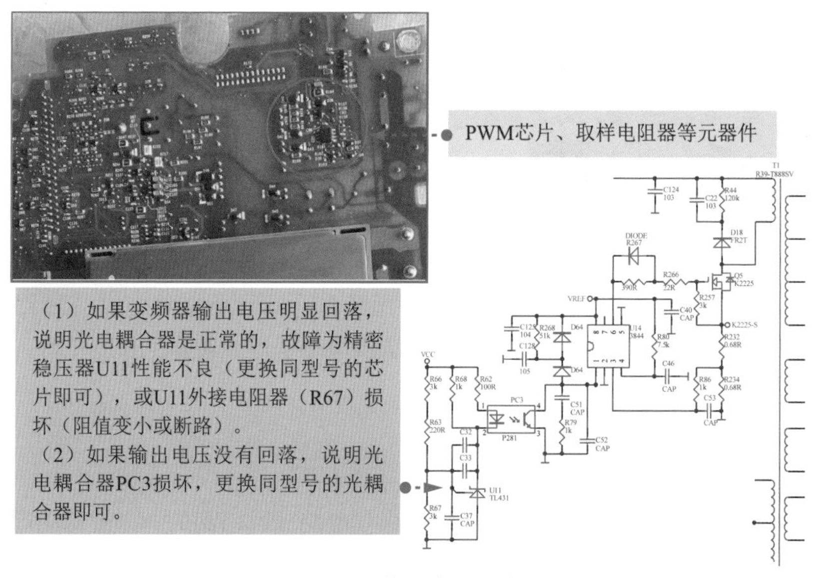

PWM芯片、取样电阻器等元器件
（1）如果变频器输出电压明显回落，说明光电耦合器是正常的，故障为精密稳压器U11性能不良（更换同型号的芯片即可），或U11外接电阻器（R67）损坏（阻值变小或断路）。
（2）如果输出电压没有回落，说明光电耦合器PC3损坏，更换同型号的光耦合器即可。

图7-12　检测稳压电路

7.1.5 变频器上电整机无反应无显示故障维修方法

变频器开关电源故障通常表现为上电后整机无反应，无显示，此故障的检修思路如图7-13所示。

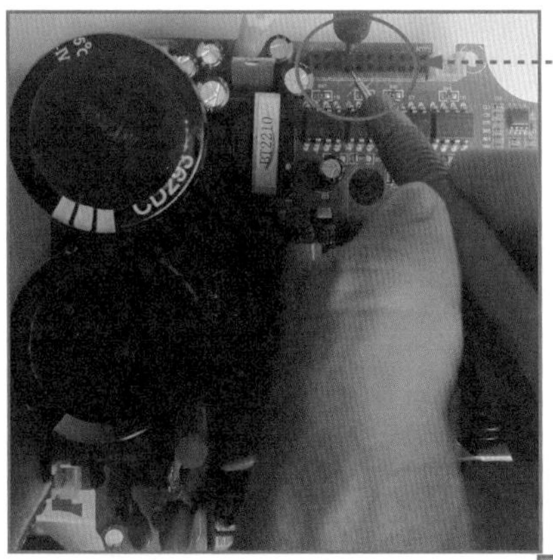

（1）首先用数字万用表直流电压200V挡测量15V和5V输出电压。如果电压均为0，说明开关电源电路有问题。

（2）上电情况下，用数字万用表直流电压1000V挡测量直流母线535V或310V电压是否正常。如果电压不正常，重点检查整流滤波电路中的限流电阻器是否开路，整流电路中的二极管是否损坏，接触器或继电器常开触点是否氧化或接触不良，450V滤波电容器是否击穿或老化。

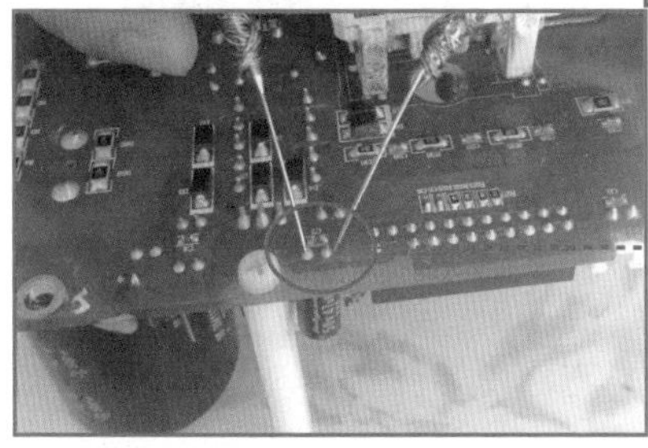

（3）如果直流母线电压正常，说明开关电源电路的供电正常。然后检测开关变压器次级负载电路，如滤波电容器是否击穿短路，整流二极管是否击穿、电感器有无开路等。一般来讲，开关电源负载侧的故障率较高，振荡和稳压环节的故障少一些。

图7-13 变频器上电后整机无反应无显示故障维修方法

7.2 变频器开关电源故障维修实战

变频器的故障大部分属于由电源电路部分故障，通常变频器出现通电不显示、上电无反应、不开机等故障时，应首先检测其开关电源电路是否正常。本节将通过一些维修实战案例对变频器开关电源电路故障的维修方法进行介绍。

7.2.1 变频器开机无显示故障维修

一台汇川变频器通电后面板无显示。通常变频器此类故障可能是开关电源电路或主电路存在问题引起的。具体维修方法如图7-14所示。

变频器开机无显示故障维修方法如图7-14所示。

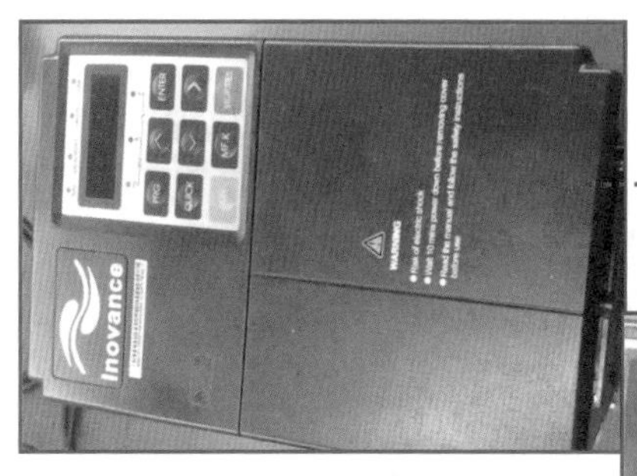

（1）在通电检测前，先用数字万用表检测一下整流电路和IGBT模块是否正常，防止通电后造成变频器电路二次损坏。

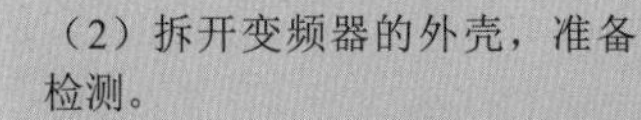

（2）拆开变频器的外壳，准备检测。

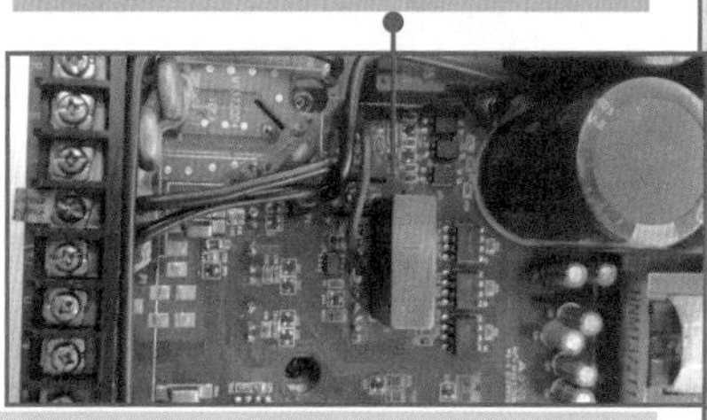

（3）将数字万用表调到二极管挡，用红表笔接直流母线的负极，即N端子（或“－”端子），黑表笔分别接R、S、T三个端子，测量值均为0.498V。然后再将黑表笔接直流母线的正极，即P端子（或“+”端子），红表笔分别接R、S、T三个端子，测量值也均为0.498V，说明整流电路中的整流二极管都正常。

（4）将红表笔接直流母线的负极，黑表笔分别接U、V、W三个端子，测量值均为0.46V，说明逆变电路中下臂的三个变频元器件都正常。然后将黑表笔接直流母线的正极，红表笔分别接U、V、W三个端子，测量值也均为0.46V，说明逆变电路上臂变频元器件都正常。

图7-14 变频器开机无显示故障维修

（5）用数字万用表蜂鸣挡测量开关管任意两只引脚间的阻值，未发现开关管有短路（阻值为0）情况。

（6）给电源电路板通电，然后测量直流母线电压。将数字万用表调到直流电压 750V 挡，红、黑表笔分别接 P（+）端子和 N（-）端子，测量的电压值约为 508V，电压正常。

（7）断开供电，并给滤波电容器放电，可以用灯泡或大阻值电阻器连接 P（+）端子和 N（-）端子来放电。

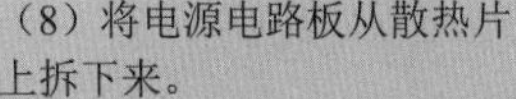

（8）将电源电路板从散热片上拆下来。

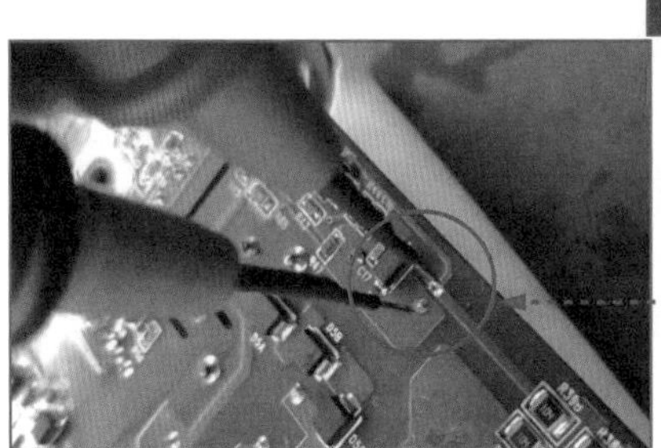

（9）再次给电源电路板通电，将数字万用表调到直流电压 20V 挡，然后用两表笔测量 PWM 控制芯片供电电路的电压。

图7-14 变频器开机无显示故障维修（续）

（10）发现供电电压从 12V 到 15V 不断变化，说明供电电压不正常。

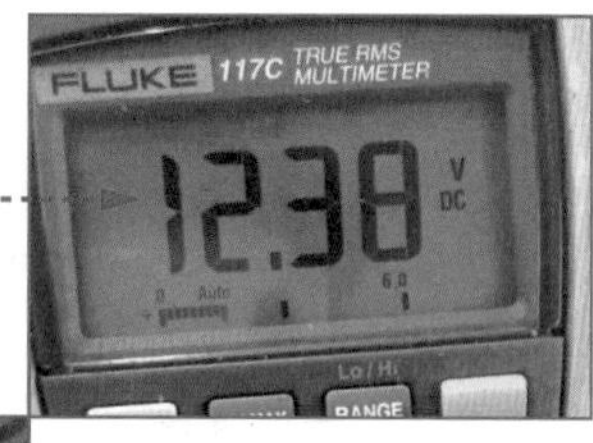

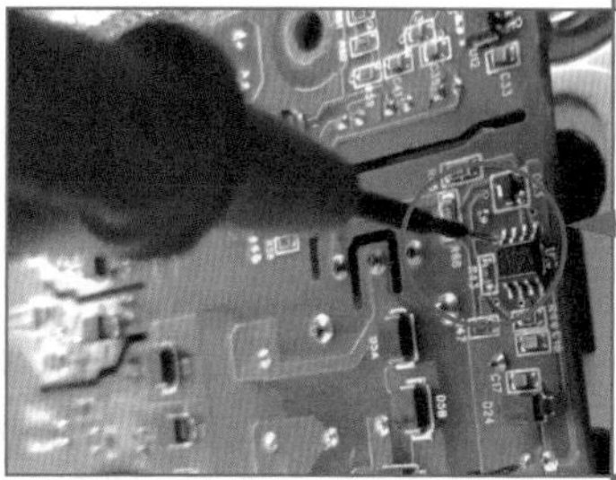

（11）测量PWM控制芯片第8引脚的5V基准电压（此芯片为2844）是否正常。

（12）测量的电压值也是不断跳动变化的。

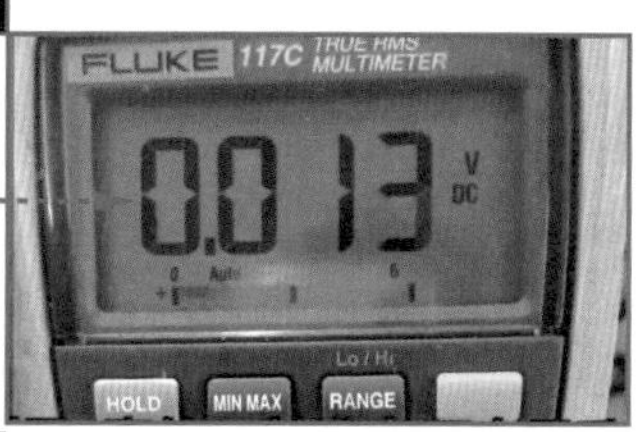

（13）检测 PWM 控制芯片供电电路中的元器件，发现有一个二极管已损坏。

（14）检测开关电源电路中其他元器件，发现有几个滤波电容器老化，容量下降。

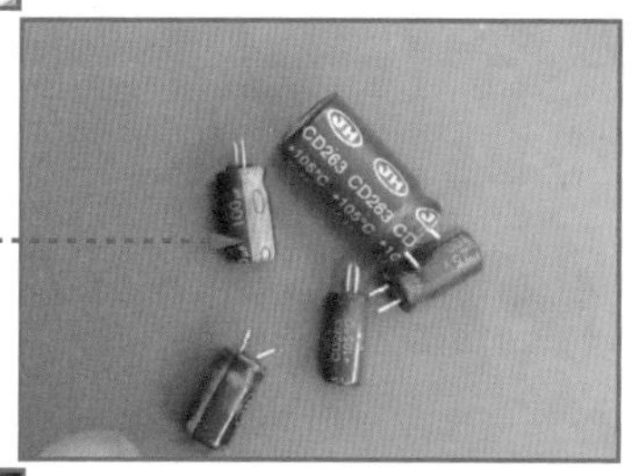

（15）更换掉损坏的二极管和性能不良的滤波电容器。

图7-14　变频器开机无显示故障维修（续）

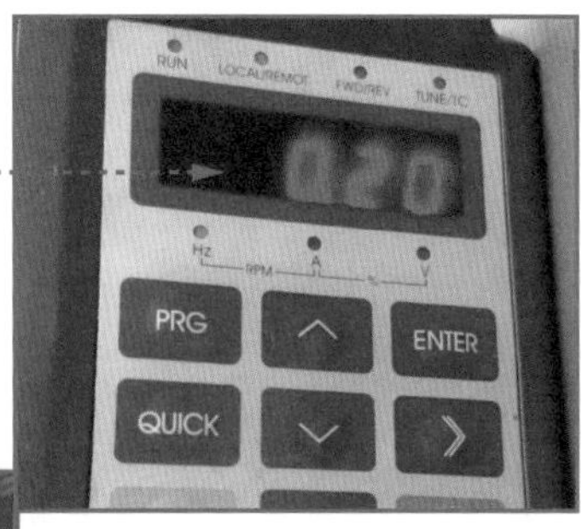

（16）将显示面板连接到电源电路板，通电测试，发现显示面板有显示了。

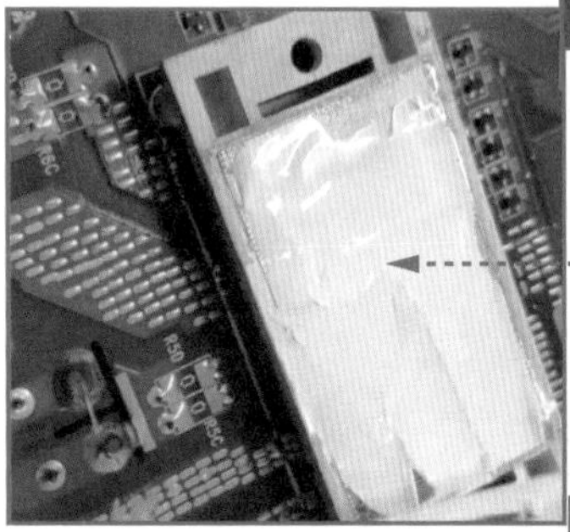

（17）准备安装变频器电路板，先在IGBT模块上涂抹一层散热硅脂。

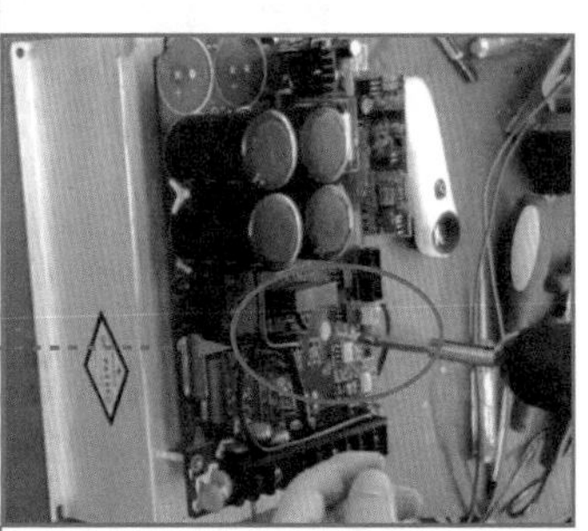

（18）将电源电路板固定到散热片上，并安装好变频器的外壳。

（19）给变频器接好380V电源，通电试机。显示面板显示正常。

（20）变频器连接电动机进一步测试，电动机运转正常，且变动频率后，依然运转正常。故障排除。

图7-14　变频器开机无显示故障维修（续）

7.2.2 变频器显示面板闪烁不开机故障维修

客户送来一台变频器，反映这台变频器通电后显示面板一直闪烁，无法开始。通常变频器显示面板闪烁的故障都是由开关电源电路或负载（如散热风扇）短路引起的。具体维修方法如图7-15所示。

（1）通电前，先检查整流电路及IGBT模块是否有损坏的情况。

（2）将数字万用表调到二极管挡，红表笔接直流母线的负极，黑表笔分别接R、S、T三个端子，测量的值均为0.41V左右。然后将黑表笔接直流母线的正极，红表笔分别接R、S、T三个端子，测量值也均为0.41左右，说明整流电路中的整流二极管都正常。

（3）红表笔接直流母线的负极，黑表笔分别接U、V、W三个端子，测量的值均为0.46V左右，说明逆变电路中下臂的三个变频元器件都正常。然后将黑表笔接直流母线的正极，红表笔分别接U、V、W三个端子，测量值也均为0.46V左右，说明逆变电路上臂变频元器件都正常。

图7-15　变频器显示面板闪烁不开机故障维修

（4）拆开变频器的外壳，准备检查开关电源电路。

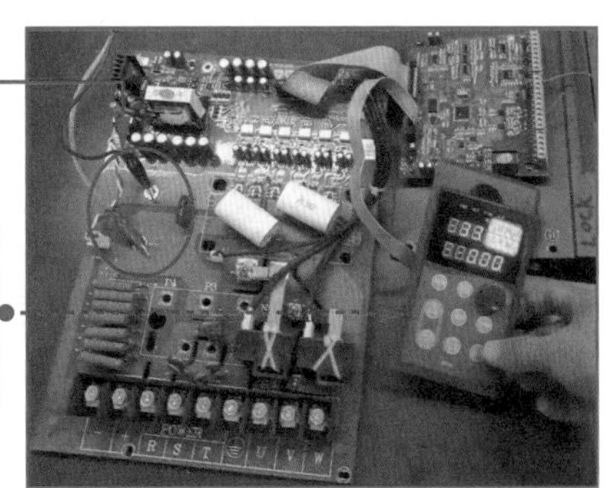

直接通过外接直流电压供电

（5）拆下电路板之后，经观察，未发现有明显损坏的元器件。之后给电源电路板外接530V直流电源，通电检查。发现此时显示面板显示正常了。

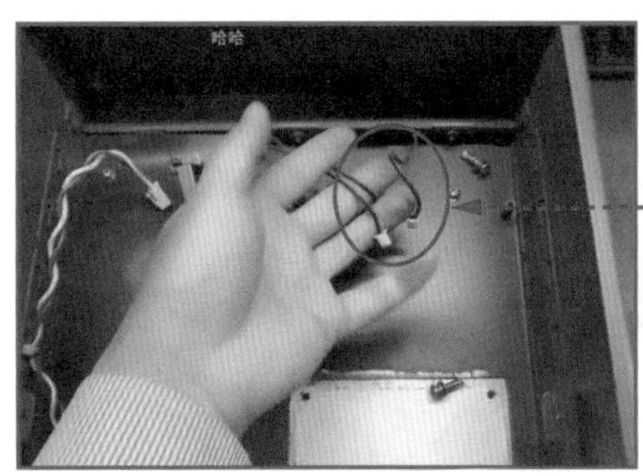

（6）由于拆下电路板之前，仅连接了散热风扇，在未连接散热风扇的情况下，变频器显示正常，因此怀疑是散热风扇问题引起的故障。

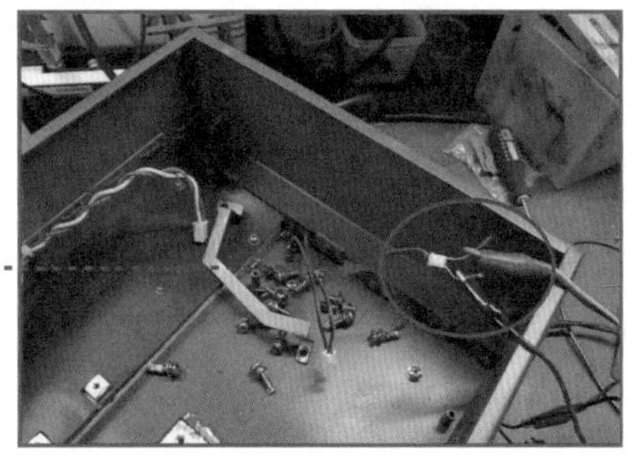

（7）将散热风扇的电源连接到可调电源进行测试。

图7-15　变频器显示面板闪烁不开机故障维修（续）

（8）经测试，发现其中一个散热风扇连接到可调电源后，电流指示灯亮起，说明此风扇内部有短路故障。

（9）拆下并更换损坏的散热风扇。

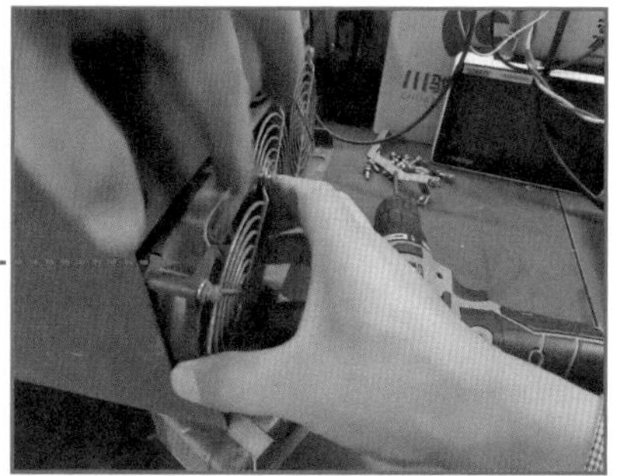

（10）安装好变频器的电路板及外壳，给变频器连接380V电源，并连接负载，然后通电试机。变频器显示面板显示正常，负载工作也正常，故障排除。

图7-15　变频器显示面板闪烁不开机故障维修（续）

7.2.3　变频器显示板不显示故障维修

一台故障变频器通电后显示板无显示，通常情况下，该故障与开关电源故障或主电路故障都有关系，具体维修方法如图7-16所示。

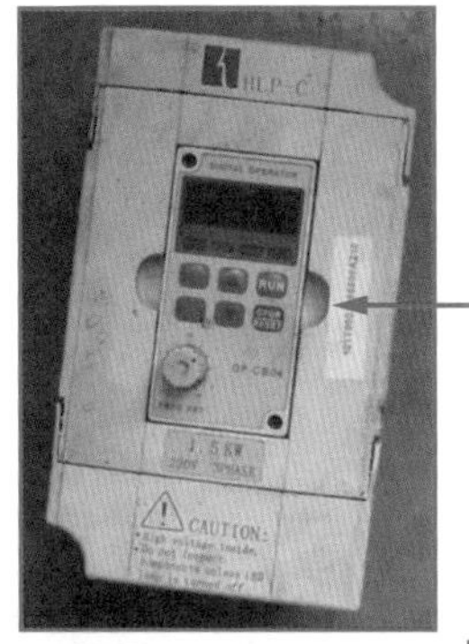

（1）通电前，先用数字万用表检测一下整流电路和IGBT模块是否有问题，防止通电后造成变频器电路二次损坏。

（2）将数字万用表调到二极管挡，检测整流二极管和逆变电路中上、下臂变频元器件，测量结果显示均正常。

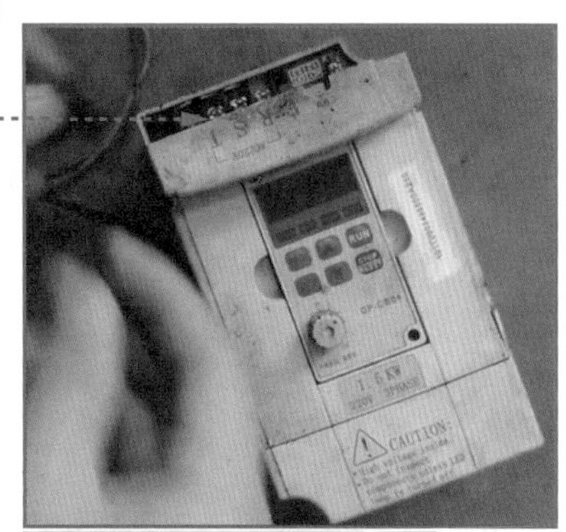

（3）在确定IGBT模块和整流电路正常的情况下，给变频器通电。通电后，发现连接的灯泡亮了几下就熄灭了，显示板一直没有显示。判断故障可能在开关电源电路中。

（4）拆开变频器外壳，准备检测开关电源电路。

图7-16　变频器显示板不显示故障维修

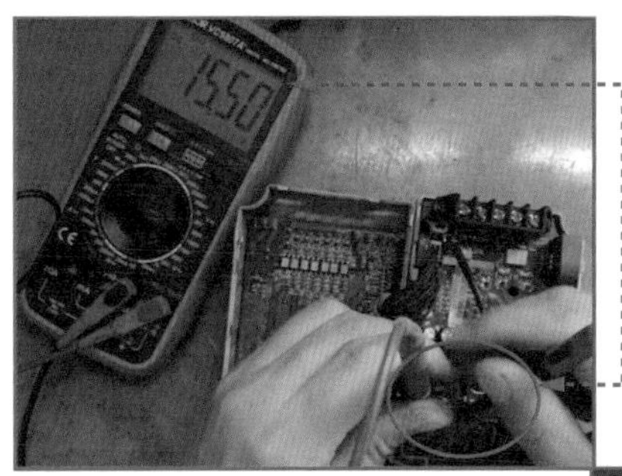

（5）给变频器接上电源，准备测量开关电源电路中PWM控制芯片的启动电压。将数字万用表挡位调到直流电压20V挡，黑表笔接芯片（芯片为3844）第5引脚，红表笔接第7引脚。测量的电压为15.5V，正常应为16V。

（6）黑表笔不动，红表笔接第8引脚。测量的电压为0，正常应为5V，说明PWM控制芯片没有工作。由于上一步测量的启动电压偏低，怀疑是PWM控制芯片的供电电路有元器件工作不良。根据经验，电路中的滤波电容器容量下降容易导致供电电压下降。

（7）将电源电路板拆下，进一步检查开关电源电路中的元器件。

（8）用电烙铁将启动电路中的滤波电容器拆下，测量其电容量。

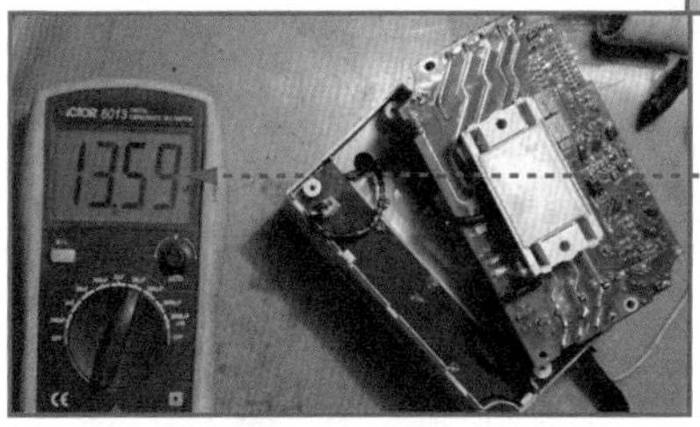

（9）经测量，该滤波电容器电容量由33μF下降为13.59μF，说明滤波电容器老化损坏。

图7-16　变频器显示板不显示故障维修（续）

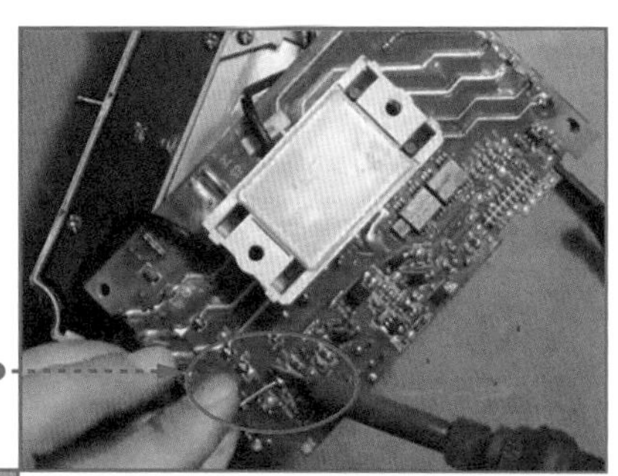

（10）更换一只同型号的滤波电容器。

（11）插好显示面板，通电测试，发现变频器可以正常显示了。

（12）在IGBT模块上涂抹散热硅脂，开始安装变频器。

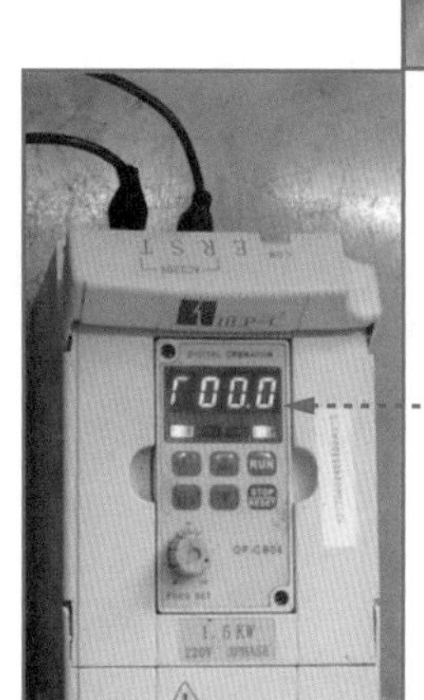

（13）安装好变频器后，通电并连接负载进行测试，发现变频器可以正常显示，负载工作正常。故障排除。

图7-16　变频器显示板不显示故障维修（续）

7.3 伺服器开关电源故障维修实战

伺服器的故障大部分也属于电源电路部分故障，通常伺服器出现上电不显示、或上电不开机等故障时，应首先检测其开关电源电路是否正常。本节将通过一些维修实战案例对伺服器开关电源电路故障的维修方法进行介绍。

7.3.1 伺服器上电无显示故障维修

一台广州数控的伺服器通电后无显示。通常伺服器此类故障主要是开关电源电路或主电路存在问题而引起的。具体维修方法如图7-17所示。

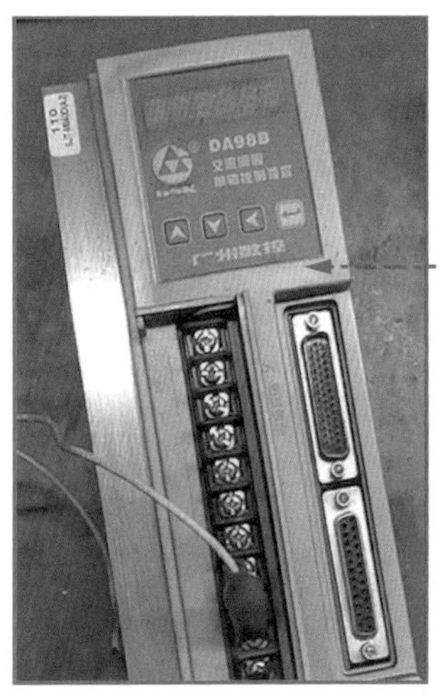

（1）通电前，先用数字万用表检测一下整流电路和IGBT模块是否有问题，防止通电后造成伺服器电路二次损坏。然后将数字万用表调到二极管挡，将红表笔接直流母线的负极，黑表笔分别接R、S、T三个端子，测量值均为0.49V。然后将黑表笔接直流母线的正极，红表笔分别接R、S、T三个端子，测量值也均为0.49V，说明整流电路中的整流二极管都正常。接下来将红表笔接直流母线的负极，黑表笔分别接U、V、W三个端子，测量值均为0.46V，说明逆变电路中下臂的三个变频元器件都正常。然后将黑表笔接直流母线的正极，红表笔分别接U、V、W三个端子，测量值也均为0.46V，说明逆变电路上臂变频元器件都正常。

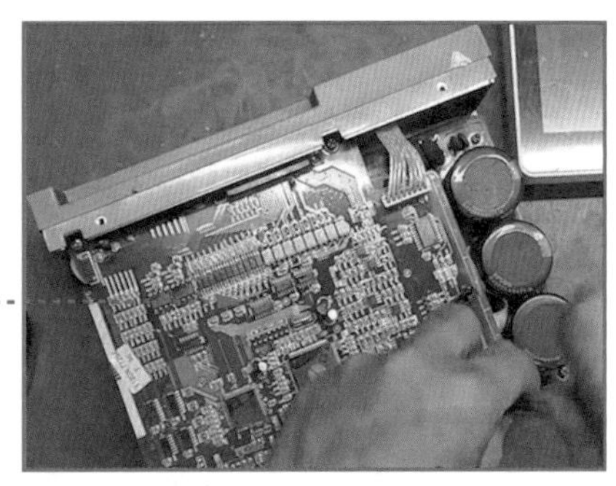

（2）拆开伺服器的外壳，准备进一步检测。

图7-17　伺服器开机无显示故障维修

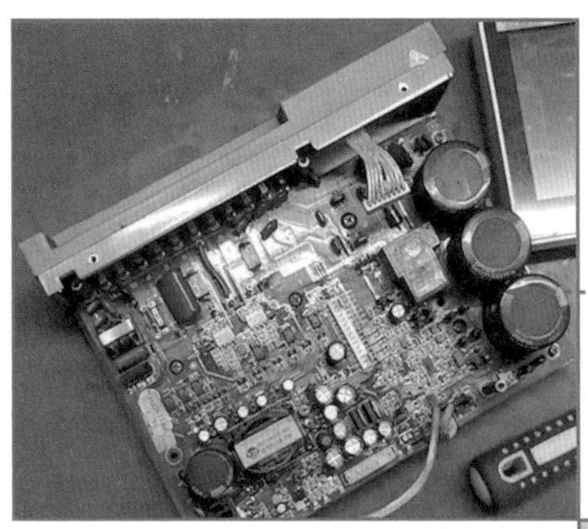

（3）先检查开关电源电路中的元器件，看有无明显损坏的元器件（如烧黑、鼓包、流液等）。经检查，未发现明显损坏的元器件。

（4）在检查开关电源电路过程中发现此开关电源电路采用了开关管和PWM 芯片集成于一体的电源管理芯片 TOP255。由于此芯片发生故障的概率较高，根据维修经验，重点检查TOP255。

（5）将此芯片从电路板中拆下，测量其好坏。

（6）将数字万用表调到二极管挡，测量芯片的D脚和S脚。测量值为无穷大，说明芯片损坏，正常应有0.5V左右的压降。

（7）用同型号的 TOP255 芯片更换损坏的芯片。

图7-17　伺服器开机无显示故障维修（续）

（8）将伺服器电路接上电源，开机测试，可以看到正常开机，显示屏显示正常，故障排除。之后将伺服器电路板安装好，并装好外壳。然后将伺服器连接电动机进行测试，可以正常控制电动机转动，故障排除。

图7-17　伺服器开机无显示故障维修（续）

7.3.2　伺服器开机指示灯不亮显示230005故障代码故障维修

一台西门子伺服器开机后指示灯不亮，显示230005故障代码。经查，该故障代码表示功率单元过载。根据经验，此故障可能是电源部分有损坏的元器件。具体维修方法如图7-18所示。

（1）拆开伺服器外壳，准备检查内部电路的情况。用旋具拧开外壳的固定螺钉。

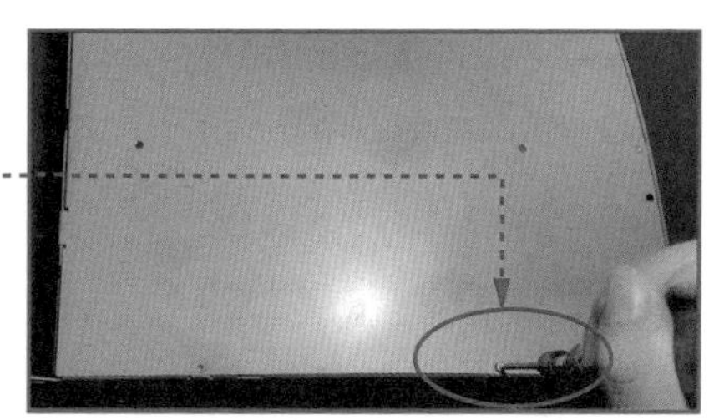

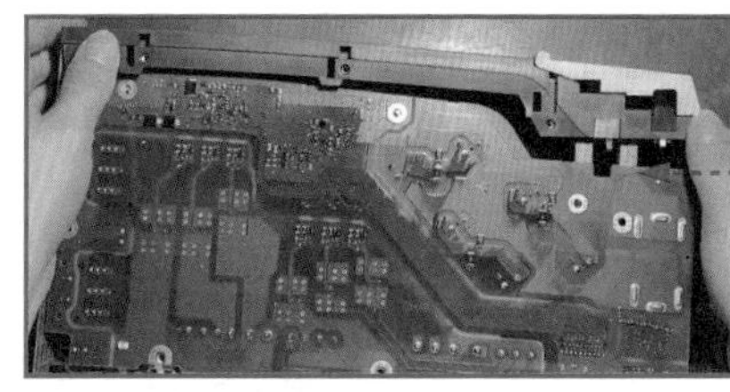

（2）继续拆卸伺服器电路板。

（3）检查电源电路板正面，未发现明显烧坏或损坏的元器件。

图7-18　伺服器开机显示故障代码故障维修

（4）测量电源电路板输出端。将数字万用表调到二极管挡，黑表笔接直流母线的正极，红表笔分别接U、V、W的输出端，测量值为0，说明IGBT模块内部有短路故障。

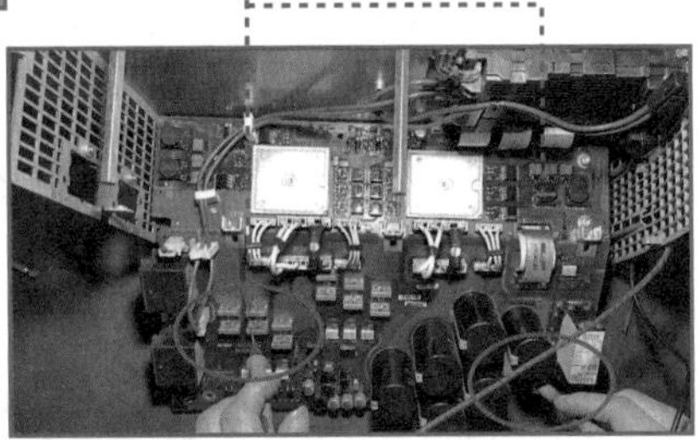

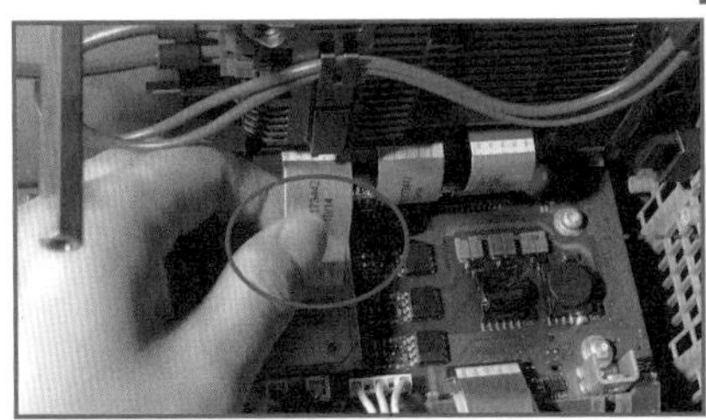

（5）拆下电源电路板上连接的排线。

（6）拧下IGBT模块的固定螺钉，然后拆下模块上盖。

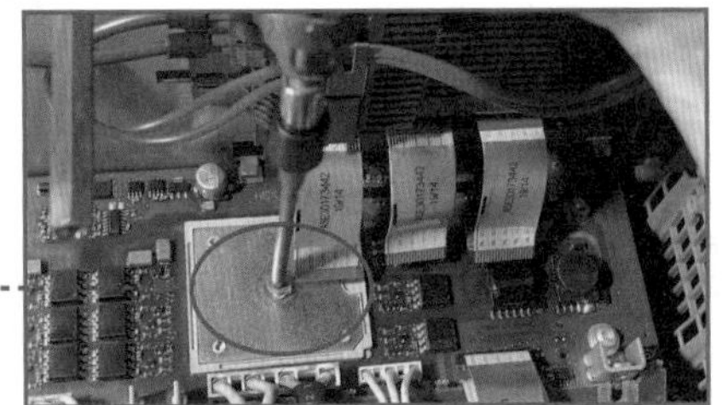

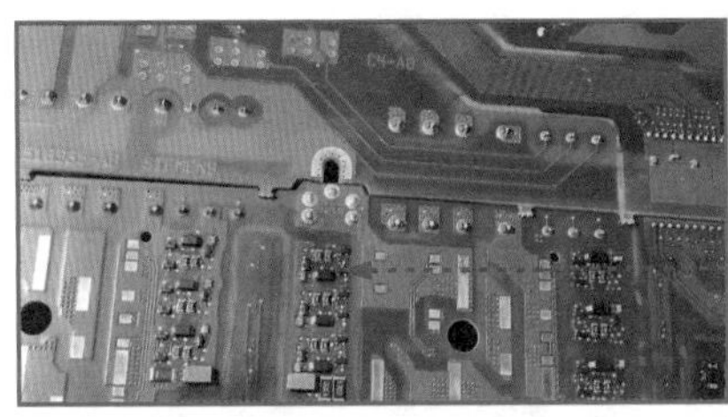

（7）检查电源电路板背面，未发现有明显烧坏的元器件。

（8）用数字万用表蜂鸣挡测量开关变压器的引脚，发现右侧的开关变压器内部发生断路。

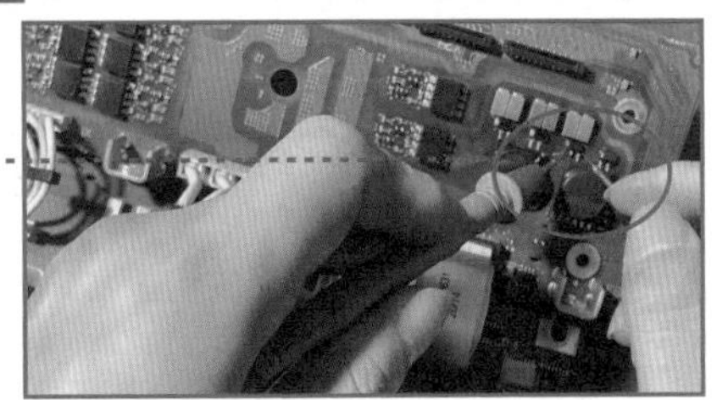

图7-18 伺服器开机显示故障代码故障维修（续）

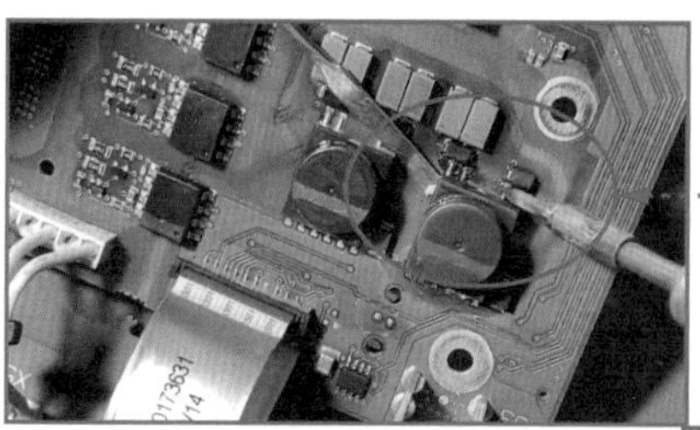

（9）用电烙铁拆下损坏的开关变压器。

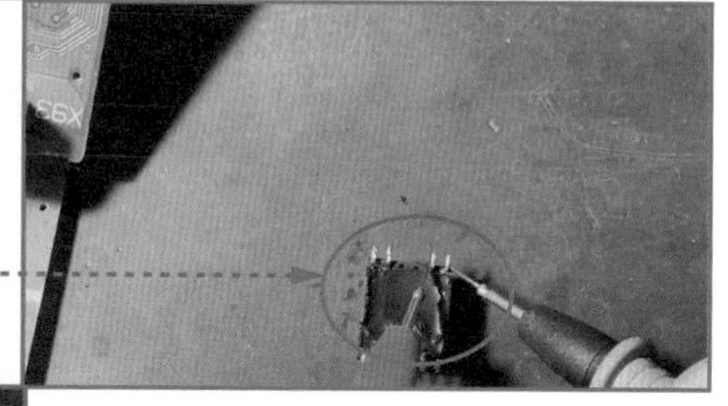

（10）拆下后，再次用数字万用表测量其引脚间阻值，阻值为无穷大，绕组断路损坏。

（11）用数字万用表二极管挡测量 IGBT 模块，其内部变频管的压降为 0.985V，说明 IGBT 模块已经损坏。

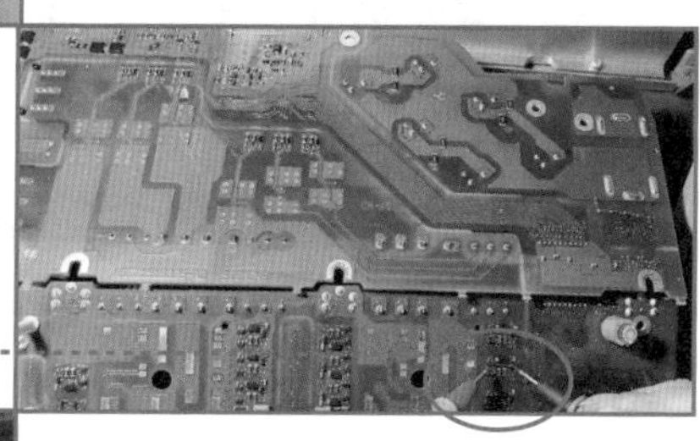

（12）由于IGBT模块损坏，通常其驱动电路损坏的概率也较大，接着测量驱动电路中的元器件。未发现损坏的元器件。

（13）用同型号的变压器更换损坏的变压器，然后更换损坏的IGBT模块。

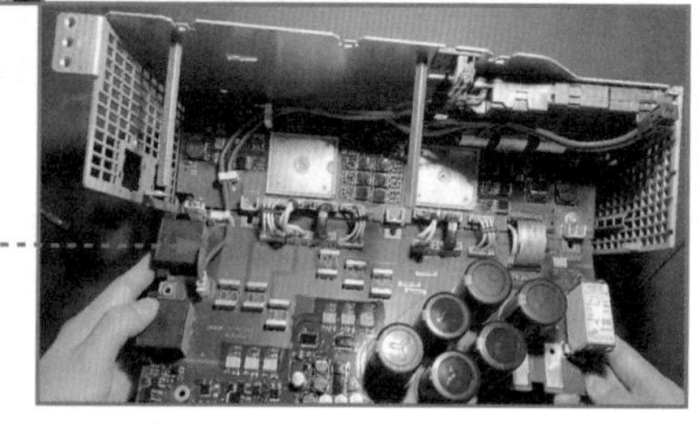

（14）更换完毕后，用万用表测量输出端U、V、W端的压降，均正常。然后将电源电路板安装到伺服器中，准备测试。

图7-18　伺服器开机显示故障代码故障维修（续）

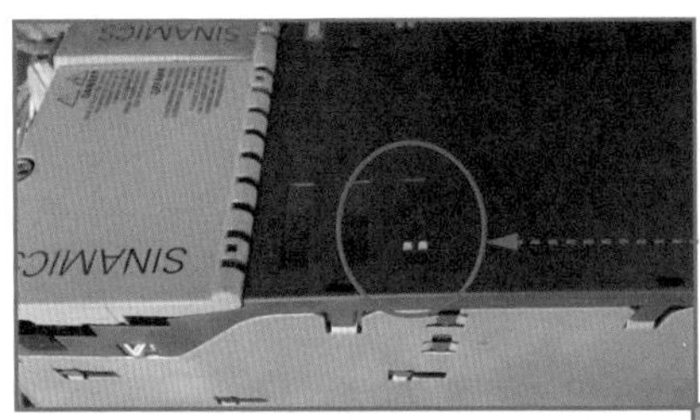

（15）通电测试，电源指示灯点亮。

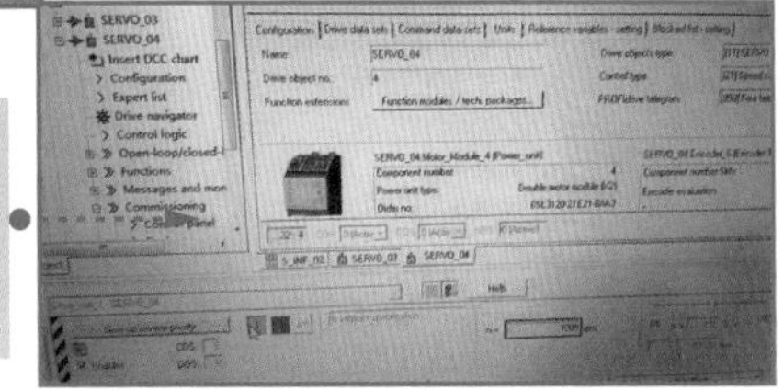

（16）打开控制程序，使能过后运行正常，未报错误。然后连接电动机测试，可以正常控制电动机运转。故障排除。

图7-18　伺服器开机显示故障代码故障维修（续）

7.4　PLC开关电源故障维修实战

对于PLC控制器开机不工作、通电后指示灯不亮、无法启动等现象，一般都是PLC电源电路板故障引起的。通常在检测这方面故障时，应首先检测电源电路板方面的问题。本节将通过一些维修实战案例对PLC开关电源电路故障的维修方法进行介绍。

7.4.1　PLC控制器通电无法开机启动故障维修

客户送修的一台PLC控制器，原因是误将220V交流电接入PLC控制器的24V直流电源接口而烧坏控制器，导致PLC控制器再次通电后指示灯不亮，无法开机启动。

根据故障分析，应该是PLC控制器内部电源电路板中元器件被烧坏引起的，此故障维修方法如图7-19所示。

（1）拆开控制器，准备检查内部电路板。

图7-19　PLC控制器通电无法开机启动故障维修

（2）拆开 PLC 控制器外壳，拆下电路板。

（3）检查电路板中的元器件，发现保险电阻器及旁边的两个电阻器已经烧坏。用同型号的电阻器更换损坏的元器件。

（4）通过“跑”电路查找24V供电电路中的元器件。经检查，不再发现有损坏的元器件。

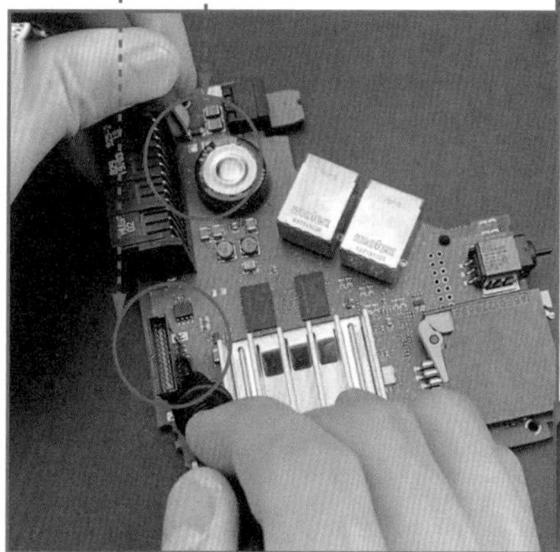

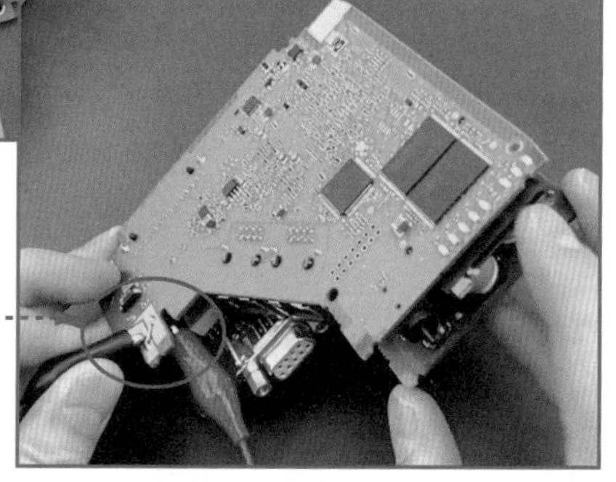

（5）将PLC控制器的电路板安装好，然后用可调直流电源为其供电（24V直流电），准备进一步检测。

图7-19　PLC控制器通电无法开机启动故障维修（续）

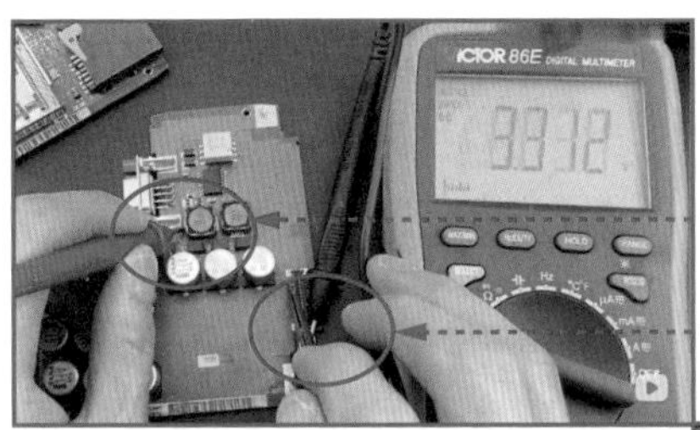

（6）测量电源电路板中几个电感器引脚的电压。测量的第一个电感器引脚电压为3.312V，电压正常。

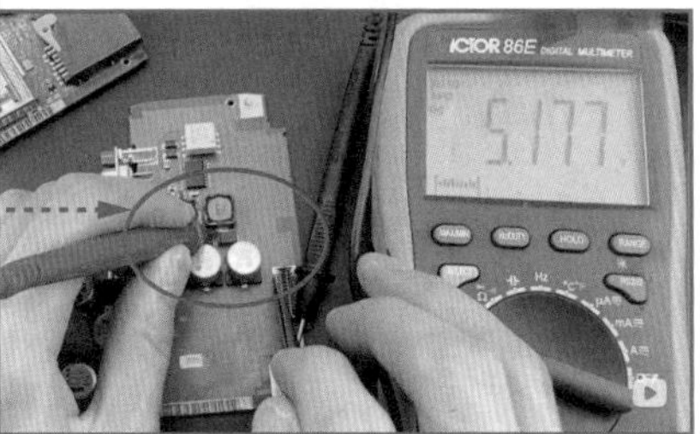

（7）测量第二个电感器引脚电压，测量值为5.177V，电压正常。

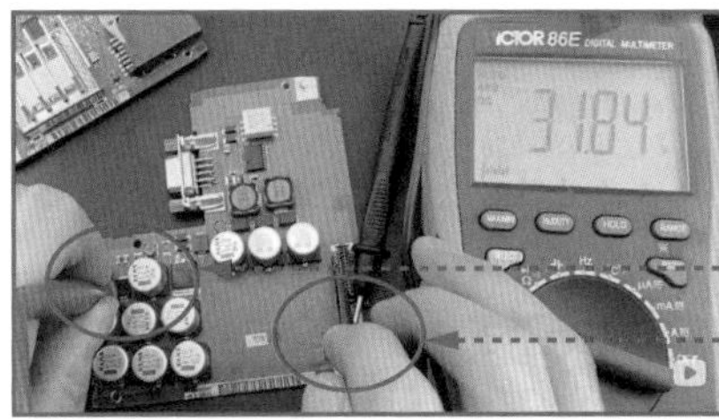

（8）测量的第三个电感器引脚电压为31.84V，电压正常。

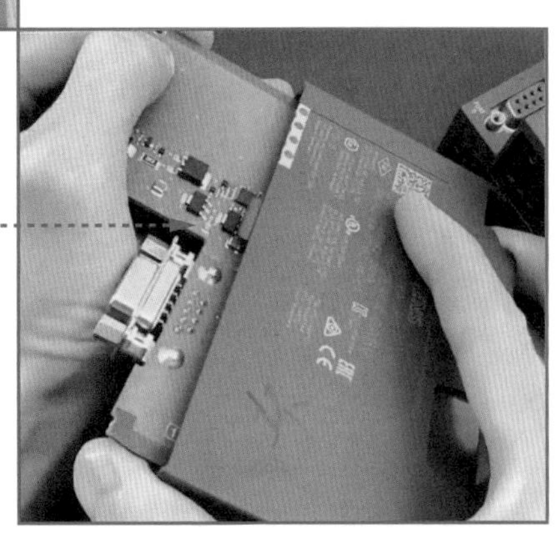

（9）将PLC控制器的电路板安装好，通电测试。开机后指示灯点亮，PLC自检启动正常。故障排除。

图7-19　PLC控制器通电无法开机启动故障维修（续）

7.4.2　PLC控制器通电后指示灯不亮故障维修

一台故障PLC控制器通电后指示灯不亮，无法正常工作。

根据故障分析，应该是PLC控制器内部电源电路板存在问题引起的故障，此故障维修方法如图7-20所示。

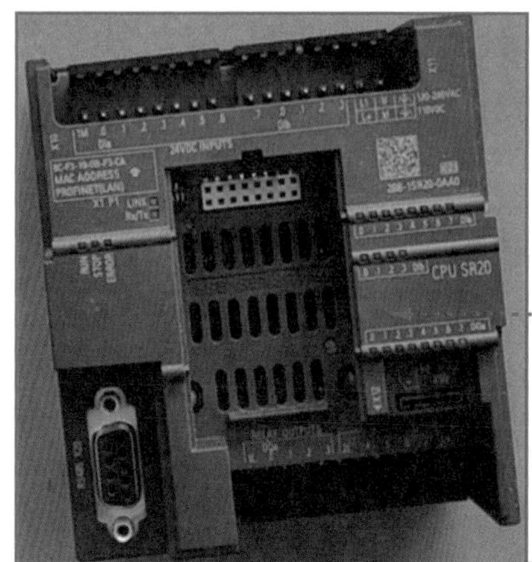

（1）PLC 控制器上电指示灯不亮故障通常是由内部电路板中的元器件损坏引起的，需要拆开 PLC 控制器进行检查。

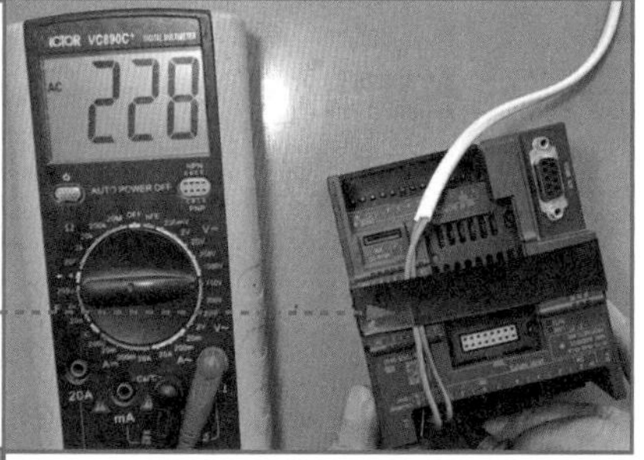

（2）在拆机维修前先给 PLC 控制器接上电源，然后测量输出端子的电压，发现接上220V交流电后，24V 输出端电压为 0。

（3）拆开 PLC 控制器外壳，并拆下内部几个电路板。

（4）PLC指示灯不亮，通常与供电电路有关。重点检查电源电路板中是否有明显烧坏的元器件。经检查，未发现有明显损坏的元器件。

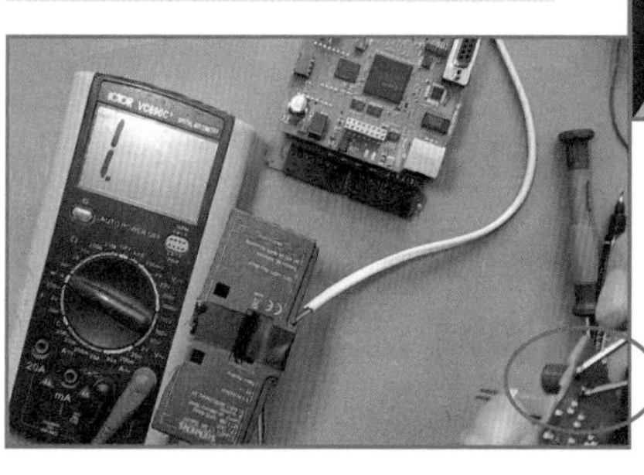

（5）用数字万用表蜂鸣挡测量电源电路板中保险电阻器两只引脚，发现引脚间阻值为无穷大，说明保险电阻器被烧断。

图7-20　PLC控制器通电后指示灯不亮故障维修

（6）保险电阻器被烧断，说明电路中有短路故障。重点检测220V电源输入端到保险电阻器间的元器件。

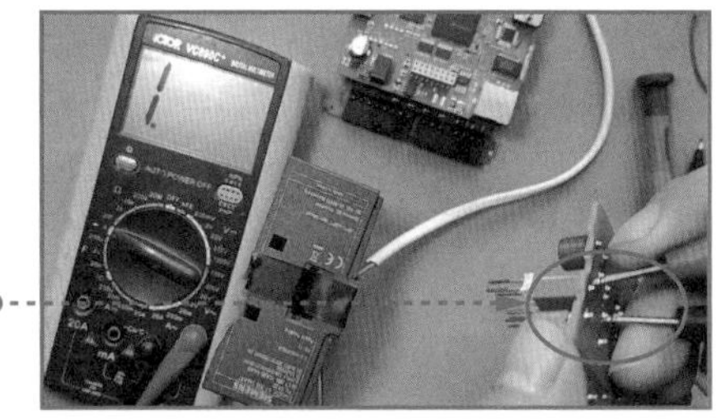

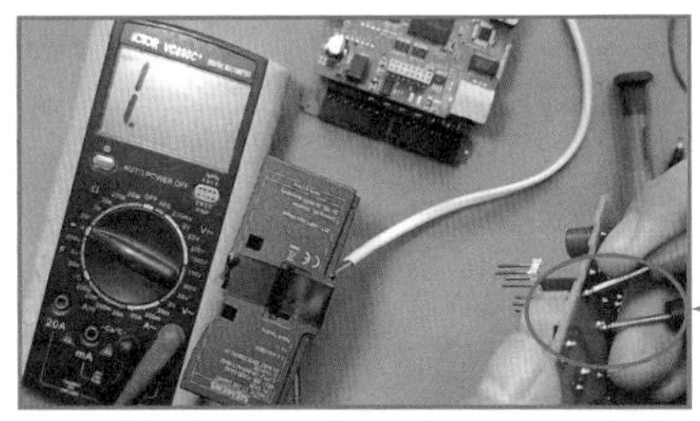

（7）先检测电容器，未发现电容器短路故障。再检测电流互感器输出端引脚间阻值，均正常。

（8）检测电源电路中的整流桥。将红表笔接输入端正极引脚，黑表笔分别接其他三只引脚测量。正常测量的阻值不应为0。

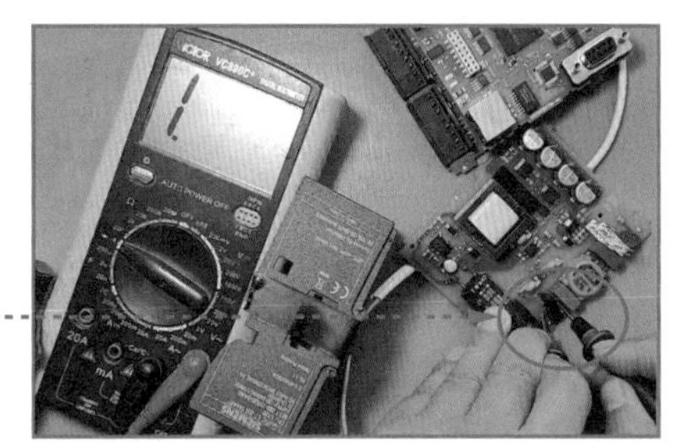

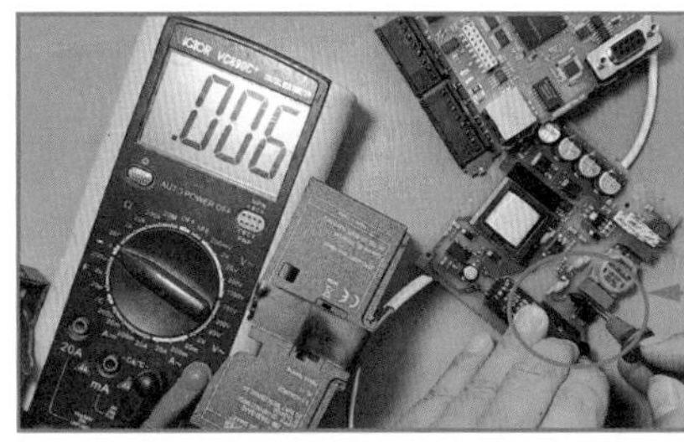

（9）发现电源电路板中整流桥内部二极管有短路故障。

（10）用同型号的保险电阻器和整流桥替换损坏的元器件。

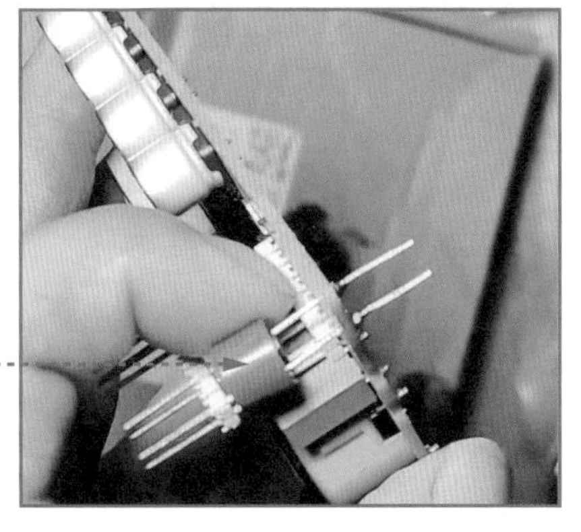

图7-20　PLC控制器通电后指示灯不亮故障维修（续）

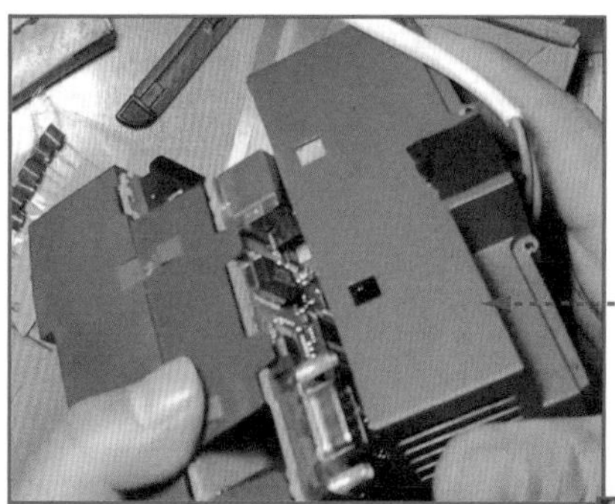

（11）将 PLC 控制器外壳装好，准备测试。

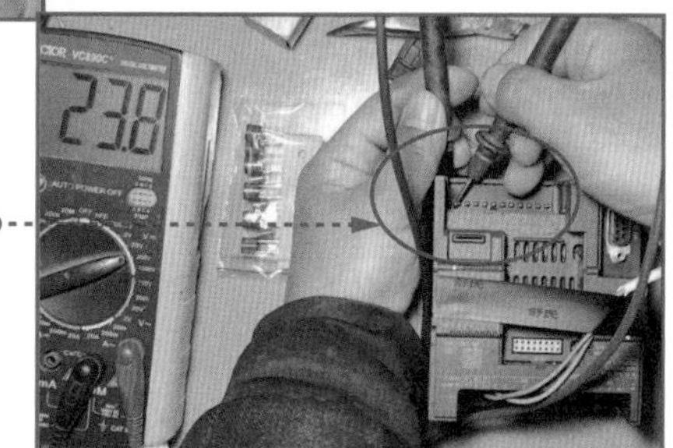

（12）先给 PLC 控制器接入 220V 电压，然后通电测量 24V 输出端电压，测量值为 23.8V，输出电压正常，说明 PLC 控制器工作正常了。故障排除。

图7-20　PLC控制器通电后指示灯不亮故障维修（续）

7.4.3　西门子PLC控制器开机不工作指示灯不亮故障维修

一台西门子故障PLC控制器开机不工作，指示灯不亮。根据故障现象分析，由于PLC指示灯不亮，初步判断开关电源电路有问题。此故障的维修方法如图7-21所示。

（1）拆开 PLC 的外壳，准备检查电路。

（2）检查电路板，发现输出端子附近的电路中有多个电容器、电阻器、电感器烧坏。

图7-21　PLC控制器开机不工作指示灯不亮故障维修

（3）用万用表进行检测，发现有一些没有明显损坏的元器件也已出现故障。

（4）拆下电路板，检查电路板背面，同样发现有烧坏的元器件。

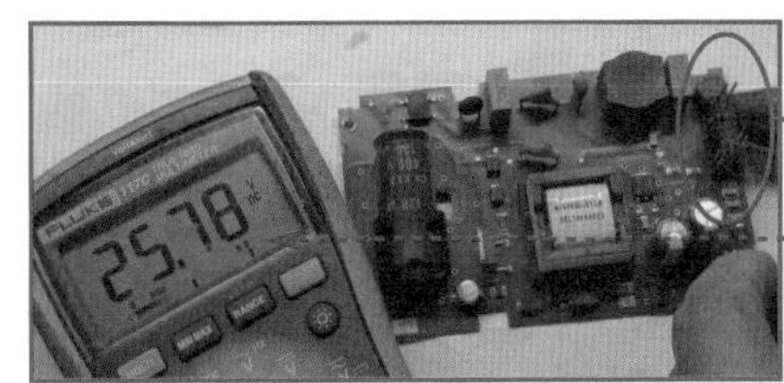

（5）先给开关电源电路板供电，然后用数字万用表直流电压200V挡测量输出端电压，发现26V输出电压正常，5V供电电压为0。

（6）检查5V供电电路中的稳压器芯片，发现此芯片已烧黑损坏。

（7）更换损坏的稳压器芯片。再检测周边滤波电容器，未发现损坏的情况。

图7-21　PLC控制器开机不工作指示灯不亮故障维修（续）

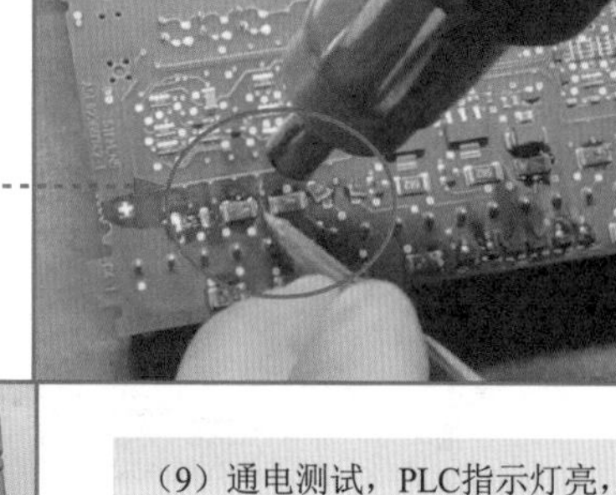

（8）更换输出端子附近损坏的元器件。

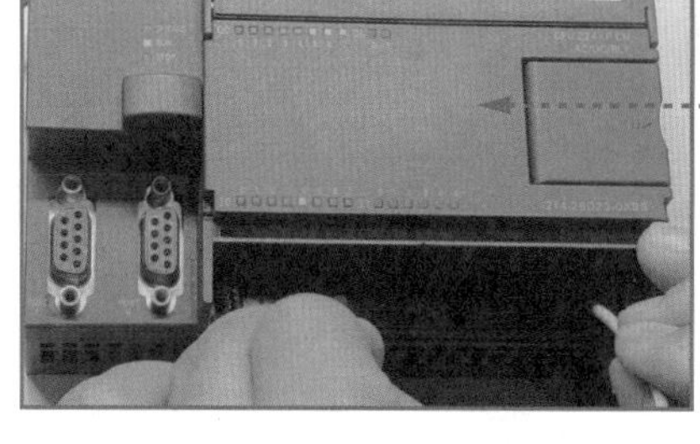

（9）通电测试，PLC指示灯亮，再测试输出端，也正常。故障排除。

图7-21　PLC控制器开机不工作指示灯不亮故障维修（续）

7.4.4　西门子PLC控制器通电后无反应故障维修

一台西门子故障PLC控制器通电后无反应，指示灯不亮故障。根据故障分析，应该是PLC控制器内部电源电路板故障引起的，此故障维修方法如图7-22所示。

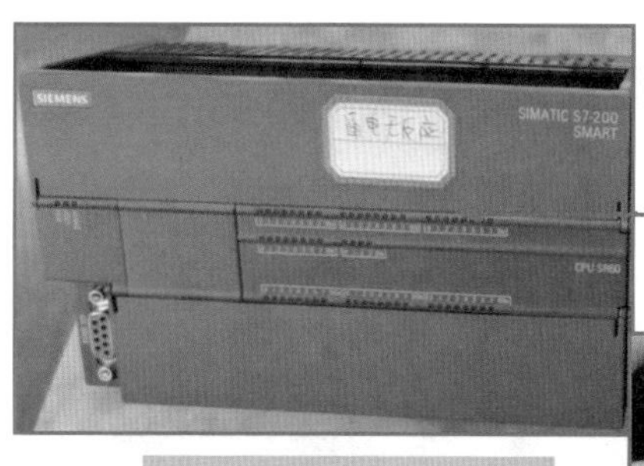

（1）准备拆开控制器，检查内部电路板。

（2）拆开 PLC 控制器外壳，拆下电路板。

（3）先将开关电源电路板单独接上电源，然后测量开关电源电路板的24V 输出电压是否正常。

图7-22　西门子PLC控制器通电后无反应故障维修

（4）将数字万用表调到直流电压200V挡，红、黑表笔分别接输出电容器两端，测量输出电压。

（5）测量的输出电压不断跳变，说明开关电源电路工作不正常。

（6）用数字万用表电阻挡检测输出端所有电容器的阻值，发现其中两个电容器阻值很低，说明电容器损坏。

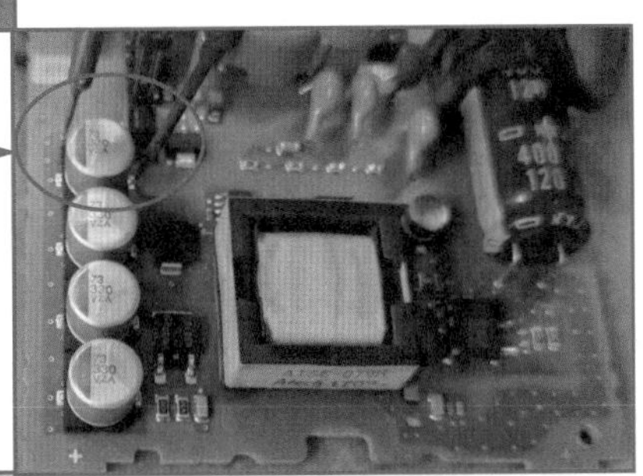

（7）更换电容器后，重新测量开关电源电路的输出电压，测量值为24.12V，且稳定不跳变。

（8）重新安装PLC控制器电路板。

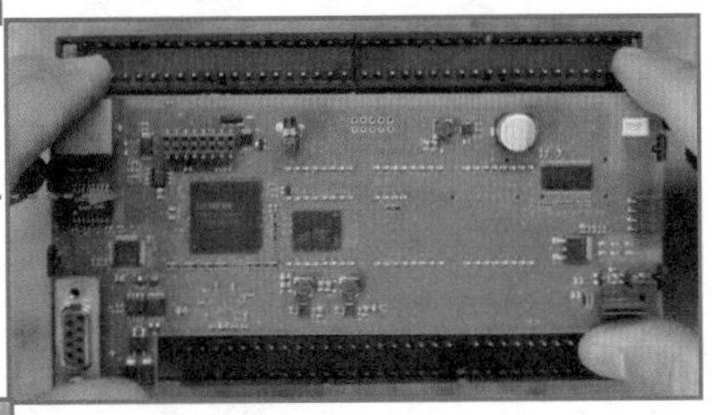

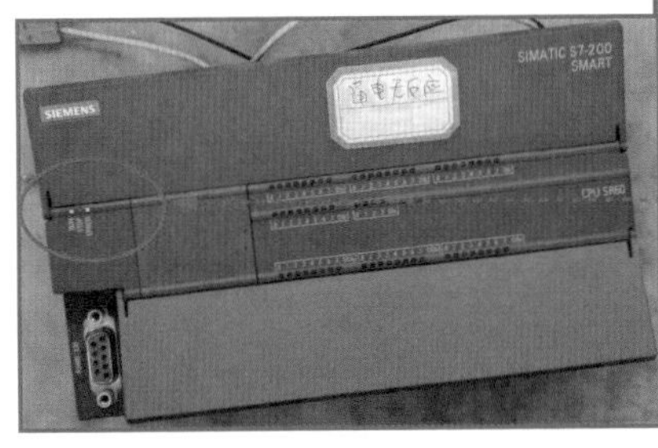

（9）安装好后，接上电源开机测试，发现PLC电源指示灯被点亮。然后连接负载进行测试，PLC控制器工作正常。故障排除。

图7-22　西门子PLC控制器通电后无反应故障维修（续）

7.5 专业工控电源开关电源故障维修实战

专业工控电源的故障大部分属于开关电源电路故障，通常在检测专业工控电源故障时，应首先检测其电源输入、输出电压是否正常，然后检测电路板中其他元器件。本节将通过一些维修实战案例对专业电源开关电源电路故障的维修方法进行介绍。

7.5.1 S-600-24专业电源开关电源输出电压升高故障维修

一台故障S-600-24专业电源启动后输出电压由正常时的24V变为42V，输出电压升高了。通常专业电源输出电压升高可能是电源中稳压电路故障引起的，需要重点检查稳压电路等反馈电路。

S-600-24专业电源开关电源输出电压升高故障维修方法如图7-23所示。

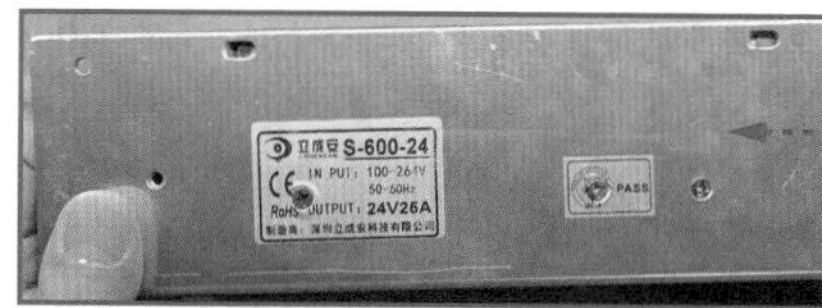

（1）通电前，先检测开关电源内部是否有短路问题。

（2）将开关电源的电源输入端连接到检测短路的电路，打开开关给开关电源电路供电，未发现开关电源内部有短路问题。

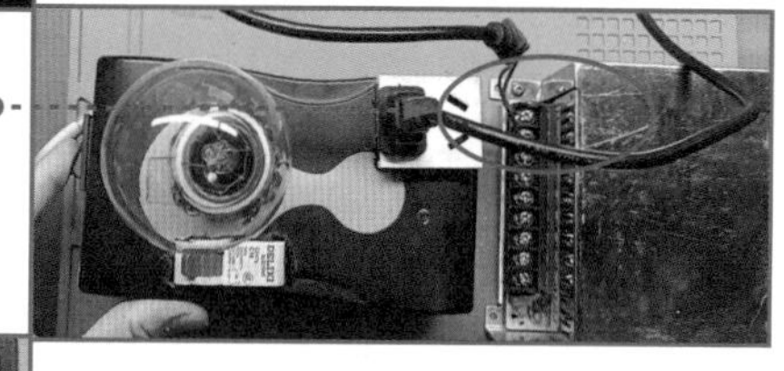

（4）测量的输出电压为42.7V，比正常值24V高出很多。

（3）将数字万用表调至直流电压200V挡，两表笔接输出端正、负极，测量输出电压。

（5）拆开开关电源的外壳，拆下电路板，准备检测。

图7-23　S-600-24专业电源开关电源输出电压升高故障维修

（6）输出电压升高多数是反馈电路中反馈电阻器损坏引起的，因此应重点检测反馈电路中的反馈电阻器。经测量，发现反馈电阻器的阻值只有1.42kΩ。

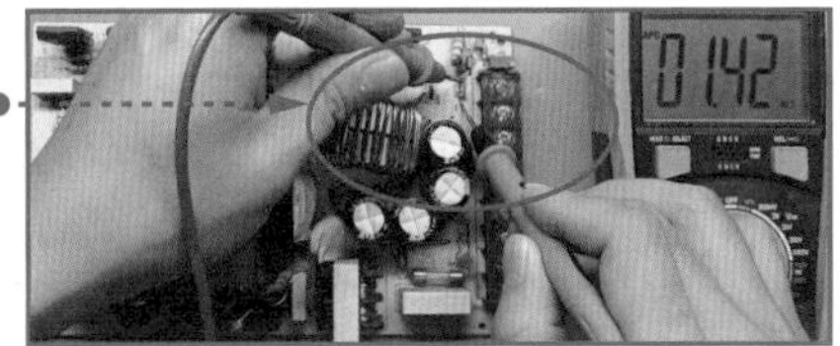

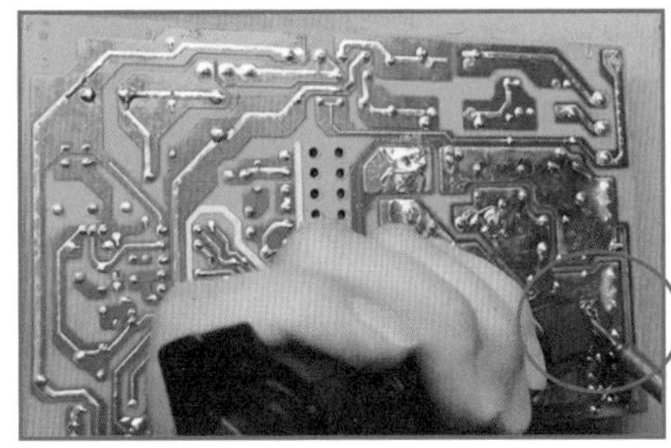

（7）用电烙铁焊下反馈电阻器。

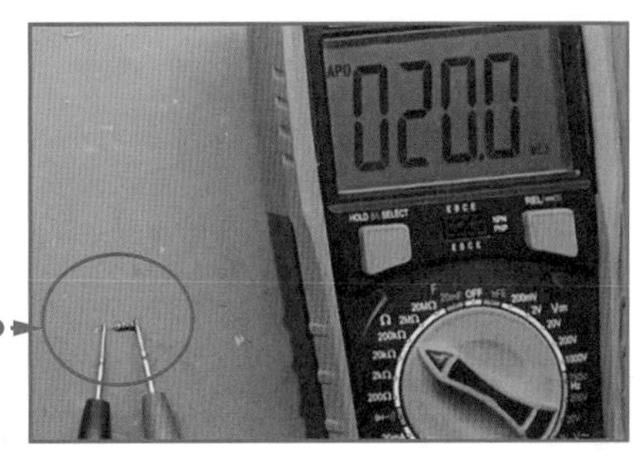

（8）测量其阻值为20kΩ，根据其色环计算，其标称阻值为10kΩ，说明此反馈电阻器阻值变大损坏。

（9）用同型号的电阻器代换损坏的电阻器。

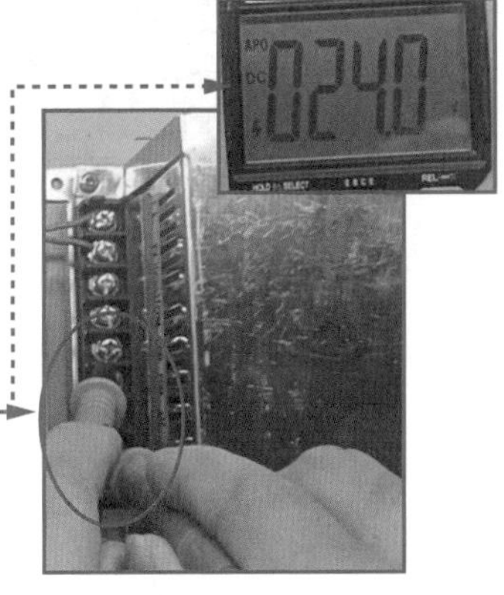

（10）将电路板装好，通电测试。用万用表检测其输出电压，测量值为24V，输出电压正常。故障排除。

图7-23　S-600-24专业电源开关电源输出电压升高故障维修（续）

7.5.2 西门子8200专业电源无输出电压故障维修

一台故障西门子8200专业电源通电后无输出电压。通常专业电源无输出电压故障主要是由内部开关电源电路存在问题引起的。具体维修方法如图7-24所示。

（1）通电前，先检测开关电源内部是否有短路问题，然后检查内部电路。

（2）拆开电源器的外壳。

（3）拆下电路板，发现此电源有两块电路板。检查电路板中的元器件，未发现有明显烧黑、断裂等损坏的元器件。

（4）用数字万用表蜂鸣挡检测电路板中主要元器件（如开关管、二极管、电阻器、电感器等）有无短路的情况。

图7-24　西门子8200专业电源无输出电压故障维修

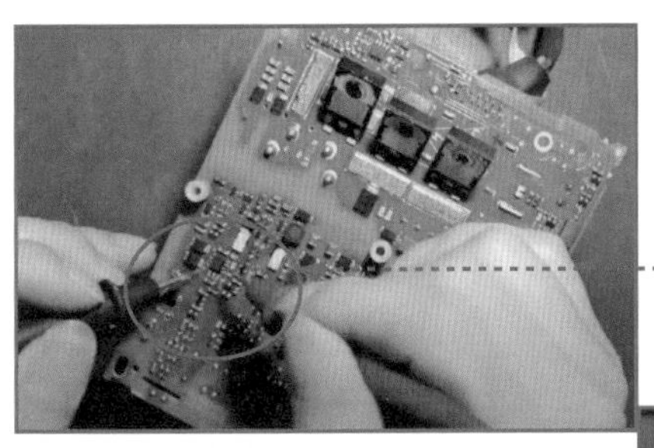

（5）经检查，未发现有短路损坏的元器件。

（6）给电源接上供电，然后用数字万用表直流电压200V挡测量输出电压，发现输出电压不稳定，一直跳动。

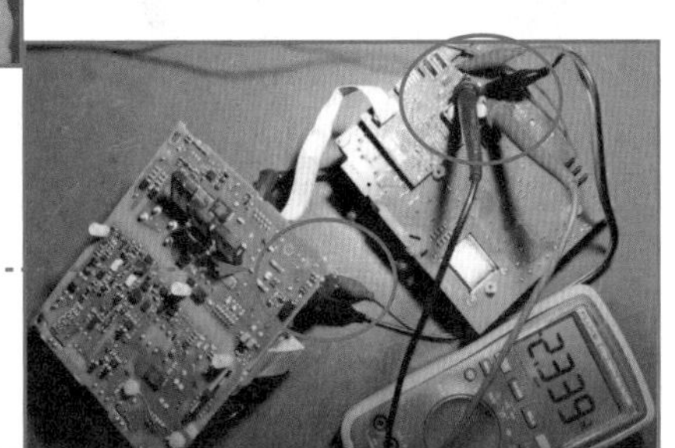

（7）用数字万用表直流电压750V挡测量整流后的电压，测量值为460V，说明整流滤波电路正常。

（8）用数字万用表测量PWM控制芯片（3842）的供电电压（第7引脚电压），测量值约为8V，电压偏低。

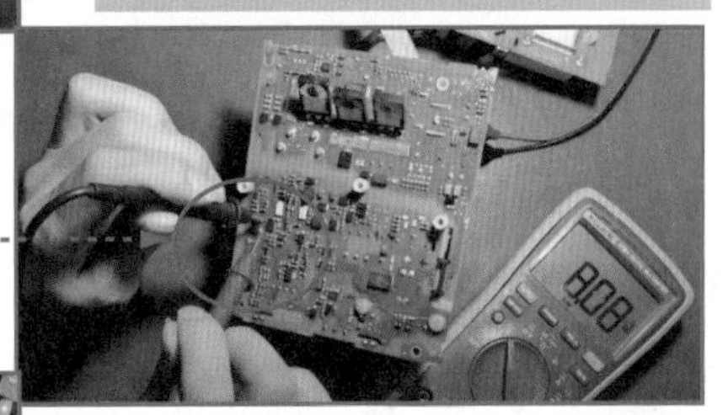

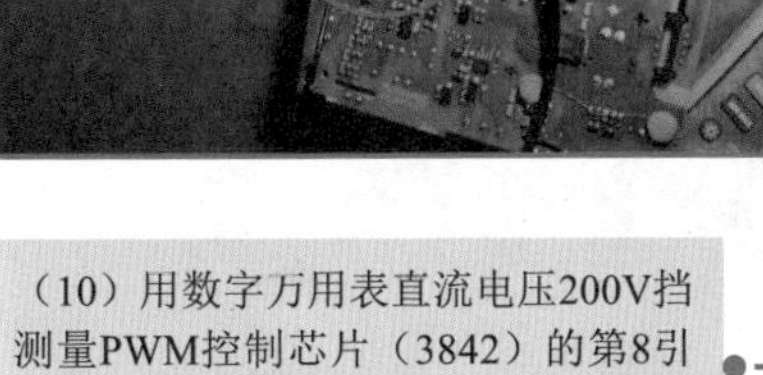

（9）断开供电电源，然后直接给PWM控制芯片第7引脚和第5引脚接15V外接电源。

（10）用数字万用表直流电压200V挡测量PWM控制芯片（3842）的第8引脚电压，测量值为5.02V，基准电压正常，说明芯片开始工作了。

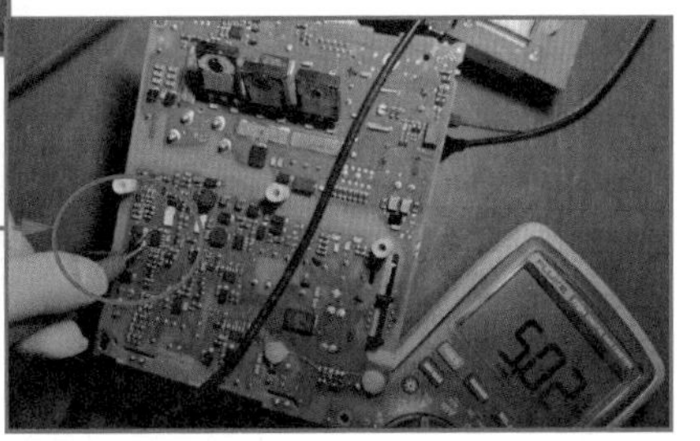

图7-24　西门子8200专业电源无输出电压故障维修（续）

（11）用示波器测量输出端第 6 引脚的波形，检查输出信号。

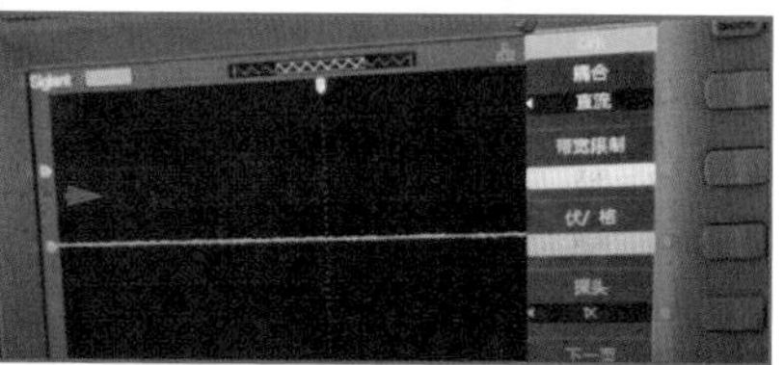

（12）经检测，输出端没有输出波形。

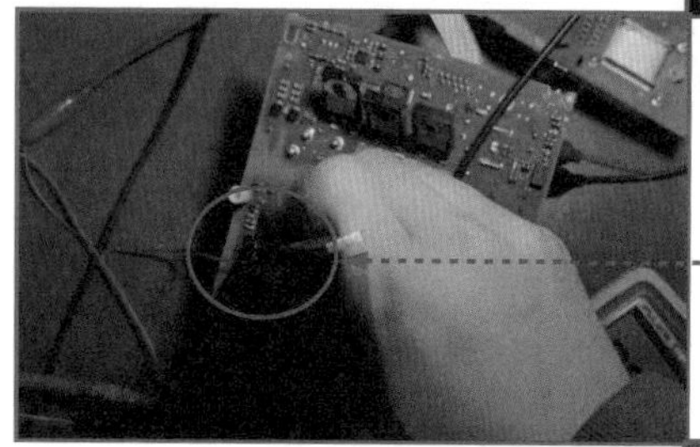

（13）用镊子将PWM控制芯片的第3引脚和第5引脚短接，强制启动PWN控制芯片（当第3引脚电压大于1V时，芯片进入保护状态，第6引脚停止输出波形信号）。

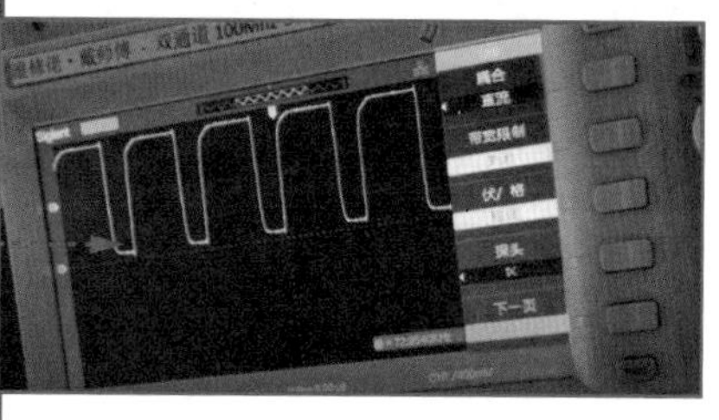

（14）短接后发现第6引脚出现输出波形，芯片是正常的。初步判断是输出电路有故障，导致反馈信号异常，PWM芯片保护停止输出。

（15）用数字万用表二极管挡检测输出电路中整流二极管的管压降，测量值为 0.472V，说明二极管正常。

（16）用数字万用表蜂鸣挡测量电感，测量值为无穷大，说明电感器损坏。

图7-24　西门子8200专业电源无输出电压故障维修（续）

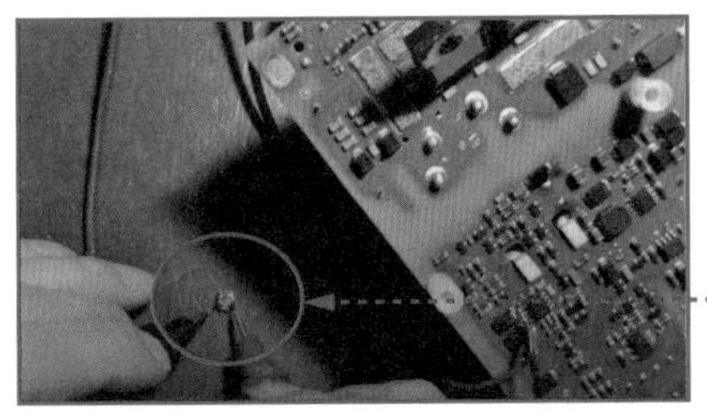

（17）用电烙铁焊下电感器，再次测量，测量值为无穷大，确定电感器损坏。

（18）用同型号的电感器替换损坏的电感器。

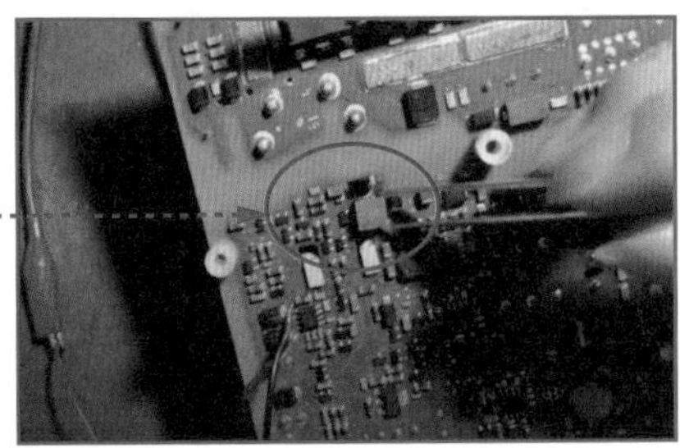

（19）给电路板接上电源供电，开机测试。输出电压为24.19V，且电压稳定，输出电压正常。

（20）将电路板安装好，通电再次测试，输出电压为24.19V，电压正常，故障排除。

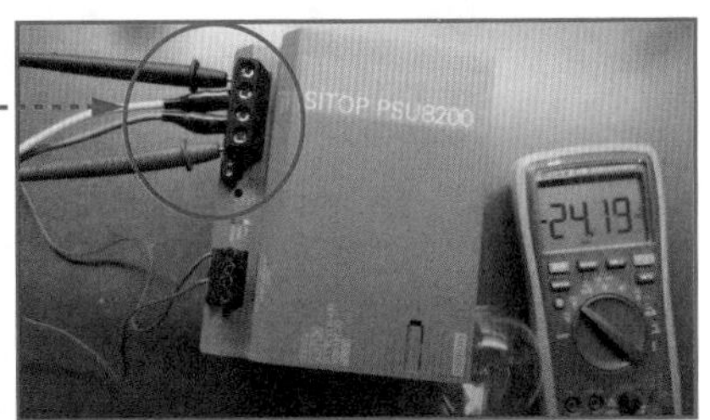

图7-24　西门子8200专业电源无输出电压故障维修（续）

7.5.3　西门子工控电源无输出电压故障维修

一台故障西门子工控电源通电后无输出电压。通常专业电源无输出电压故障的主要原因是内部开关电源电路有损坏的元器件。具体维修方法如图7-25所示。

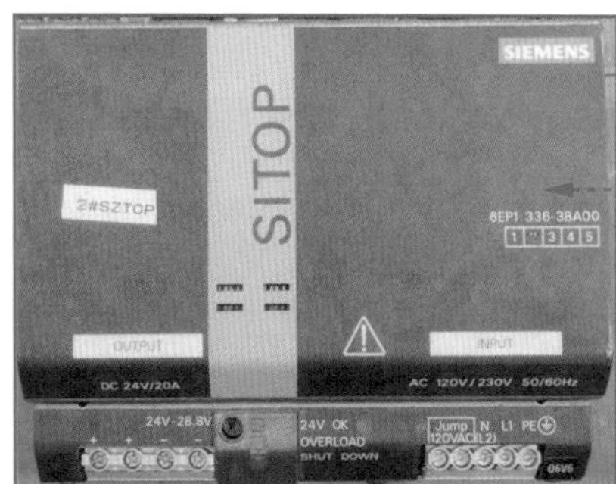

（1）通电前，先检测开关电源内部是否有短路问题，然后再检查内部电路。

（2）拆开电源器的外壳，拆下电路板。

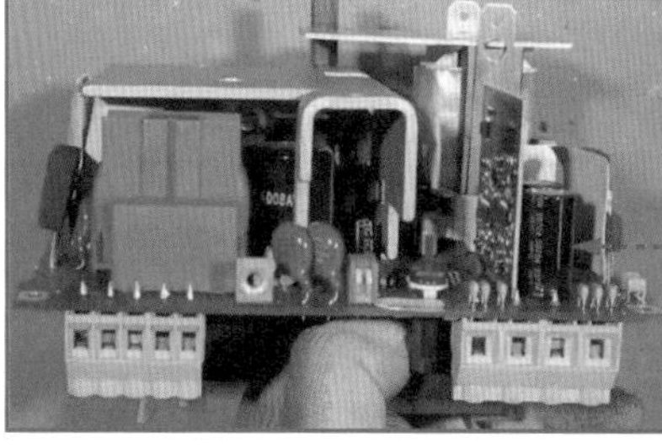

（3）检查电路板中的元器件，未发现有明显烧黑、断裂等损坏的元器件。

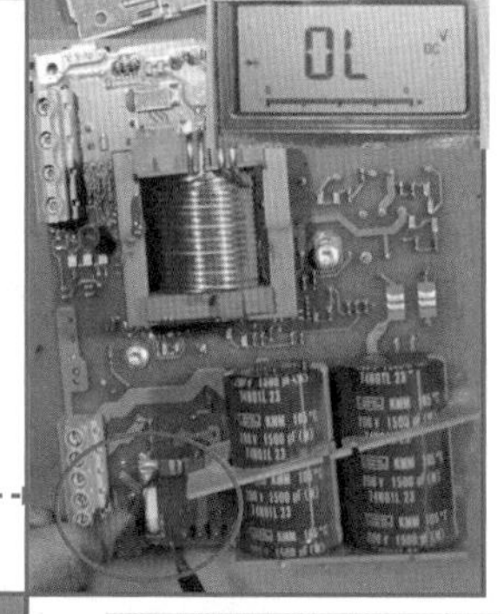

（4）开始检测电路板中的主要元器件。首先数字用万用表蜂鸣挡检测说明熔断电阻器，发现阻值为无穷大，说明熔断电阻器已经烧断。

（5）熔断电阻器烧断，通常会有相关元器件烧坏。用数字万用表二极管挡测量整流桥引脚间的管压降，黑表笔接第1引脚，红表笔分别接第2、3引脚。测量值为0.463V，电压正常。

图7-25　西门子工控电源无输出电压故障维修

（6）红色笔接第4引脚，黑表笔分别接第2、3引脚。发现接着第2引脚时的管压降为0.001V（正常为0.5V左右），说明整流桥内部有损坏的二极管。

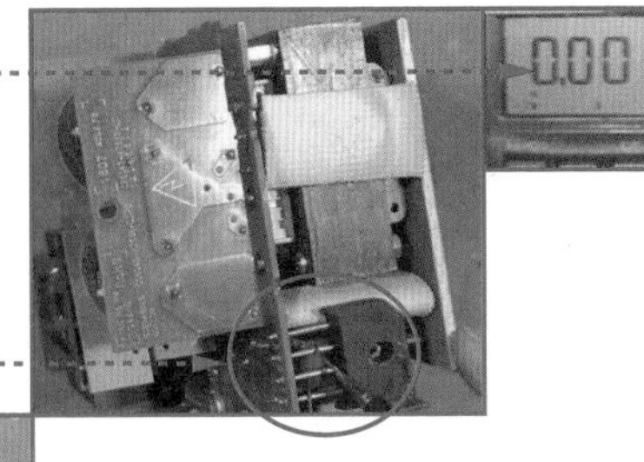

（7）用数字万用表蜂鸣挡检测整流滤波电路中的电容器。经检测，没有短路损坏。

（8）用数字万用表二极管挡测量开关管引脚间的管压降。经检测，开关管正常。

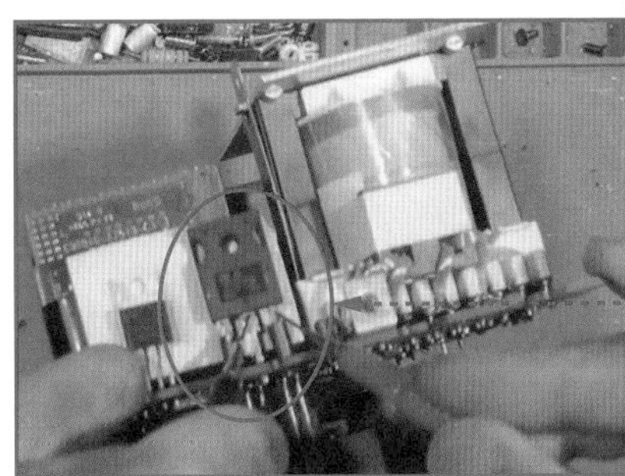

（9）用数字万用表二极管挡测量输出电路中的快恢复二极管引脚间的管压降。经检测，快恢复二极管正常。

（10）检测其他元器件，均未发现短路等损坏的情况。

图7-25　西门子工控电源无输出电压故障维修（续）

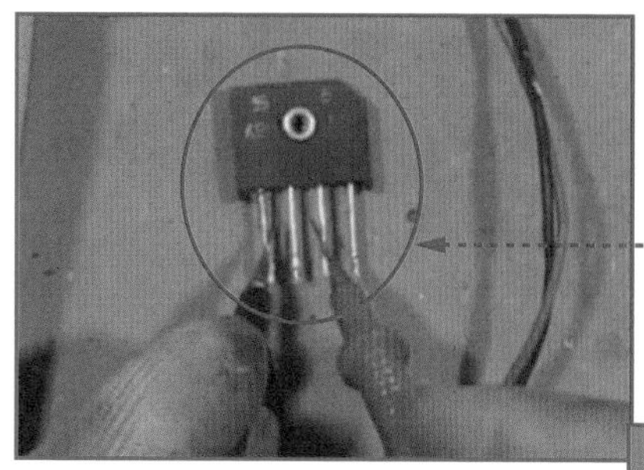

（11）拆下损坏的熔断电阻器和整流桥，然后再次进行测量，确认它们已经损坏。

（12）用同型号的熔断电阻器和整流桥替换损坏的熔断电阻器和整流桥。

（13）更换后，给电路板接上供电电源，然后用数字万用表直流电压200V挡测量输出电压。测量值为24.08V，输出电压正常。

（14）将电路板装回工控电源，然后接上供电电源，用数字万用表直流电压200V挡测量输出电压。测量值依旧为24.08V，输出电压正常。故障排除。

图7-25　西门子工控电源无输出电压故障维修（续）